功能性服装设计

张辉　张淼　丁波　韩金辰　著

中国纺织出版社有限公司

内 容 提 要

功能性服装设计是一门跨学科的工作,功能性服装的研究越来越受到纺织服装企业及开设有纺织服装专业的高等院校的重视。本书通过多个功能性服装的设计实例,基于一手实验数据,希望能为功能性服装设计与研究领域或准备从事这方面工作的人员提供一些帮助与参考。全书内容包括功能性服装概述、热阻可调充气结构服装、防紫外线生活装、乒乓球运动 T 恤、电加热服装、瑜伽服结构设计与工艺、警用防弹背心的舒适性改进研究和智能服装八大部分。

本书既可供从事功能性服装设计的专业技术人员阅读参考,也可供高等院校纺织服装专业学生阅读学习。

图书在版编目(CIP)数据

功能性服装设计 / 张辉等著 . -- 北京:中国纺织出版社有限公司,2023.7
ISBN 978-7-5229-0377-4

Ⅰ.①功… Ⅱ.①张… Ⅲ.①服装设计 Ⅳ.①TS941.2

中国国家版本馆 CIP 数据核字(2023)第 039686 号

责任编辑:张晓芳　　特约编辑:朱　方
责任校对:楼旭红　　责任印制:王艳丽

中国纺织出版社有限公司出版发行
地址:北京市朝阳区百子湾东里 A407 号楼　邮政编码:100124
销售电话:010—67004422　传真:010—87155801
http://www.c-textilep.com
中国纺织出版社天猫旗舰店
官方微博 http://weibo.com/2119887771
北京通天印刷有限责任公司印刷　各地新华书店经销
2023 年 7 月第 1 版第 1 次印刷
开本:787×1092　1/16　印张:16.25
字数:340 千字　定价:79.00 元

前言

　　功能性服装的研究始于防护服装。防护服装是指应用于某些特殊环境下，为作业人员提供必要的防护，保护穿着者健康、安全的服装。目前功能性服装的主要研究内容涉及工矿企业、航空、航天、体育运动以及日常生活、休闲娱乐等各方面。在劳动保护工作中，功能性服装是个人防护装备的重要组成部分，对安全生产有着十分重要的意义。在体育运动中，功能性服装对运动员的运动表现、运动后的乳酸代谢、体能恢复等可以产生积极影响。在日常生活中，功能性服装不仅具有一定的防护功能，还可以起到装饰作用。

　　国外在功能性服装领域研究多年，我国在功能性服装领域的研究虽然起步较晚，但也进行了大量的很有价值的研究。1989 年北京服装学院建立服装工效学实验室，中国服装研究与设计中心（现中国服装集团公司）曹俊周教授与北京服装学院院长周亚夫教授联合培养服装工效学方向的硕士研究生。20 世纪 90 年代，北京服装学院、中国服装研究设计中心与有关部门合作，承担林业部及黑龙江省防火指挥部课题——森林防火服工效学研究，在面辅料研究、服装结构设计、服装生理学评价、防火现场试验等方面做了大量的研究工作。北京服装学院与北京焦化厂合作，开发的炼焦防护服曾被焦化厂采用，获得了良好的社会和经济效益；随后在冬服保暖性研究、防紫外线服装的设计、警用防弹背心舒适性改进研究、电加热服装的开发、乒乓球运动 T 恤活动机能性研究等方面开展了大量的工作；2018 年重建人工气候室，针对新型保暖材料、2022 年北京冬奥会制服的保暖性及活动机能性等方面开展了研究工作。

　　近年来，功能性服装的研发越来越受到服装企业及纺织服装类院校的重视，市场上也出现了大量与生活、运动相关的功能性服装，如防晒服、孕妇服、瑜伽服、户外服等。功能性服装设计可以认为是一种跨学科的工作，因为服装随着人体而动，在服装与人体之间形成一个相对稳定的微气候环境，我们可以认为服装是人的一个便携式微环境。

　　本书对功能性服装的阐述主要着眼于服装所起的作用，如保护人体、保障人体的健康与安全、提高穿着者的工作效率、提高人体的机能等。本书通过功能性服装的多个设计实例，希望能为功能性服装设计与研究领域或准备从事这方面工作的人员提供一些帮助与参考。本书针对从事功能性服装设计的专业技术人员及服装院校的教师学生进行编写，希望能够激发读者对功能性服装设计的兴趣，迎接未来功能性服装设计的挑战。

本书由北京服装学院张辉、张淼、丁波、韩金辰、黎焰等共同撰写，第一章、第二章由张淼、张辉、黎焰编写，第三章由罗汝楠、张辉、黎焰编写，第四章由马素想、张辉、刘佳欣、黎焰编写，第五章由范敏、张辉、丁波编写，第六章由韩金辰、张辉编写，第七章由赵胜男、张辉、丁波编写，第八章由张淼、张辉编写，全书由张辉统稿。在编写过程中，郜琳、马素想、王丽敏、赵胜男、陆丽娅、韩新叶、周琦等给予了帮助。在此一并致谢。

功能性服装设计涉及的领域比较广，但限于经验和水平，书中内容难免有不妥之处，欢迎读者对书中的疏漏和错误给予批评指正。

张　辉

2022 年 10 月

目录

第一章　功能性服装概述

　　服装是人类走向文明的重要工具，它具有遮蔽、防护、装饰三个主要功能，是人类物质生活的一种重要形式，是人类智慧的创造。服装是人们用于适应外界多变的自然环境和保持生命健康的必需品。人类通过服装这种特殊工具，替代人体的一部分功能，提高人在某些方面的能力，帮助人体突破自身生理的局限性，间接拓展了人类的活动范围和观察视野，进而推动了人类文明的进步。服装的基本功能分为体现人类文明的遮蔽功能，由感觉、心理产生的装饰功能，以及由生理、活动产生的防护等功能。服装必须具有保护人体适应外界气候变化、防止和消除外界环境对人体产生伤害的功能。功能性服装是指除了满足穿着者在日常生产、生活方面的基本要求外，还强化了其某一方面的性能或为穿着者提供更多特殊功能的服装。20世纪40年代，两次世界大战期间为增强士兵战斗力而专门设计的功能性服装开始出现，服装的舒适性和功能性研究也越来越受到各国的重视，并且取得了很大的进展。如何维护个体的生存、健康、生活和工作的高效率与安全舒适是功能性服装的主要研究目标。服装的基本功能是功能性服装的构成基础，而且只有在社会和自然环境中进行穿着，它的各种特殊功能才能够显示出来。功能性服装所具有的功能，实际上是由不同的穿着目的、穿着环境决定的。功能性服装设计是有计划地进行服装设计以满足目标需求的过程。因此，在人体—服装—环境系统中，三者之间的相互作用是功能性服装功能存在的前提。

一、功能性服装研究的历史

　　服装卫生学、服装生理学的早期研究成果为功能性服装研究提供了基础数据和理论，而服装的功能性则是当前服装工效学研究的重要核心内容之一。人们意识到不合适的服装对于人体健康是有危害性的，这是人们对服装功能进行研究的最初原因。在西方，古希腊的皮肤呼吸论是功能性服装思想的萌芽，16世纪欧洲盛行所谓的"第二皮肤呼吸论"[1]主张皮肤覆盖温暖和厚重的衣物有利于人体健康。18世纪后期，人们开始用理性的眼光审视服装功能的发展，他们开始从服装生理学、服装卫生学的角度研究服装的功能性。19世纪末服装功能方面的科学研究逐渐出现。"二战"期间，因为战争的需要，人们对服装的功能作用有了更深刻的认识。各国随之展开对人体、环境、服装以及装备的研究，尤其是美国进行的温热生理学[2]以及日本进行的服装气候学[3]的研究，奠定了目前服装功能研究和发展的基础。L. Fourt和N. R. S. Hollis的《服装的舒适性与功能》[4]、N. R. S. Hollis和R. F. Goldman的《服装舒适性》[5]、P. O. Fanger的《舒适》[6]是这方面研究的主要代表性著作，这些著作重点探讨了人体、服装、环境之间的关系理论、服装材料与舒适性、服装生理学理论等。美国Natick（纳蒂克）研究所的Goldman博士在热湿传递及军服的研究方面处于世界领先地位。

20 世纪 60 年代我国逐步开始功能性服装的研究，从 20 世纪 70、80 年代开始对功能性服装进行系统研究。进入 20 世纪 90 年代后，我国学者在纺织材料的热湿传递性能、人体主观感觉与生理指标的关系、衣内微气候等方面进行了很有价值的研究。中国服装集团公司的曹俊周教授在服装的舒适性与功能、防护服等方面做了大量的研究工作，并翻译出版了《服装的舒适性与功能》[7] 和《舒适》[8] 这两部代表性著作。随着科学技术的迅猛发展，服装材料日新月异，新型功能性服装材料也不断涌现，为我国功能性服装的发展提供了良好的创新环境。

二、功能性服装研究的内容

保障人的安全、保持人的舒适是功能性服装长久以来的研究课题，随着科技进步、社会发展，功能性服装所具有的功能，有了更广的延伸。例如，功能性服装具有更强的适应性、被赋予健康保健功能、成为科技产品的可穿戴载体、新生活态度的表达方式、具备更强的可玩性等。如何将各种功能更好的融入服装当中，并且保持服装最基本的安全性和舒适性要求是功能性服装的主要研究方向。

功能性服装设计需要工程技术与艺术的跨学科融合，由于所有的功能性服装都是由人来穿着的，所以人才是所有功能性服装设计的中心。本节将重点探讨功能性服装设计的思想与流程。进行功能性服装设计，首先需要有以下认知。

（一）人体、服装、环境相互关联的整体论思想

20 世纪 50、60 年代，美国纳蒂克研究所从服装材料的性能、人体生理因素及心理因素三个互相联系的方面研究士兵服装。这一研究激发人们形成了一种整体论思想，这种整体论思想倡导从服装、人体生理学、环境三者相结合的角度来研究服装的功能性和舒适性。功能性服装的设计与研发也必须遵从这一整体论思想，并且服装设计要以人为中心，通过功能性服装更好地服务于人，借助功能性服装，使人可以适应更加广阔的自然环境及特殊的环境条件。

（二）服装的气候调节功能

服装具有辅助人体体温调节的功能，从而维护人体的健康安全。服装不仅要适应外界环境条件和人体的各种运动强度，甚至还要主动改善外界（衣内）环境，来达到人体的舒适。美国纳蒂克研究所研制开发的"拦截者"风冷式战术背心，采用蜂窝状结构，通过电动换气扇促进空气在防护服内侧和人体皮肤表面之间的流通，达到制冷和辅助汗液蒸发散失的效果。

（三）服装对身体清洁的保持功能

服装从穿着方式上可分为内衣和外衣两种类型。外衣的穿用可以阻挡外部环境有害物质的附着，使皮肤表面保持清洁、健康的状态；内衣通过吸收体内排出的汗液、内分泌物等，能够促进皮肤的生理机能，持续保持皮肤的干爽、清洁。

（四）服装的安全防护功能

保护人体安全的功能是服装的一个重要功能特性。机械外力、物理外力、化学外力、生物外力等是形成对人体危害的主要外力。要保持人体健康就要防御这些危害因素，特别是在

特殊环境中的工作人员，服装的安全防护功能就是他们着装首要考虑的因素，服装的安全防护功能包括对外界环境的防护以及对人体本身无危害性两个方面。

（五）服装对人体生理机能的影响

服装能对人体有一定的限制作用，并且若限制利用得当，可以对人体的姿态、肌肉发力、血液循环等方面产生正向影响。随着纺织材料的突飞猛进，面料具有了更加丰富多样的功能表现，人们也能够更加精准地控制服装对人体的限制范围，从而保护人体不受伤害，或增强人体的运动机能、康复机能等。例如某些塑身衣能够矫正人体姿态，使人体长期保持正确的姿态，以减少对某些神经、骨骼的压迫，从而起到保健作用。又比如设计得当的紧身运动装对于纵跳、短跑、肌肉训练等短时间内高强度的爆发式运动类型中运动者的运动表现以及运动后的乳酸代谢、体能恢复等产生积极影响。

（六）作为可靠亲近的科技力量的载体

智能服装是功能性服装的一个新的分支，其定义是将各类智能技术嵌入服装中，以便更高效、便捷地实现不同领域人群的穿着需要。随着社会的进步和发展，科技越来越生活化、日常化，服装是生活必需品，将其作为科技载体是一种极佳的手段，使得我们能够更加便捷地享受科技带来的便利。智能服装具有感应、反馈、调节等性能，能够实时应对不同环境、不同状态做出相应的反应。新技术、新材料在服装上的运用，同样要以人为中心，必须经过客观、严格的评价，以保障人体的健康、安全和舒适。

三、功能性服装设计流程

功能性服装设计可以通过以下 4 个步骤完成，如图 1-1 所示。

图 1-1　功能性服装设计流程

（一）调研

功能性服装设计的本质是通过服装解决某一特定场景下的特定问题，相对于普通服装它具有更明确的目的性、指向性，对于问题的解决效果也有更高的要求。所以，需求确认对于功能性服装设计工作至关重要，只有通过充分、深入的调研，了解现象的全貌，透过现象看到本质需求，才有可能为受众提供切实有效的功能性服装设计方案，让服装服务于人。

通过调研，确认一个或多个场景对应的环境条件、人体活动状态等，常见的调研方法包括文献调研、观察调研、访谈调研、问卷调研等。其中前 3 种方法主要服务于问题、需求的定性，问卷调研服务于定量研究，量化结论，使得结论更具备说服力。不同的调研方法有各自的优缺点，调研过程中发挥不同调研方法的优点，取长补短，结合自身专业背景对调研结果进行梳理，对目标有整体、深入的认知，能够帮助我们完成合理的设计方案。必要的时候需要辅助进行一些预实验，如调研目标使用的环境条件以及人体状态等。

1. 文献调研

文献调研是对古今中外文献进行调查，可以研究极其广泛的社会情况，结论相对而言更加准确、可靠。适合作为服装设计实现过程中的理论参考，以及某些实现手段可行性的判断依据。文献调研法的缺点在于，由于文献等成熟结论需要研究周期、沉淀时间较长，时效性较差，故需要结合其他调研手段了解当下的具体情况。

2. 观察调研

观察调研的最大优点就是能直接收集到人和事物的表现情况，并且不对对象进行干扰，在对象自然状态下收集记录真实、客观的现象。观察调研法的缺点在于，调查质量与调查人员素质高度相关，需要做好充分准备，具备敏锐的洞察力、记忆力，并且要具备较强的分析推导能力，从观察到的现象推导背后的行为逻辑、内在信息。但观察调研法容易受到时间、空间等因素的影响，结果说服力有限。

3. 访谈调研

访谈调研是适用范围最广的调研方式，只要对象具备基本的语言沟通能力都可以进行访谈调研。访谈调研灵活度高，没有过多限制、顾虑，对象有机会生动、具体地描绘现象的经过，适当的解说、引导、追问能够帮助我们挖掘到真实需求。通常经过观察调研发现一些现象，配合访谈能够帮助我们准确地判定根本问题、主要问题。缺点在于访谈费时费力、效率较低，一般聚焦于几个重点对象进行，对重点问题定性即可。

4. 问卷调研

问卷调研应该建立在以上调研的基础上，对定性问题进行准确、具体的判定，辨别现象存在的广泛性。量化结果，便于借助一些数学工具对现象进行客观描述，使得调研结果更具备说服力。

（二）了解功能实现的途径

1. 功能性面料的选择或开发

在服装材料选择的理论方面，目前已有大量的研究。服装材料选用常用的两种方法：材料运用设计法和目标设计法。前者是根据服装材料的性能特点来设计服装。后者是由服装的设计方案来确定材料设计方案，并根据服装穿着的目的和功能需求确定材料的性质和种类。由于功能性服装的特殊功能性需求越来越高，也催生了更多由设计目标而来的定向开发材料，即目标设计法。

材料选用或定向开发都有共同的前提，即必须十分熟悉各种纺织纤维、纱线、织物以及各种材料和辅料等分类，并对它们的服用性能有清晰的认知。其次还需要了解材料的风格和用途、纺织与染整工艺、流行趋势与着装要求，保证材料在服装中运用到位，实现功能，使服装真正符合穿着要求。经相关研究表明，影响服装设计和消费者的服装材料的特性主要有导热性、透湿性、吸水性、弹性、弯曲性能、厚度、光泽等。

2. 板型和工艺

服装板型对服装功能性的影响也非常明显，服装是立体的，而面料是平面的。前期材料试验得出的初步结论只能简单验证服装设计的合理性，不同的板型构造了不同服装微环境的空间，空间的形状、大小、分布等都会极大的影响微环境的条件状态。例如，松量较大的服装容易产生风箱效应。

特殊的工艺、开口设计也给予了服装更多的创造性和适应性，例如滑雪服，外层面料需要保证良好的防风、防水性能，拉链、接缝等部位必须使用热压、胶压方式，不可以进行缝纫穿孔。又因为防风、防水面料的透湿、透气性差，通过腋下开口、后背开口等方式，为穿着者提供了新的穿着策略，在运动后机体热湿气体含量极高的情况下，给予临时开口，能够有效地帮助人体排除多余的热湿气体，以保证身体的干爽舒适。

3. 与其他设备、系统结合

随着社会的进步，科技也在迅猛发展，各种仪器设备越来越小，与服装的兼容性也在不断提升。例如马拉松比赛中的心跳检测系统，在服装上搭载感应器，配合相关软件系统对跑者的身体情况做实时评估、监控，加快应对突发心脏疾病时的反应速度，极大保证了跑者的生命安全。再如儿童的防走失系统，在服装上搭载相应的定位发射器，在发生危险时能准确找到孩子的位置，并且发射器不容易被坏人发现或被孩子不慎弄丢，更好地保障了防走失系统的有效性。

（三）设计方案的确定

充分、深入的调研可以帮助我们了解特定场景下特定人群的真实需求，但现实中往往存在多个需要被满足的需求，单凭服装很难一次性解决所有问题。

服装的功能设计需要考虑的因素包括很多方面，如环境条件、人体形态、生理状态、运动特性、文化背景、技术手段、生产经济性等。在不同的场景和条件下，人类对服装性能的要求也会随之改变，不同要素的序位先后、权重等都大相径庭。在一些极端环境下，安全需求往往远大于舒适性需求，如在消防现场，高温、火焰的环境要求消防服装具有良好的阻燃和隔热性能，来保障消防人员基本的人身安全；在核电站等具有核辐射的环境下，要求服装具有很强的防辐射性能；在深海中，需要服装具有强的抗压性能和保暖性能，保证人体机能正常运转以及方便潜水作业；对于医用纺织品，要求具有轻薄、柔软、防火、抗静电等性能，以保障医护人员的人身安全以及精密医疗设备的正常运转。在竞技场景中，提高运动表现的功能性往往优先级高于舒适性，例如紧身衣能够有效提高血流速度、运动感知；射击运动员需要穿着特制的皮衣，其本身笨重、不透气，但是能很好地辅助运动员稳定身形，对比赛成绩起到关键作用。面向普通大众的商品类功能性服装设计，经济性、可生产性往往占据很重要的位置，工业化大批量成衣生产能够很好地降低加工、生产成本，节约社会资源，如果一些功能的实现手段过于繁复、成本过高，那该服装只能停留于理论阶段，还需要不断优化实现策略、适应工业化大生产，才能真正推向市场、福泽大众。

我们需要结合现实因素、对象的特点和体量、使用场景等，做出相应的判断、取舍，找到主要矛盾，提炼目标服装所需要满足和具备的功能点，结合自身知识背景对功能的可实现性做初步评估，思考功能实现策略和途径。运用科学有效的设计手段，统筹兼顾各种因素，设计服装和优化服装性能，维持人体安全性和舒适性，强化功能性，增添科技性和趣味性等。

（四）功能实现效果的评价

通过一种或多种手段实现服装的某种功能，最终需要对服装的目标功能是否实现以及实现效果进行评价。运用客观、科学的方式，尽可能规避服装在真正穿着时的风险，或将风险控制在可接受范围内，评价服装功能性的实现效果，在保障人们安全、舒适的前提下满足人们更多的物质和精神需求。无论从企业还是从消费角度，服装功能性都需要科学的评价方法。目前有一些与功能性服装评价相关的标准，如《T/GDBX 012—2019 服装功能性技术要求》《GB/T 21295—2014 服装理化性能的技术要求》等。根据服装工效学理论，服装功能性的评价与服装舒适性的评价一样，仍然可以通过以下五个阶段进行，即材料实验（材料理化验证、材料功能验证）、假人实验、人体穿着实验、现场穿着实验、大规模穿着实验[9]。

1. 材料实验

材料实验是利用仪器对织物的一系列物理性能进行检测，如热阻、透湿性、透气性、弹性、断裂强度等。对于某些特性功能服装还有一些针对其功能的检测，如防晒服，还需要测量面料的紫外线防护系数或紫外线屏蔽率；而抗静电工作服，则需要测量面料的抗静电性能等，了解面料的性能是否能够满足功能和设计要求，同时为后续服装的设计、加工和制造提供技术指标。

2. 假人实验

通过面料实验的结果，确定服装材料并加工成服装。材料实验虽然可以精确地测量出服装材料的各种性能，但其中有些指标并不能完全代表服装。如热阻、透湿指数等。主要原因如下。

（1）服装并非均匀覆盖人体表面，并且服装与服装之间会有部分重叠的现象。

（2）在绝大多数情况下，人体穿着服装后，在人体与服装之间以及各层服装之间存在空气层。

（3）由于重力的作用，服装的某些部位存在压缩现象。

（4）人体姿态的不同，会使服装与人体之间以及各层服装之间的空气层厚度及流动状态发生变化，同时也会使服装局部的面料发生拉伸或压缩。

因此，材料实验之后必须进行暖体假人实验，进一步测量服装的热阻、透湿性能，评价穿着的外观效果等。此外，暖体假人可以经受任何环境条件，甚至一些对人会造成伤害的极端条件，如严寒、高温、火焰等，并且可以根据需要进行不间断的连续试验。暖体假人无精神因素的影响，所以数据结果稳定，误差较小。假人实验能够为服装设计、选材、工艺技术及服装生理卫生等提供基本数据。

3. 人体穿着实验

人体穿着实验可以彻底了解服装在设计和功能方面是否真正符合实际需要，只有通过人体穿着实验才能得到真实的实验结果。人体穿着实验一般要求在人工气候室内进行。实验过程中，受试者模拟实验工作状态，测量受试者的主要生理参数，同时以问卷方式进行受试者的主观感觉实验。通过人体穿着实验，可以从生理和心理两方面对服装的设计与功能有比较精确的了解。

4. 现场穿着实验

对于普通服装，现场实验主要从消费者与市场需求、服装的总体感觉、服装号型等方面进行评价；对于特种功能服装，受试者需要穿着所设计的功能性服装在实际工作场所进行工作，对服装总体性能进行评价。现场穿着实验的测量也包括生理和心理两个方面。

5. 大规模穿着实验

大规模穿着实验阶段主要是针对功能性服装，一般类型的服装不需要这些过程。通过以上四个阶段，对服装的总体性能已基本了解，并已确定服装达到功能的设计要求，符合人体的生理和心理特点。通过较长时间的大规模穿着实验，为服装产品的最终定型及最终的应用提供保证。

◆ **本章参考文献** ◆

［1］欧阳晔. 服装卫生学［M］. 北京：人民军医出版社，1985.

［2］YASUDA H, MIYAMA M. Dynamic water vapour and heat transfer through layered fabrics：Part 2：Effect of Chemical Nature of Fibers［J］. Textile Research Journal，1992，62（4）：55-58.

［3］原田隆司，衣服的快适性与感觉计测［J］. 纤维机械学会志，1984，37（6）：37-38.

［4］FOURT L, HOLLIES N R S. Clothing Comfort and Function［M］. New York：Marcel Dekker，1970.

［5］HOLLIES N R S, GOLDMAN R F. Clothing Comfort［M］. Michigan：Ann Arbor Science Publishers，Inc，1977.

［6］FANGER P O. Thermal Comfort［M］. Copenhagen：Danish Technical Press，1970.

［7］L. 福特，N. R. S. 霍利斯. 服装的舒适性与功能［M］. 曹俊周，译. 北京：纺织工业出版社，1981.

［8］彼. 奥. 范格. 舒适［M］. 李天麟，曹俊周，黄海潮，编译. 北京：北京科学技术出版社，1992.

［9］张辉，黎焰，服装工效学［M］. 3 版. 北京：中国纺织出版社有限公司，2021.

第二章　热阻可调充气结构服装

随着人类科技的进步，人们活动的场景愈发多样，人体需要快速适应各种环境的变化，如何保证人们能在纷繁复杂的各式环境下和变化多端的活动状态中保持舒适始终是服装工程领域的一个研究热点。

服装舒适感觉主要包括热湿感、触摸感以及触压感，它是环境、人体、服装多种因素的综合，既与客观因素有关，又受明显的个体差异影响[1]。本章研究的重点是热湿舒适性。要保持人体生理感觉热舒适至少需要满足两个条件，一是人体的皮肤温度和体核温度两者的综合作用，使人体体表及体核的综合感觉冷热适中；二是实现人体代谢产热量与散热量的动态平衡[2]。人体通过传导、对流、辐射和蒸发4个方式从环境中获得或向环境散失热量，面料本身的热湿传递性能、人体状态、环境条件以及服装的款式结构是直接关系到服装热湿舒适性的重要因素[3]。另外，除了保证整个人体的热湿舒适外，人体局部的热湿舒适性也是至关重要的，严重的局部着装的不舒适性，甚至会危及人体生命安全[4]。

人体方面对于热舒适的影响，主要在于因人体运动状态改变使得代谢产热量变化，以及运动时产生的空气对流使服装内的微环境受到了改变[4]。人体在不同的活动状态下，热平衡会被打破导致人体代谢产热及人体体温发生瞬时变化，人体生理适应时间不足，可能超过人体生理调节极限，造成生理上的不适甚至危及生命[5-7]。人们会运用各种方式实现身体的热平衡，服装是辅助人体开展热平衡调节的最好方式，可以使人体免受外界恶劣环境的影响[8]。因此，在应用于低温环境的服装研发中，找寻合理的保温调节策略是必要的。

近年来，相关学者们提出了将空气作为隔热材料，制作充气结构的服装，希望通过改变服装的充气量，能够在较宽的温度范围内保持人体的热舒适性[9]。并且充气服装具有操作装置简便、无须电源供给电能、保温能力持久、使用寿命长等优点，近年来逐渐受到青睐，并有少量产品推出。

第一节　国内外保暖性可调服装研究概况

一、人体在冷环境下的背景研究

人体保持舒适，主要取决于在人体—服装—环境三者所构建的复杂系统中，人体自身产热量与周围环境散热量交换平衡，这种平衡的维持主要依靠热湿传递的调节[10]。人体具有一个非常有效的调温系统，但如果环境变化过于剧烈或迅速，会超过人体生理调节极限，需要服装辅助才能够重新建立平衡[6-8]。

在寒冷环境下，人体会通过收缩血管和颤抖来增加产热、减少散热。人体的骨骼肌组织占到全身的 50%，具有巨大的产热潜能。机体的散热主要是通过人体表皮进行，其散热方式主要包括辐射、传导、对流和蒸发。人体各部位对于低温的耐受程度也是不同的[11]，对于保暖的要求也不一致，所以冬季服装的开发需要根据身体部位的生理特性、运动特性等进行合理设计。

防寒服是指在 10℃ 以下的寒冷环境中可维持人体正常生理指标的服装，可有效减缓人体热量损失，维持人体热平衡，从而起到冷防护的作用[12]。最常见的防寒服保暖方式是在衣片中填充絮料增加服装厚度以起到保暖效果，但是絮片的体积密度并不是越大越保暖，存在临界密度，开发此类服装时需要根据不同的絮料性质，确定合理用量[10]。

目前防寒服的关注重点是静止状态下服装的防寒能力，然而在实际生产生活中人不会一直保持静止，运动时所需的服装保暖和透湿性能不同，需要较低热阻和较高透湿性能[13]。因此，找寻合理的保温调节策略是必要的。

二、热阻可调服装材料的研究现状

近年来，人们对于热湿舒适性要求越来越高，热阻可调节服装也逐渐进入人们的视野。热阻可调节服装的调节方式主要可以分为两种，一是自动调节类，主要使用智能材料实现；二是自主调节类，主要通过人为对服装结构和形态改变来实现。

（一）自动调节类[12]

热阻自动调节类也可以称为智能可调温服装，其所使用的智能材料主要可以分为蓄热材料、形状记忆材料、电加热材料三种。智能可调温服装通过在不同环境下智能调节服装周围环境温度，维持穿着者体表温度的相对恒定，提高服装舒适性[14]。

1. 蓄热材料

蓄热材料可以根据环境状态进行自动响应，提供人体所需热量，其中太阳能蓄热材料、相变蓄热材料较为适合用于防寒保暖服装。

太阳能蓄热材料是通过吸收太阳辐射中的近红外线，并反射人体所产生的远红外线，从而达到蓄热保温的效果。可将具有此性能的陶瓷粒子包埋在纤维或纱线中，或在纤维纺丝时加入此类陶瓷粒子等方法制备太阳能蓄热纤维。例如日本三菱公司开发的 Thermocatch、钟纺公司的 Ceramino、尤尼吉卡公司的 Thermotron 等都属于太阳能蓄热纤维。其缺点在于，太阳能转化率低，对光源依赖性强，生产成本高等。

相变蓄热是指材料能在预设条件下进行固态液态的相互转化，并在转化过程中吸热或放热，从而达到温度调节的功能。其主要制备方法有两种：一是将相变材料填充于纤维中或加入纺丝液制备相变纤维，再经织造形成相变织物；二是通过直接填充、表面整理、表面接枝改性等直接复合方式获得相变织物[15]。例如具有光热响应的相变聚合物 BPTCD-PEG[16]，氧化石墨烯相变微胶囊[17]，国产的丝维尔纤维、SYCORE 纤维等。其主要缺点在于技术不够成熟（只有微胶囊纺丝和微胶囊表面整理的方法实现了工业化，且所得纺织品的性能稳定），耐久性差，可调温范围小，生产成本高等[15]。

2. 形状记忆材料

形状记忆材料（SMM）是具有形状记忆效应的智能纺织材料[18]。目前防寒服设计中可以使用的形状记忆材料包括形状记忆合金（SMA）和形状记忆聚合物（SMP）。

形状记忆合金（SMA）是将两种或更多种金属混合在一起的金属化合物[19]。例如 Yoo 等人[20]将 NiTi 形状记忆合金（SMA）弹簧置于防寒服系统的外层和保暖层之间，可智能地感应低温并做出响应。

形状记忆聚合物（SMP）主要是指热敏型形状记忆聚氨酯（TSPU），它具有自响应调湿的功能。将其与织物层压制成复合织物，在低温下可保持身体温暖，且高温下具备更好的透气性，更能保持身体舒适状态。例如，三菱重工开发的"DiAplex"系列防寒服[21]采用了这种技术。TSPU 调湿织物仅是通过减少人体与外界热对流来提高服装的保暖性能，虽可以智能地调节透湿性能，但此织物制作的服装保暖效果还有待考证。

3. 电加热材料

电加热材料是将电能转化为热能以提供或维持人体所需的热量。主要包括金属加热材料和碳基加热材料两种，将此类材料制备成可加热的电元器件，配合控温系统，可控性很强。

金属加热材料最早应用于电加热防寒服。金属加热材料包括金属丝、金属涂层纱线等。例如，Doganay 等[22]运用浸渍干燥法制备的新纳米线（AgNWs）涂层棉织物在 $1\sim6V$ 的电压下，可将织物表面加热至 $30\sim120℃$。

碳基加热材料主要指碳纤维、碳纳米管、石墨烯等材料。例如，莫崧鹰[23]等设计开发的等离子体金属镀膜的可加热保暖服装材料，赵露[24]等开发的可应用于女性保暖内衣等的石墨烯材料。其优点在于升温快、功效高、成本低，缺点在于碳纤维织物具有纤维丝易断裂、温度分布不均等问题。

电加热防寒服在服用性能上仍存在一些问题。例如，电加热元件的防水防湿要求与服装的透气透湿需求之间的矛盾[25]，为了满足能量守恒，电源的体积与质量必然较大，其严重制约了此类服装的穿着舒适性与便携性能。柔性电子技术正处于发展阶段，柔性化电加热防寒服装已逐渐成为电加热防寒服开发的热点。

（二）自主调节类

1. 结构变化

利用活口、拉链、抽绳等方式对服装结构廓形等进行调整，形成风箱效应或制造开口，进而增强服装的透湿透气性从而调整服装的保暖性能。例如，刘璟[26]等对单板滑雪服开口位置进行研究后发现，背部横向散热开口的散热效果最为明显。

2. 充气结构服装

有学者提出将空气作为隔热材料制作充气服装，能够在较宽的温度范围内保持人体的热舒适性[9]，通过控制充气量制约防寒服的保暖性和隔离效果。充气结构服装作为本次重点研究对象，将在后面详细介绍。

总的来说，自动调节类可调温服装由于其自感知、自响应、自隔离的特点，未来可运用在防寒服保暖性能、防水透湿性能的改进中。智能材料大多还不够成熟，直接用于防寒服还存在很多问题，主要包括材料的使用安全问题、材料穿着舒适性问题、材料持久性及耐久性问题、服装可维护性问题、加工环保性问题、标准欠缺等问题，但总体发展呈现智能化、柔性化、产业化、安全化趋势[12]。自主调节类方式可控性强、调节效果显著，调整阈值更广，耐久性较好，能够适应更多的环境和场景；但是设计较为复杂（面料方面包括面料特性、面料配伍，款式方面包括开口设计、松量控制、各层间松量配比、对于高透湿透气区域的特殊设计等）、操作相对不便等，如果调整方式设计不合理，容易造成生产成本高、操作繁复、服装维护成本上升、使用寿命短等问题。

三、充气结构服装研究现状

在所有的保暖性能调节策略中，调整服装系统整体的隔热性能是最重要的策略[27]。服装的保暖性能主要取决于服装系统内的静止空气含量，一定范围内含量越高，保暖性能越好[28]。空气的使用大大降低了服装的重量，空气取用非常方便且环保，避免了过多絮料的使用[29]。

（一）充气结构服装的相关研究

1. 有关充气防寒服的早期研究[5]

1989 年，甘肃省兰州市铁路第一设计院地勘处杨青发明了一种充气防寒服，既可以防寒又可以防热。2003 年，美国 Gore（戈尔）公司发明了一项 AIRVANTAGE 技术，通过调节气囊通道内的气体量来调控该服装系统的保温性能，进而达到调节服装保暖效果的目的。2008 年，南通纺织职业技术学院孙兵发明的智能控制充气服装，实现了服装保暖性调节手动到自动的转变。2012 年，Klymit 公司研发了 Ulaar 充气式保暖夹克衫，利用氩气（一种密度为空气的 1.4 倍的惰性气体）作为填充气体，来解决寒冷冬天的保暖问题。2014 年，邵烨平等[30]利用模块化设计、模糊控制技术、人体工程学理念开发的新型防寒服实现了服装实时监测和调控温度的功能，根据各部位的压力、温度传感器进行模拟计算，自动对各部位气囊进行充放气，以满足低温条件下特种作业的防寒使用要求。

2. 热湿舒适性相关研究

Rogale 等[31]研发的第 1 代充气结构服装，上身躯干部位被水平分成 3 个独立的空气室，具备 6 种不连续的保暖调节模式。第 2 代产品将躯干部位分成了更多连续的空气室，使其具备了保暖性的连续调节的能力。

苏文桢等[32]基于美国 NuDown 公司的充气背心开发了一件新型的充气夹克，并借助出汗暖体假人研究充气量、风速两个相关因素对服装总热阻和局部热阻的影响，得到两个结论，一是着充气服装上身总热阻以及局部热阻有显著提升，充气使服装厚度发生变化但对服装热阻没有显著影响，二是风速会显著降低上身总热阻和充气服装的局部热阻。

郝静雅等[33]与兴丰强科技有限公司合作研发的一款充气马甲，进行了面料保暖性测试、试样内气压测试，并在穿着状态下进行了保暖性能测试、最佳充气厚度测试以及热湿舒适性评估。结果显示，活动量较小时充气保暖服有良好的热湿舒适性，最佳充气厚度为 20mm，透湿能力还需要进一步提高。

3. 透湿性、透气性方面的改进

2017 年，NuDown 品牌真正实现了充气防寒服装的工业化量产。该品牌研发的 Mount Tallac 将充气区域集中在身体躯干部位，满足人体核心部位的保暖需求，而在手臂、腋下等人体活动频繁的部分，采用防风防水的软壳面料进行拼接，方便身体活动，且有较好的透湿透气性能[5]。

韩志清等[5]针对充气防寒服透湿透气性差的问题，提出了设计通风系统的解决方案。主要根据面料、服装以及通风、附加设备 3 个层面进行通风系统的设计，改善后的充气防寒服实用性更佳，热湿舒适性得到显著改善。

4. 充气结构的相关研究

王娟[34]基于人体工学原理，为使得服装在充气状态下产生纹理，提高服装与人体曲面的贴合度，将充气服装整体分割成很多独立且相连的微小气室。陈存木等[35]更关注服装生产与制作，将马甲设计为 H 型结构，且将服装前后片纸样整合为一体，这样的连通结构减少了剪裁的工序，生产加工更加便利。龚家财等[36]通过压痕的合理分布来分隔气道，并设置装有透气膜的单向充气口，进一步优化充气内胆的结构设计。

(二) 充气结构服装目前存在的主要缺点

1. 透湿透气性差

由于充气结构是密封的空气层，所以充气部分自然丧失了散湿能力，汗液蓄积在人体一侧造成不适，非常不适合活动状态下穿着。目前的解决方式是结构上采用小面积气囊、选用背心款式减少气囊覆盖面积或设计通风系统[5]进行辅助通风散热。前者只是避重就轻并没有完全解决其不透湿的问题，后者面料配置及松量配比等设计复杂且对于不同体型适应性较差，增加了生产成本、维护成本和单品重量。另外因为通风位置零散且需要手动控制操作繁复，也不适宜批量化生产和大众市场。

2. 充气后与人体结构贴合性差

由于要保证气道贯通以减少操作的繁复性以及降低生产成本，目前的充气服装气道、气块分布大部分是均匀、规则排列，并没有很好地结合人体结构和动态需求进行合理分布，加之为了保证产品质量充气层还采用了较厚较硬的面料，在充气后硬度增加，对关键部位活动影响更为明显。

3. 保暖性调节范围小

理论上，服装保暖性应该随充气厚度增加而增加，但相关研究表明[31][33]，充气前后整体保暖性提升并不明显，且当充气量到达一定程度后保暖性上升趋势明显变缓，应该是由于内部气流产生自然对流从而保暖性没有显著提高的缘故。

4. 充放气操作不够快捷

包裹躯干部分的气体量较大，手动充气需要一些时间，且放气过程需要借助外力挤压，逆向调节操作不够便捷；一些企业会使用电气设备充放气，这样虽然提高了便利性，但同时也增加了服装本身的重量、加工成本、维护成本等。

第二节　新型充气结构设计及测试

目前充气服装最主要的问题是，热阻调节阈值小，充满气和不充气之间保暖性能仅相差0.1clo，远不能满足日常生产生活穿着需求。新型充气结构通过改变常见的纯空气填充方式，在充气结构内增加一定量的絮片，来抑制结构内部空气对流速度以提升充气结构的保暖性能，拉大不同充气量之间充气结构的保暖能力差距，真正满足日常生活中的热阻调节需求[2-4]。

本研究使用6种絮片分别填充于充气结构内部，对各种絮片进行了厚度、热阻测试，探讨填充不同絮片的充气结构在充气厚度变化时其热阻的变化情况，并对测量结果进行分析。结合实际生产生活需求、服用性能、经济性等选出合适的填充材料。此外，针对充气结构实际的服用场景，进一步探究了气块间距、充气结构透湿性能，为后续服装设计提供基本参数支持。

一、基础材料测试

材料测试方面主要测试充气结构用到的基础材料，如表层PVC面料、各种絮片等。测量指标主要包括材料厚度、热阻。测试标准参照：GB/T 24218.2—2009《纺织品　非织造布试验方法　第2部分：厚度的测定》、GB/T 11048—2008《纺织品　生理舒适性　稳态条件下热阻和湿阻的测定》。充气材料的厚度及热阻测量结果如表2-1和图2-1所示。

表2-1　几种絮料厚度及热阻测量结果

材料名称	0.19mm PVC面料	100g/m²石墨烯絮片	200g/m²石墨烯絮片	300g/m²石墨烯絮片	100g/m²细旦涤纶絮片	160g/m²细旦涤纶絮片	100g/m²聚酰亚胺絮片
材料厚度（cm）	0.019	1.500	2.600	3.967	1.367	2.500	2.133
热阻值（clo）	0.0142	1.6075	3.0080	5.0227	0.5254	0.8770	0.8452

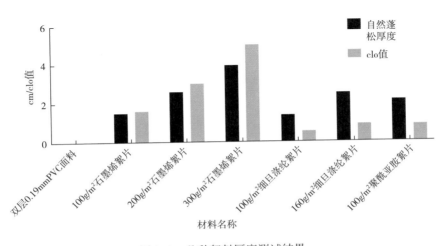

图2-1　几种絮料厚度测试结果

由图 2-1 可以很直观地看出，充气层材料——PVC 本身几乎没有热阻，后续研究中可以忽略其对充气结构保暖性能的直接影响。

絮料厚度与絮片本身热阻值密切相关，且材料热阻与材料厚度成正比。同克重下石墨烯絮片热阻最高、保暖性能最佳，并且随克重的增加絮片厚度、絮片热阻有规律地提升，在充气结构中可以保证高填充率的同时，更好地提升结构保暖性能。

二、充气结构热阻测试

制作不同絮片填充的充气结构，测定充气结构在不同充气厚度下的材料热阻值。测试标准参照：GB/T 24218.2—2009《纺织品　非织造布试验方法　第 2 部分：厚度的测定》、GB/T 11048—2008《纺织品　生理舒适性　稳态条件下热阻和湿阻的测定》。

充气结构实验样品制作步骤如下：

（1）裁剪 35cm×35cm、39cm×39cm PVC 面料各一块，2.5cm×4cmPVC 面料两块，将 39cm×39cm 裁片四角对折 140℃热压，制作立体结构。2.5cm×4cm 裁片对齐利用热熔胶将长边 0.5cm 的区域进行 120℃热压，制作充气阀门。

（2）35cm×35cm 裁片利用热熔胶条进行单边 120℃热压，并将充气阀门与该裁片结合。揭开热压条纸层，将制作好的上层立体结构与下层进行热压黏合。

（3）四角加固，用棉布包裹四角，利用 160℃热压将 PVC 融化，形变冷却并局部结构重组固定后将棉布揭下。利用 PVC 胶水、透明胶布进一步封口防止漏气。

（4）将絮片从预留的填充口塞入，利用 PVC 本身的自粘能力进行 140℃热压。

（5）从充气阀门进行充气，并将阀口折叠两圈以上用燕尾夹夹住，防止漏气。

（6）将充气结构放置水中检查其气密性。

充气结构实验样品见图 2-2。

图 2-2　充气结构实验样品

三、充气结构热阻测试结果与讨论

（一）充气结构不同充气厚度的热阻

6 种充气结构在不同充气厚度下热阻测试结果如表 2-2 和图 2-3 所示。

表 2-2　6 种充气结构在不同充气厚度下热阻测试数据

充气厚度（cm）	1.00	2.00	3.00	4.00	5.00
双层 0.19mm PVC 面料热阻值（clo）	0.3217	0.6997	0.5828	0.2505	0.2410
PVC+100g/m² 石墨烯絮片热阻值（clo）	2.4483	3.5071	3.9655	3.7755	2.9235
PVC+200g/m² 石墨烯絮片热阻值（clo）	2.5980	4.5956	6.4447	5.0043	4.9140
PVC+300g/m² 石墨烯絮片热阻值（clo）	3.4843	4.6869	7.0192	7.8795	1.8564
PVC+100g/m² 细旦涤纶絮片热阻值（clo）	1.2562	2.7214	3.4177	3.0422	3.5067
PVC+160g/m² 细旦涤纶絮片热阻值（clo）	2.7311	3.6959	4.6238	4.7356	3.7461
PVC+100g/m² 聚酰亚胺絮片热阻值（clo）	2.0665	2.4987	1.1219	1.1422	1.2060

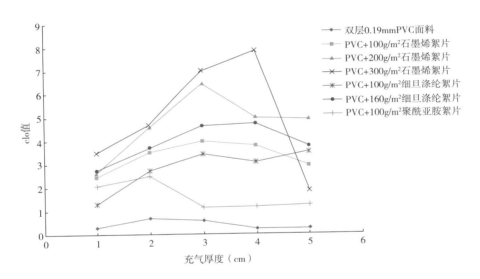

图 2-3　6 种充气结构不同充气厚度下热阻测试数据

由表 2-2 数据及图 2-3 可知，无絮片填充的充气结构热阻很低，峰值低于 1clo，并且各充气厚度之间的热阻无显著差异。絮片填充有效提高了充气结构的热阻峰值，并且复合充气结构热阻峰值远高于絮片本身热阻，证明复合充气结构更加经济、高效地提高了材料的保暖能力。并且不同充气厚度之间热阻差异较大，能够切实满足热阻可调节的需求。除聚酰亚胺絮片、300g/m² 石墨烯絮片外，其他充气结构基本在充气厚度 3cm 时达到热阻峰值。

（二）充气结构热阻随充气厚度的变化

在实际服用场景下，充气结构不仅需要考虑热阻可调节阈值，还需要考虑热阻随充气厚度增加的可控性、生产加工时的经济性以及穿着时的实用性，不同絮片填充的复合结构热阻随充气厚度变化而变化的规律不完全一致。6 种充气结构热阻随充气厚度 1~3cm 内的变化情况如图 2-4 所示，通过该堆积柱形图可知充气厚度 3cm 以内（充气结构基本在充气厚度 3cm

时达到峰值）每个充气厚度阶段不同絮片充气结构的热阻增加量，同时看到对应充气厚度下复合充气结构的热阻值。

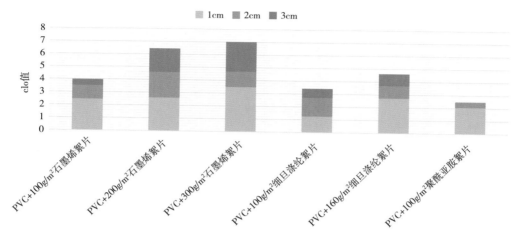

图2-4　6种充气结构在充气厚度1~3cm内的热阻变化图

柱形图分割越均匀，说明复合充气结构随充气厚度变化对应的热阻变化越显著，即通过控制充气厚度能有效调控材料热阻值。其中200g/m²石墨烯絮片结构的柱形分割是最均匀的，其次是100g/m²细旦涤纶。

不同色块的高度表示对应充气厚度下的热阻值，相同克重下，石墨烯材质絮片充气结构热阻值最高；相同材质下，克重较大的絮片充气结构热阻较大。

考虑到日常穿着场景，服装材料厚度增加1cm围度变化6cm左右，充气厚度变化2cm对于衣内来说缩减了6cm围度，会挤压服装内的空间，继续增加充气厚度会进一步压缩衣内空间，可能造成穿着不适，并且可能导致整体着装的保暖性下降，故日常充气服装的充气厚度范围应在2cm以内。2cm以内柱形图分割较为均匀、热阻值较高的有100g/m²石墨烯絮片、200g/m²石墨烯絮片和100g/m²细旦涤纶絮片。

同时，考虑穿着轻便性和生产经济性，100g/m²石墨烯絮片更轻，相对同样克重的涤纶絮片热阻值更高，热阻调节范围更大，是现有样品中最经济、高效的絮片选择。

（三）充气块不同间距的热阻研究

由于充气结构本身较为硬挺，为了方便人体活动、符合人体形态以及便于加工，充气结构充气块必须进行分割。为了找到较好的分割间距，使用综合表现最好的100g/m²石墨烯絮片填充充气结构进行测试，充气厚度选择2cm。分别制作间距0.1cm、0.5cm、1cm、1.5cm、2cm、2.5cm、3cm的充气结构，分别进行热阻测定。同时，在充气结构表层盖一层棉布，模拟作为保暖服装内芯时充气结构与表层服装形成的结构状态。测试标准参照国标GB/T 11048—2008《纺织品　生理舒适性　稳态条件下热阻和湿阻的测定》。

充气块之间不同间距的实验样品热阻测试结果见表2-3和图2-5。

表 2-3　充气块之间不同间距测试数据

充气块间距（cm）	0	0.1	0.5	1	1.5	2	2.5	3
clo 值	3.51	3.01	2.62	2.65	3.01	2.90	2.85	2.78

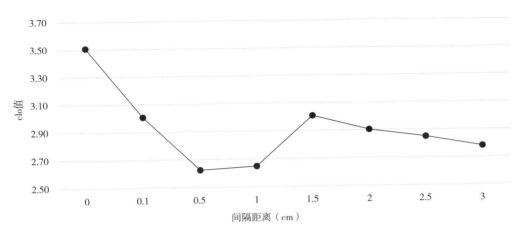

图 2-5　充气块不同间隔距离测试结果曲线

　　由表 2-3 测量数据和图 2-5 可知，当充气结构不分割时其热阻值为 3.5clo，分割仅为 0.1cm 时该充气结构热阻值为 3clo，相较于未分割的充气结构热阻下跌了 0.5clo，可见分割对于充气结构热阻必然产生负面影响。但是，充气结构热阻值并不是随间隔宽度的增加而一直减少的。热压区域和充气块之间的厚度差与外层棉布形成一定空间，保留一部分静止空气，该部分静止空气含量存在峰值。当充气块间隔在 1.5cm 时与间隔 0.1cm 时的热阻值基本一致，甚至略高，说明此间隔是气块间隔较佳的参考间距。随着间隔宽度继续增加，充气结构热阻值再次下降，但是下降更为平缓。其原因可能是由于间隔宽度的不断增加，以及棉布自身刚性的限制，着力点越来越分离，布面中间的塌陷量越来越大，故其形成的静止空气空间减小，由图 2-6 可比较直观地看出本研究所制作的实验样品上方棉布的状态。

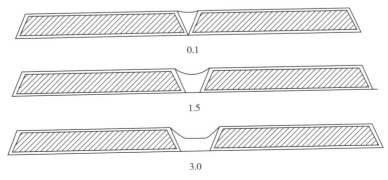

图 2-6　充气块间隔与外层织物形成的静止空气层示意图

四、充气结构的湿阻测试

服装湿阻是指试样两侧的水蒸气压差与垂直通过试样的单位面积蒸汽流量所产生的蒸发潜热之比，它表示纺织品处于稳定的水蒸气压力梯度的条件下，通过一定面积的蒸汽热流量的难易程度，单位为 $m^2 \cdot Pa/W$。

服装的湿阻过大时，人体散发的水汽无法排出，会在服装内部集聚形成液态水，不仅严重影响服装的舒适度，还会大大降低服装的保暖效果，因此对于保暖服装，仅仅热阻值高是不够的，还要具有良好的透湿性能。

由于充气结构本身完全不透湿，故采用打孔来增加其透湿性。本研究设计了 6 种打孔方案，分别为孔直径 0.2cm，间距 1cm、1.5cm、2cm，孔直径 0.4cm，间距 1.5cm、2cm，孔直径 0.6cm，间距 1.5cm。对 6 种方案的样品进行湿阻测试，最后通过理论估算推导充气服装所需的总透湿量，选择合理的打孔方案。

样品湿阻测试标准参考 ISO 11092—2014《纺织品　生理效应　稳态条件下耐热和耐水蒸汽性能的测量》。

实验样品在不同打孔方案下的测试结果见表 2-4、图 2-7。

表 2-4　不同打孔方案测试数据

打孔直径/间距（cm）	0.2/1	0.2/1.5	0.2/2	0.4/1.5	0.4/2	0.6/1.5
蒸发散热量（W/m²）	54.72	15.52	10.4	52.8	39.04	70.24

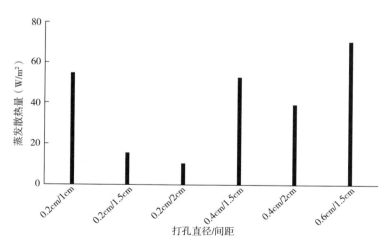

图 2-7　不同打孔方案下的蒸发散热量柱形图

由表 2-4 的数据和图 2-7 可知，单位面积内 PVC 透湿性能随孔直径增大而增大，随孔间距减小而增大，即透湿性能主要由单位面积内通孔总面积决定。冬季服装设计中，服装的透湿性能够满足人体的潜汗排湿即可，根据 Fanger 提出的通过皮肤表面不显汗蒸发所丧失的热量（E_d）计算公式，可以间接计算服装材料所需的透湿性能[37]。不显汗蒸发所丧失的热量（E_d）的计算公式如下：

$$E_d = 3.05 \times 10^{-3} \times (256 \cdot t_s - 3373 - Pa) \tag{2-1}$$

式中：E_d——通过皮肤表面不显汗蒸发所散失的热量，W/m^2；

t_s——平均皮肤温度，℃；

Pa——环境水汽压，Pa。

在环境温度17℃，相对湿度50%的环境下，取人体感觉舒适的平均皮肤温度33℃，上式的计算结果为12.52W/m^2。该环境为材料湿阻的实验环境。在温度10℃，相对湿度50%的环境下，取人体感觉舒适的平均皮肤温度33℃，上式计算结果为13.61W/m^2。该环境为服装人体穿着实验的实验环境。

由上述测试结果可知，打孔直径0.2cm，间隔2cm的打孔方案不能满足冬季服装的最小透湿量需要，故淘汰。其他几种打孔方案都远大于冬季服装所需的最小透湿量，但是由于充气服装充气部分不能打孔，所以通孔只能位于充气结构下上两片胶连热压的区域。最终服装设计时需要结合充气部分可打孔面积、衣身覆盖人体的部分、单位面积所需的透湿量、结构连接牢度等方面，综合考量选择合适的孔径大小及孔径间距。

五、本节小结

利用絮料填充充气结构可以有效提高充气结构的热阻峰值，并且复合充气结构热阻峰值远高于絮片本身热阻，证明复合充气结构更加经济、高效地提高了材料的保暖能力。不同充气厚度之间热阻差异较大，能够切实实现热阻可调节的需求。

不同絮片的充气结构随充气量变化热阻变化不一致，其中200g/m^2石墨烯絮片随充气厚度变化，热阻变化最均匀。综合考虑可穿性、经济性、轻便性、保暖可调性等，本研究的样本中，100g/m^2石墨烯絮片作为充气结构填充材料为最佳。通过不同充气块间距的热阻测试分析，得到充气块的最佳分割间距为1.5cm，为后续服装设计提供了有力的数据支持。

不同规格打孔湿阻测试为后续服装设计中，黏合部位打孔方案选择提供了数据参考依据。

第三节　充气结构保暖服装设计

一、充气服装功能性设计需求分析

(一) 产品现状

经调研发现，目前绝大多数充气结构服装产品，款式多为宽松马甲。马甲款式可以保证人体体核区域温度的相对稳定，裸露四肢方便人体活动且增加透湿透气性，从而提升着装舒适性。

但马甲款式存在一些不足之处，热湿舒适性方面，马甲忽略了四肢所需的保暖防护，热舒适是体核温度和皮肤平均温度综合作用的结果，躯干和四肢温差过大不利于人体健康。躯干部分透湿只靠领口、袖口、下摆开口和风箱效应，透湿不够且不均匀。

板型结构方面，充气马甲多为男女同款，但是充气结构服装一般较为硬挺，若不针对女性体型特征进行结构优化，会导致女性穿着时腰腹部产生过大松量从而使得风箱效应加剧，运动舒适度下降等问题。

（二）人体不同区域散湿需求差异

Weiner 等[38]人的研究表明，人的身体各部位出汗量并不均等，其中50%出汗来自躯干，其余来自头部、颈部、四肢，且躯干部分出汗强度越接近底部越弱。

Smith[39]等分别对男性与女性身体的18个局部分区出汗量及出汗率分布差异进行了对比，研究发现男性局部出汗率略高于女性。男性与女性出汗率分布规律相似，例如，两者出汗量均由躯干到身体两侧出现逐渐减少的趋势；个别部位出汗率分布差异较大，例如，女性胸部出汗率明显高于男性，分析原因应该是女性受试者在实验过程中穿着文胸所致。

国内研究者[40]研究了人体在排球运动过程中的生理变化特征（图2-8），休息状态下，人体前额、胸部、腋下以及后背上部靠近颈部、后背下部靠近腰部的皮肤温度相对较高；在排球运动状态下，虽然运动使人体代谢率上升，但由于人体运动使得服装内部产生的空气对流对人体局部的散热产生的影响更大，故除了头部、前额、脚部的温度较高外，其他部位的温度都呈现出下降的趋势；运动后休息状态下，由运动产生的空气对流停止，但人体代谢率不能瞬间回到运动前的代谢水平，故人体的前额、腋下、胸部、后背上部、后背下部以及上臂部的温度迅速上升，并超过运动前的体表温度。

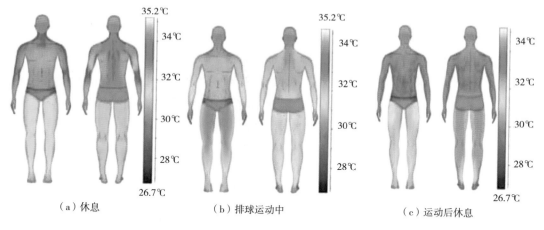

（a）休息　　　　　　　　（b）排球运动中　　　　　　　　（c）运动后休息

图2-8　人体三种状态下皮肤温度分布

人体在不同运动状态下出汗率分布情况见图2-9。在排球运动前，人体的出汗基本属于潜汗，前额和腋下两个部位的相对湿度较高；在进行排球运动时，由于人体代谢率上升，散热需求增加，人体开始以显汗的方式增加机体散热量，汗液增多，局部相对湿度增大，后背、后腰、腹部相对湿度较大，其次是双臂和头部；当运动后再次休息时，身体所有部位的相对湿度均达到饱和状态，体表均呈现湿的状态，此时体表已经没有了明显的湿度分区。

总的来说，人体出汗量与人体散热需求相关，在动—静—动的活动状态变化过程中，上半身躯干部分对于散热需求更大，所以出汗量也相应较多，出汗率分布由躯干向两侧出现递

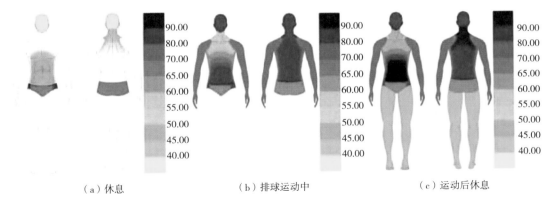

（a）休息　　　　　　（b）排球运动中　　　　　（c）运动后休息

图 2-9　人体三种状态下皮肤湿度分布

减趋势。

（三）人体着装运动需求

服装不仅要考虑人体静态结构，还要兼顾动态结构需求。研究表明，皮肤伸展大的方向与皱纹的方向垂直[41]，国内研究者[40]研究了人体运动状态对于体表特征变化的影响，总结了人体体表所需的 13 条运动结构线，如图 2-10 所示。

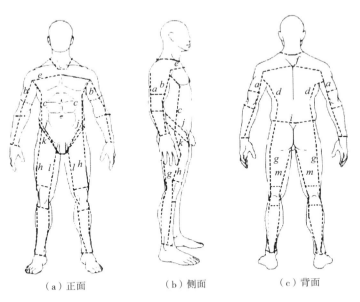

（a）正面　　　　　　（b）侧面　　　　　　（c）背面

图 2-10　运动状态下人体体表区域分割

二、复合充气服装结构设计

复合充气服装结构设计主要解决充气服装忽略两臂保暖、服装不贴体、运动灵活性及舒适性差的问题。

（一）基本材料选择

根据材料测试结果发现外层包裹气体的材料对结构热阻影响很小，考虑到加工的便捷性和服装的轻便性，选择镀膜尼龙面料进行替代，该面料厚度为 0.1mm，重量 100g/码，单层热阻与 PVC 几乎无异。

本研究设计了一款女性充气服装，由于女性充气服装要求有更佳的合体性，并且冬装倾向于更轻盈，权衡充气结构随厚度变化热阻变化的均匀性、热阻可调节阈值，选择 $160g/m^2$ 细旦涤纶絮片、$100g/m^2$ 石墨烯絮片、$100g/m^2$ 细旦涤纶絮片作为充气结构的填充材料。

（二）服装结构设计

充气结构材料质硬、贴身有塑料感，故设计外层使用纯棉面料包裹，外层面料版型采用较为修身的 7 开身、3 片袖板型以便更加贴合女性身体曲线，省道与结构线的设计需符合运动状态下人体体表变化规律。服装长度为了兼顾保暖性和舒适度，选择衣长至臀线附近。考虑到充气服装常用的充气厚度为 1cm、2cm、3cm，充气厚度变化时，服装对服装内部的松量产生影响，故将服装整体围度扩大 6.28cm，预留充放气松量，保证穿着的舒适性。为了方便清洗，将充气结构作为可拆卸形式，在棉布层背部育克线、两袖侧缝安装隐形拉链，作为充气结构取放的位置。将充气口放在两袖下端、腰侧缝，方便进行充放气操作。根据外层形态确定充气层板型，前文测试表明气块间距 1.5cm 时，在分割状态下，气块热阻最高，根据加工需求，各板片热压区域为净板向内 0.75cm，毛边根据需求增加，棉布层纸样见图 2-11，充气层纸样见图 2-12。

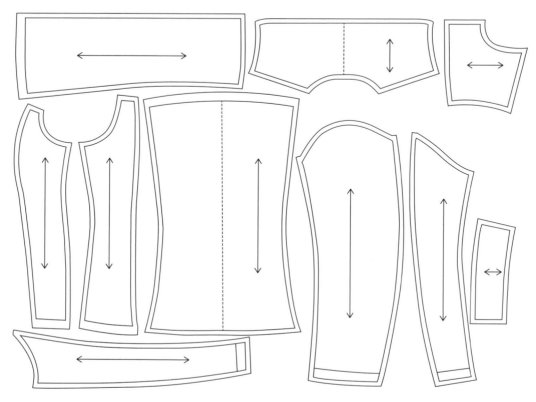

图 2-11 棉布层纸样

图 2-12　充气层纸样

(三) 不同区域填充絮片选择

根据相关研究表明，人体四肢与躯干对保暖需求不同，但人体热舒适是产热与散热平衡以及皮肤温度和人体核心温度综合作用的结果，所以也不能完全忽视对四肢的防寒保暖。

躯干部分：由于躯干对保暖性要求很高，温度耐受范围小[37]，调节需求也更大，故选择热阻峰值更高的 $100g/m^2$ 石墨烯絮片和 $160/m^2$ 细旦涤纶絮片填充充气结构。

袖子部分：双臂对保暖性需求较小，对灵活性要求高，在充气厚度 2cm 以下时，$100g/m^2$ 石墨烯絮片对充气结构热阻值提升效果明显、热阻变化斜率较大，故选做袖子部分的填充材料。

领子部分：领部不充气，使用单层优倍暖填充以弥补保暖性差距。

(四) 透湿区域设计

为了不影响充气结构保暖能力，打孔在充气结构热压区域进行。结合材料测试部分的打孔湿阻测试结果和人体散热、散湿分布规律相关研究，仅在原有服装结构线分割热压区域打孔，不足以满足局部散湿、散热需求。故在后背、腋下增加了热压区域。一方面降低局部热阻，另一方面提供可打孔的区域。同时，腋下、后背均为运动过程中服装牵拉量较大的区域，热压分割为服装提供了结构余量，结合相关研究皮肤伸展大的方向与皱纹的方向垂直，见图 2-13[41]，确定了腋下、背部分割线走向。

再根据热压区域面积，结合该服装覆盖面积及该区域内所需的散湿量来选择合适的打孔方案。计算过程如下：

根据 Stevenson 的人体表面积计算公式，计算 GB/T 1335.2—2008《中华人民共和国国家标准　服装号型　女子》中 A 体型系列，身高 160cm，体重 50kg 结果为 $1.4631m^2$。再根据人体各部位占身体面积比例计算充气结构服装覆盖面积为 0.7m²。

冬季服装设计中，透湿满足人体潜汗透湿量即可，根据 Fanger 提出的通过皮肤表面不显汗蒸发所丧失的热量计算公式，可以间接计算服装材料的湿阻值[37]。

在人体穿着实验的环境条件下，环境温度 10℃，相对湿度 50%，取人体感觉舒适的平均皮肤温度 33℃，计算结果为 13.61W/m²。综合该结果，身高 160cm、体重 50kg，穿着充气结构服装时所需蒸发散热量为 9.52W。

结合材料湿阻测试结果，打孔总面积/服装面积＝0.09，打孔直径 0.2cm、间距为 1cm，测得单位蒸发散热量为 54.72W/m²，计算可知，当服装附着部分完全封闭时，所有打孔可提供 6.74W 蒸发散热量。该款式服装还有领口、袖口、后开衩、下摆等可以提供部分热湿散失量，基本满足冬季人体着装所需的蒸发散热需求。最终确定的充气层打孔、热压方案如图 2-14、图 2-15 所示。

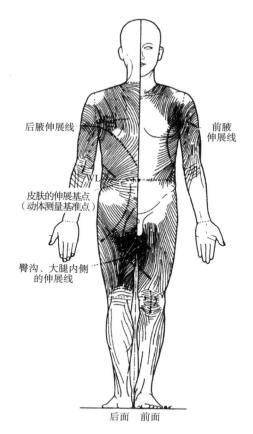

图 2-13　皱纹走向示意图

图 2-14　热压区域设计图

图2-15　充气结构打孔设计图

三、成品展示

服装充气结构实物如图2-16所示，充气结构服装实物图如图2-17所示。

图2-16　服装充气结构实物图

图 2-17　充气结构服装实物图

第四节　充气结构服装暖体假人实验

为测试新型充气结构保暖服装的防寒保暖效果、保暖调节效果等，进行暖体假人实验。本研究利用暖体假人穿着基本服装以及新型充气结构保暖服，在设定的稳态条件下，测试不同充气结构及充气厚度变化对服装整体和局部的热阻值。本研究共测试了 3 种充气结构及 4 种充气方案。

测试标准参考 GB/T 18398—2001《服装热阻测试方法　暖体假人法》。测试环境的温度为 15±0.2℃，相对湿度为 50±5%，风速为 0.4±0.1m/s。测试方案见表 2-5。暖体假人实验及其测试界面见图 2-18 和图 2-19。

表 2-5　充气服装热阻测试方案　　　　　　　　　　　单位：cm

充气厚度组合	款　式					
	结构一		结构二		结构三	
	躯干	两袖	躯干	两袖	躯干	两袖
1	1	1	1	1	1	1
2	—	—	2	1	2	1
3	2	2	2	2	2	2
4	3	2	3	2	3	2

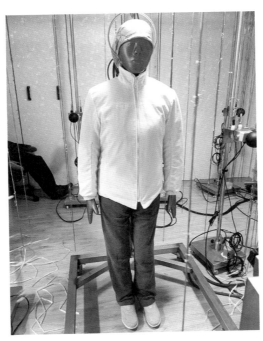

图 2-18　暖体假人着装示意图

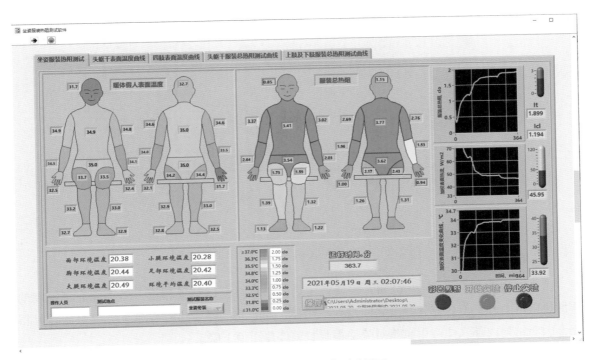

图 2-19　暖体假人着装测试界面

一、充气结构服装测试结果

本研究设计制作的充气结构服装暖体假人热阻测试结果见表 2-6 和图 2-20。

表 2-6　充气结构服装暖体假人热阻测试结果

分区热阻值（clo）	躯干+袖子充气厚度组合		
	3cm+2cm	2cm+2cm	1cm+1cm
胸部	0.7	0.8	0.6
腹部	0.8	0.7	0.6
背部	0.8	0.8	0.7
臀部	0.8	0.7	0.6
左上臂内侧	0.9	1.0	0.9
右上臂内侧	0.9	0.9	0.8
左前臂内侧	0.7	0.8	0.6
右前臂内侧	0.7	0.8	0.6
左上臂外侧	0.7	0.9	0.6
右上臂外侧	0.8	0.9	0.7
左前臂外侧	0.7	0.8	0.6
右前臂外侧	0.7	0.8	0.6

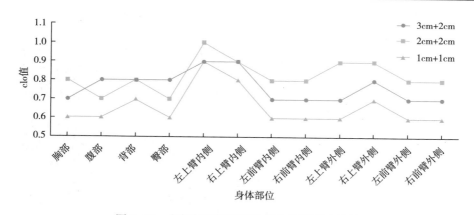

图 2-20　充气结构服装暖体假人热阻测试结果

　　由表 2-6 数据和图 2-20 可知，服装整体热阻与材料测试结果相近，基本随充气厚度的增加热阻值上升，但各充气厚度之间差异不明显，2cm 充气厚度热阻与 3cm 充气热阻差异很小，因为结构内部气体产生自然对流使得服装整体热阻值下降。

　　服装局部差异较大，其中上臂内侧最高，因为假人测试体位为正立位，上臂内侧与躯干之间缝隙很小故热阻较高，由于贴近躯干的板片充气厚度始终为 1cm，故其热阻变化主要由躯干部分充气厚度变化引起。各分区体积越大内部气体自然对流越明显，热阻下降也越明显。

二、160g/m² 细旦涤纶絮片填充结构服装测试结果

160g/m² 细旦涤纶絮片填充结构服装暖体假人热阻测试结果见表 2-7，数据折线图见图 2-21。

表 2-7　160g/m²细旦涤纶絮片填充结构服装暖体假人热阻测试结果

分区热阻值（clo）	躯干+袖子充气厚度组合			
	3cm+2cm	2cm+2cm	2cm+1cm	1cm+1cm
胸部	3.61	2.91	2.88	2.27
腹部	3.74	2.95	2.92	2.45
背部	3.97	3.23	3.21	2.52
臀部	3.72	3.15	3.17	2.44
左上臂内侧	3.12	2.71	2.15	1.9
右上臂内侧	3.37	3.07	2.09	2.03
左前臂内侧	2.33	1.86	1.49	1.5
右前臂内侧	2.64	2.47	1.98	1.78
左上臂外侧	2.73	2.43	1.93	1.78
右上臂外侧	2.83	2.53	1.83	1.8
左前臂外侧	1.96	1.86	1.65	1.55
右前臂外侧	1.63	1.45	1.32	1.19

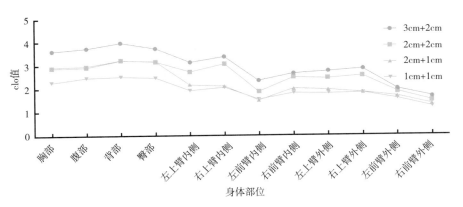

图 2-21　160g/m²细旦涤纶絮片填充服装暖体假人热阻测试结果

由表 2-7 数据和图 2-21 可知，该结构保暖性表现低于 160g/m²细旦涤纶絮片填充结构材料测试结果估算值，分析其原因是在真实穿着过程中服装与服装之间存在空隙，并且由于服装本身较为合体局部膨胀量并不均匀，造成了局部热阻偏低的情况。各充气量之间存在明显的断层分布，总热阻值基本随充气厚度的增加而上升。

分区热阻差异明显，局部热阻 1～3cm 充气厚度变化能带来 1～1.5clo 的服装热阻变化，充气服装热阻可调节阈值大幅提升，证明该充气结构具有实用价值。背部、臀部热阻高于胸部和腹部，主要原因是该服装版型背片松量更大，人体与服装之间间隙更大存在较多静止空气，且背部曲线相对平坦，服装局部充气厚度更加均匀，热阻更高。腋下为服装交叠部分局部热阻偏大。

三、100g/m² 石墨烯絮片填充结构服装测试结果

100g/m² 石墨烯絮片填充结构服装暖体假人热阻测试结果见表 2-8，各部位热阻数据折线图见图 2-22。

表 2-8　100g/m² 石墨烯絮片填充结构服装暖体假人热阻测试结果

分区热阻值（clo）	躯干+袖子充气厚度组合			
	3cm+2cm	2cm+2cm	2cm+1cm	1cm+1cm
胸部	3.31	2.8	2.76	2.23
腹部	3.26	2.86	2.83	2.47
背部	3.61	3.19	3.21	2.35
臀部	3.74	3.04	3.09	2.41
左上臂内侧	3.02	2.86	1.9	1.83
右上臂内侧	3.37	3.32	2.03	2.02
左上臂外侧	2.03	1.91	1.5	1.5
右上臂外侧	2.64	2.47	1.78	1.75
左前臂内侧	2.69	2.56	1.78	1.69
右前臂内侧	2.76	2.85	1.8	1.83
左前臂外侧	1.96	1.84	1.55	1.49
右前臂外侧	1.53	1.54	1.19	1.22

由表 2-8 数据和图 2-22 可知，该填充结构保暖性表现低于 160g/m² 细旦涤纶絮片填充结构，且低于 100g/m² 石墨烯絮片填充结构的测试结果估算值，分析其原因是在真实穿着过程中服装与服装之间存在空隙，并且由于服装本身较为合体，局部膨胀量并不均匀，造成了局部热阻偏低的情况。各充气量之间存在明显的断层分布，总热阻值基本随充气厚度的增加而上升。

分区热阻差异明显，局部热阻 1～3cm 充气厚度变化能带来 1～1.6clo 的服装热阻变化，充气服装热阻可调节阈值大幅提升，证明该充气结构具有实用价值。背部、臀部热阻高于胸部和腹部，主要原因是该服装板型背片松量更大，人体与服装之间间隙更大存在较多静止空气，且背部曲线相对平坦，服装局部充气厚度更加均匀，热阻更高。腋下为服装交叠部分局

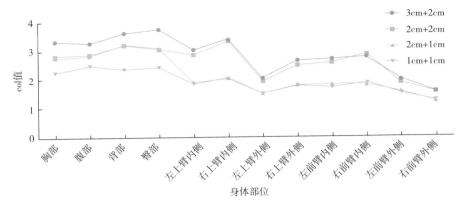

图 2-22　100g/m² 石墨烯絮片填充结构服装暖体假人热阻测试结果

部热阻偏大。由于絮片内部未做固定，穿脱过程中袖山位置絮片下滑，且下滑量不一致，导致左右袖热阻存在较大差异。

四、本节小结

本研究中的新型充气结构使得充气服装整体热阻峰值提升了 3clo 左右，热阻调节范围也增加了 1~1.6clo，1cm 充气厚度变化大致能带来 0.4clo 的服装热阻值变化。能够切实满足人们在更多活动状态或环境条件下的穿着需求。

两种新型充气结构服装整体热阻值都略低于根据材料试验进行的服装热阻估算值，主要由于平面与立体空间之间的差异，气块分割等因素影响。胸部、腹部热阻较小，主要原因是本服装版型较为合体，且松量集中在后背，前片松量较小，加之女性胸部、腹部曲线凸出，造成局部服装厚度下降、厚度不均匀，从而使得局部热阻下降。躯干交叠部分由于局部层叠服装，热阻较大。同时，由于絮片在结构内缺少固定，穿脱过程中导致絮片位移，造成局部热阻不对称的情况。

第五节　充气结构服装人体穿着实验

一、实验设计

为验证服装实际穿着时的防寒性能、热湿舒适性、活动状态是否受限等，本研究在人工气候室中进行相关的人体穿着实验。实验内容为，被测者穿着新型充气结构保暖服在设定的稳态条件下一段时间，进行一定量的活动，并用仪器设备进行相关生理指标测试，同时进行主观舒适性评价。

其中，生理指标测试使用多通道服装生理参数测试仪，采用 ISO 平均皮肤温度 8 点测量法测量人体皮肤平均温度，测量间隔为 30s。使用温湿度记录仪测量胸前和背部的衣内温度和湿度，测量间隔为 1min。在测量受试者生理参数的同时，结合主观感觉评价结果进行分析，探讨衣内环境变化与人体感觉变化的相关性，最终讨论该充气结构服装的设计合理性。实验共邀请 3 名志愿者进行测试，两名女性、一名男性，年龄在 19~22 岁。

1. 实验设备

多通道生理参数测试仪测量受试者的平均皮肤温度；温湿度记录仪测量受试者的衣内温度和衣内湿度。

2. 实验环境

温度 5℃/0℃，湿度 50±4.0%，微风。

3. 着装搭配

内衣、薄长袖衬衫、充气保暖服、防风冲锋衣、保暖裤、保暖靴。增加了防风外套，但本身服装热阻很小，对热阻无影响，只是起到了防风作用。

4. 活动状态

静立及 3km/h 平地步行。

理论推算服装可适用的环境温度：静立状态，适用环境温度 4.9℃（静立状态下人体代谢率约为 69.8W/m²，根据假人数据可得出当填充材料为 100g/m² 石墨烯絮片，躯干与双臂充气厚度组合为 2cm+1cm 时该充气结构服装热阻为 2.81clo；穿着该服装理论上在相对湿度为 50% 的环境条件下，人体可以承受 4.9℃）。3km/h 平地步行，适用环境温度-1.4℃（3km/h 平地步行状态下人体代谢率约为 104.7W/m²，同样的着装、同样相对湿度环境下，理论上人体可承受-1.4℃）。

5. 平均皮肤温度测量

平均皮肤温度测量采用 ISO 平均皮肤温度 8 点测量法，测量部位以及对应各部位的加权系数见表 2-9，平均皮肤温度等于各部位温度值与对应加权系数的积的和[37]。

表 2-9　人体皮肤温度测量部位及对应加权系数

部位名称	加权系数	部位名称	加权系数
前额	0.07	左臂上部	0.07
右肩胛	0.175	左手	0.05
左上胸部	0.175	大腿前中部	0.19
右臂上部	0.07	小腿后中部	0.2

皮肤温度测量时间间隔为 30s。衣内温度和衣内湿度测量时间间隔为 1min。实验中，静立状态持续 75min，休息 3~5h 后进行 3km/h 步行状态测试。每 15min 记录受试者的主观感觉等级，主观感觉等级描述见表 2-10。

表 2-10　主观感觉等级表

等级	1—2—3—4—5
程度	无—轻微—中—稍强—强

6. 实验过程

（1）受试者在人工气候室外安静 10min，待心律稳定时再开始，并记录初始温度。

（2）受试者进入人工气候室并开始计时，多通道生理参数测试仪及温湿度记录仪开始记录数据，从 0min 开始间隔 15min 记录一次受试者主观感受，共记录 6 次。

（3）实验过程中，时刻关注志愿者皮肤温度变化情况。一旦低于正常人体耐受值时应立即检查测头是否脱落，受试者是否感受到寒冷，是否需要中止实验。

（4）受试者步行测试最后 5min 应该缓慢降速，让被测者适应静态平衡，避免下跑台后出现不适反应。

（5）数据整理与分析，对服装的保暖性能进行定性评价。

二、静态条件下充气服装保暖性测试

经计算静立状态下人体代谢率约为 69.8W/m²，根据假人数据可得出当填充材料为 100g/m² 石墨烯絮片，躯干与双臂充气厚度组合为 2cm + 2cm 时该充气结构服装热阻为 2.81clo；穿着该服装理论上在相对湿度为 50% 的环境条件下，人体可以承受 4.9℃，故静立状态下，低温仓设定温度为 5℃。

实验发现受试者穿着该充气结构服装进入低温仓后皮肤温度变化趋势相似，故取一组特征较为明显的数据进行讨论分析。人体皮肤温度变化情况如图 2-23 所示。由于采集频率快，数据量太大，此处每间隔十五分钟截取一个平均皮肤温度，静立状态下测试者的平均皮肤温度数据见表 2-11，主观感觉评价结果见表 2-12。

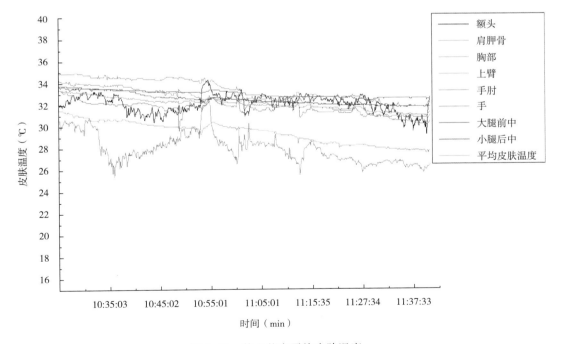

图 2-23　静立状态平均皮肤温度

表 2-11　静立状态平均皮肤温度

时间	0min	15min	30min	45min	60min	75min
平均皮肤温度（℃）	34.5	33.7	33.2	32.8	32.4	32.2

表 2-12　静立状态主观感觉评价结果

部位	舒适	热感	凉感	闷感	湿感	黏感	压迫感	硬挺感
背部	是	1.0	1.0	1.0	1.0	1.0	1.0	1.0
后腰	是	1.0	1.0	1.0	1.0	1.0	1.0	1.0
腹部	是	1.0	1.0	1.0	1.0	1.0	1.0	1.0
上臂	是	1.0	1.4	1.0	1.0	1.0	1.0	1.0
前臂	是	1.0	1.0	1.0	1.0	1.0	1.0	1.0

　　由表 2-11、表 2-12、图 2-23 可知，在刚进入人工气候室时，人体平均皮肤温度较高，然后逐渐下降，并逐渐趋于平稳。手部温度波动较为明显，因为受试者未佩戴手套，手在活动过程中变化较为明显。手肘温度较低是因为关节活动造成局部压力过大，服装产生剧烈形变，使得局部服装厚度下降保暖性下降，局部皮肤温度随之下降。

　　由受试者的平均皮肤温度结合受试者的主观感觉评价可知，服装整个穿着过程中皮肤温度始终保持在有可能舒适的温度区间 31~34℃，且并未出现明显的冷感，整体处于舒适状态。肩部和上袖部分略有凉感，但整体仍感觉舒适，是因为该部位为服装承重区域，压力大，局部充气厚度下降，加之絮片填充不够均匀而造成的。胸前、背后衣内相对温湿度变化如图 2-24、图 2-25 所示。

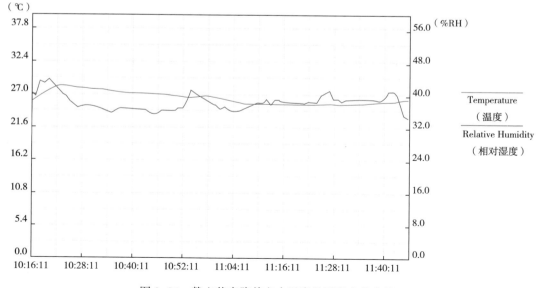

图 2-24　静立状态胸前衣内温度及湿度变化曲线

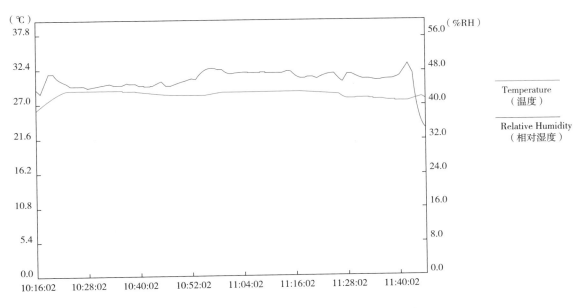

图 2-25　静立状态背部衣内温度及湿度变化曲线

由图 2-24、图 2-25 可知，胸前和后背衣内温度均呈现下降后趋于平稳的趋势，因为人体进入较冷环境机体代谢调整需要重新建立与外界的相对平衡状态。胸前衣内温度略高于背部，因为背部热压面积更大，空气、絮片填充率更低，但是主观感受和客观皮肤温度表明未出现冷感，胸部未出现闷热感，证明服装前侧和后侧结构设计符合人体对局部服装热阻的需求。胸前衣内相对湿度略微上升后保持相对稳定，因为前侧透气通孔设置较少且胸部活动量小，内部因动作变化产生的气体流动而造成的测量误差较小。背部衣内相对湿度先下降再上升，然后在一定区间内波动，因为背部透气通孔量较大，因动作产生的气体能与充气层外侧空气进行更好的交换和流动，故背部衣内湿度变化更为明显。

三、动态条件下充气服装保暖性测试

研究实验发现，穿着该充气结构服装进入人工气候室后进行 3km/h 的平地步行运动，3 名受试者的皮肤温度变化趋势相似，故取一组特征较为明显的数据进行讨论分析。人体皮肤温度变化情况如图 2-26 所示。由于采集频率快，数据量大，此处每间隔十五分钟截取一个平均皮肤温度，3km/h 的平地步行运动状态下受试者的平均皮肤温度数据见表 2-13，主观感觉评价结果见表 2-14。

表 2-13　3km/h 的平地步行运动平均皮肤温度

时间	0min	15min	30min	45min	60min	75min
平均皮肤温度（℃）	35.1	33.1	32.7	32.4	32.2	31.9

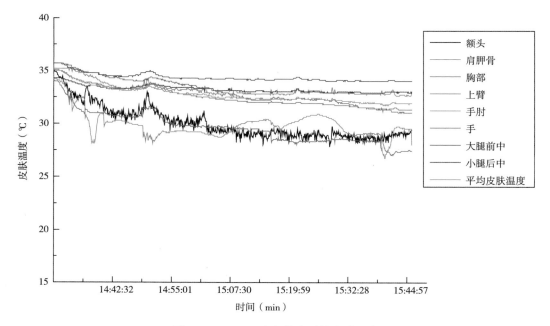

图 2-26　3km/h 步行状态平均皮肤温度

表 2-14　3km/h 平地步行运动主观感觉评价结果

部位	舒适	热感	凉感	闷感	湿感	黏感	压迫感	硬挺感
背部	是	1.0	1.0	1.0	1.0	1.0	1.0	1.0
后腰	是	1.0	1.0	2.3	1.0	1.0	1.0	1.0
腹部	是	1.0	1.0	1.0	1.0	1.0	1.0	1.0
上臂	是	1.0	2.4	1.0	1.0	1.0	1.0	1.0
前臂	是	1.0	1.0	1.0	1.0	1.0	1.0	1.0

　　由图 2-26 可知，刚进入低温仓时，人体平均皮肤温度较高，然后逐渐下降，并逐渐趋于平稳。手部温度波动较为明显，因为被试者未佩戴手套，手在活动过程中变化较为明显。手肘温度较低是因为关节活动造成局部压力过大，服装产生剧烈形变使得局部服装厚度下降保暖性下降，局部皮肤温度随之下降。

　　由平均皮肤温度结合主观感觉评价结果可知，体温相对稳定后皮肤温度始终保持在舒适皮肤温度区间 31~34℃，并未出现明显的冷感，整体处于舒适状态。肩部和上袖部分略有凉感，是因为该部位为服装承重区域，压力大，局部充气厚度下降，加之絮片填充不够均匀而造成的。腋下湿感明显但是没有黏感和凉感，是因为测试时的插兜姿态使得腋下长期处于封闭状态，服装交叠局部热阻较大且腋下汗腺较为发达。后腰实验后期略有闷感是因为背部设计的透湿透气区域分区合理，背部完全没有闷感，故腰部与之对比下感受到轻微闷感。衣内温湿度见图 2-27、图 2-28。

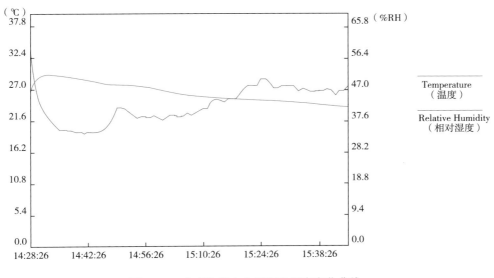

图 2-27　动态胸前衣内温度及湿度变化曲线

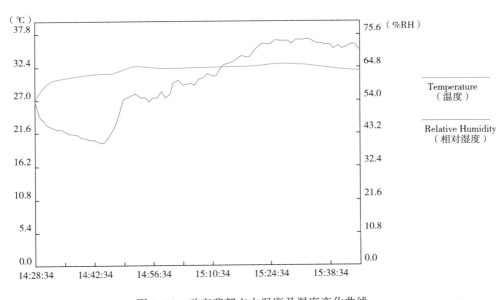

图 2-28　动态背部衣内温度及湿度变化曲线

　　由图 2-27、图 2-28 可知，胸前衣内温度呈下降趋势并逐渐趋于平稳，背部衣内温度略微上升后趋于平稳，分析原因是人体在走动过程中前侧存在较多开口且松量更大，更容易与外界空气产生对流，从而造成局部温度下降；背部由于运动后代谢率上升，且腰部因为穿着保暖裤与上身服装交叠部分热阻相对大，造成局部温度略微上升，但因为背部有专门的热压区域散热，所以温度没有上升过多造成机体不适。胸前及背后衣内相对湿度均呈现上升趋势，达到一定数值后进入平台期。总体来说，胸前相对于背部湿度较小是因为服装结构存在较多

37

开口容易与外界环境发生交换;背部透湿透气通孔集中在肩胛骨中间,而腰部透湿透气通孔较少,并且腰部与裤子交叠造成局部热阻较大,以及外层服装限制,充气层开衩无法随活动大幅度张开,造成局部散湿、散热速率较慢,产生一定闷感。

四、本节小结

(1)人体穿着新型充气结构服装,在理论估算的环境温度下,两种活动状态均未出现明显不适感,平均皮肤温度适中,保持在31℃~34℃的舒适区间,证明服装设计基本合理。

(2)局部出现轻微冷感,肩部作为服装的主要承压部位,对局部充气厚度造成负面影响,导致局部热阻下降;上袖部分由于絮片在充气结构内部未做固定处理,上袖部分絮片滑移导致局部热阻下降,造成一定冷感。

(3)活动后,后腰出现轻微闷感,由于裤装与上衣交叠,局部热阻较大,以及外层服装限制,充气层开衩无法随活动大幅度张开,造成局部散湿、散热速率较慢,产生一定闷感。活动过程中没有限制和不适感,说明服装板型、结构设计较为合理,且满足了该环境条件下人的热湿舒适性。

🌐 本章总结

通过充分调研,了解古今中外保暖性可调节类服装概况,并深入了解充气防寒服研究现状,总结缺点,结合多方考虑,最终确定本研究要重点解决的两个问题——服装保暖可调节阈值小和充气防寒服透湿透气性差。

创新性提出使用絮片填充,稳定充气结构内部气体状态,以达到提高充气结构热阻可调节阈值的目的。进行相应的材料实验,证明了设想的合理性和有效性。根据实验结果,挑选出适合作为填充材料的絮片。结合实际服用场景,对选中絮片进一步进行气块间隔的材料热阻测试,得到最佳的气块间距。同时测试了不同打孔方案的湿阻,为后续服装打孔提供数据依据。

服装设计过程中,依据材料测试数据,选定成衣时使用的充气结构。结合实际使用场景设计可拆卸结构,便于操作的充气位置等。充分考虑女性体型特点,静态、动态活动需求,确定相对修身的7开身、3片袖板型。结合相关研究成果,充分考虑人体局部散湿散热需求差异,增加局部热压区域,一方面降低局部热阻,一方面增加打孔面积,结合人体运动特点确定分割线条走向。最后进行计算推演,得出服装所需要提供的散湿量,结合材料测试的湿阻数据,选择合理的充气层打孔方案,最终形成完善的服装设计方案。

暖体假人测试能够更好地了解到成衣保暖性能的表现。实验表明,新结构使得充气结构服装整体热阻峰值提升了3clo左右,热阻调节范围也增加了1~1.6clo,1cm充气厚度变化大致能带来0.4clo的服装热阻值变化。能够切实满足人们在更多活动状态或环境条件下的穿着需求,解决本次研究的重点问题——服装保暖可调节阈值小。同时由于平面与立体空间之间的差异,气块分割等因素影响,胸部、腹部热阻较小,主要原因是本服装版型本身较为合体,且松量集中在后背，前片松量较小，加之女性胸部、腹部曲线凸出，造成局部服装厚度下降，厚度不均匀，从而使得局部热阻下降。躯干交叠部分由于局部层叠服装，热阻较大。

人体穿着实验能完整精细地反映服装设计的优缺点，并且能够弥补动态穿着场景测试的缺失。实验结果表明，本研究设计的新型充气结构服装，在理论估算的环境温度下，两种活动状态下均未出现明显不适感，平均皮肤温度适中，保持在 31~34℃ 的舒适区间，证明服装设计基本合理。局部出现轻微冷感，肩部作为服装的主要承压部位，对局部充气厚度造成负面影响，导致局部热阻下降；上袖部分由于絮片在充气结构内部未做固定处理，上袖部分絮片滑移导致局部热阻下降，造成一定冷感。活动后，后腰出现轻微闷感，由于裤装与上衣交叠，局部热阻较大，以及外层服装限制，充气层开衩无法随活动大幅度张开，造成局部散湿、散热速率较慢，产生一定闷感。活动过程中没有限制和不适感，说明服装板型、结构设计较为合理，且满足了该环境条件下人的热湿舒适性。

整个研发过程，紧紧抓住两个主要问题展开，最终通过多种评价，验证了设计的合理性。材料测试数据以及相关计算推演，预知材料成衣后的大致服用表现，为后面的服装设计提供强有力的数据支持。假人测试客观、准确地体现服装的保暖性能以及局部表现差异，验证设计在保暖要求方面的合理性。人体穿着实验更加精细、微观，并且补充了动态测试数据，发现了更多细小的设计不足，例如肩部由于重力压缩造成局部热阻下降，产生凉感，后腰由于与下装交叠局部产生轻微闷感的不适现象。测试帮助设计者规避许多问题，减少试错范围，节省人力物力，同时验证各阶段设计的合理性，助力高质量的功能性服装设计的成功。

◆ 本章参考文献 ◆

[1] 苗苗，鲁虹，程梦琪．运动前后人体体表温度变化与主观热感觉评定 [J]．纺织学报，2018，39（4）：116–122.

[2] 人体冷暖舒适性及服装保暖材料 [J]．中国个体防护装备，2004（2）：42–43.

[3] 范追追，翟世雄，蔡再生．热湿舒适性织物的发展现状 [J]．国际纺织导报，2019，47（10）：48–51.

[4] 曲鑫璐，邓辉，师云龙，等．着装人体局部热舒适性研究与发展现状 [J]．丝绸，2020，57（12）：55–62.

[5] 韩志清，杨晓红，周莉，等．充气防寒服的研究现状及通风设计方法 [J]．纺织导报，2020（9）：82–86.

[6] LUO M，ZHOU X，ZHU Y，et al. Revisiting an overlooked parameter in thermal comfort studies，the metabolic rate [J]. Energy & Buildings，2016，118（4）：152–159.

[7] YANG C，YIN T，FU M. Study on the allowable fluctuation ranges of human metabolic rate and thermal environment parameters under the condition of thermal comfort [J]. Building and Environment，2016，103（7）：155–164.

[8] 韩笑，王永进，刘莉，等．冬季防寒服装中开口结构设计探析 [J]．中国个体防护装备，2009（4）：31–35.

［9］ ROBERT H, CORY T, MATT M. Inflatable garment with lightweight air pump and method of use：20170295860 ［P］. 2017-10-19.

［10］ 余涵. 高湿环境下织物热湿舒适性研究 ［D］. 北京：北京服装学院，2012.

［11］ 佟玫，陈立丽，王博，等. 人体温度的调节及冬季防寒服装穿着分析 ［J］. 中国个体防护装备，2014 （1）：13-15.

［12］ 魏言格，李俊，苏云. 防寒服用智能材料的研究进展 ［J］. 现代纺织技术，2021，29 （1）：54-61.

［13］ 肖杰. 运动状态下防寒服的热湿舒适性研究 ［D］. 苏州：苏州大学，2020.

［14］ 李爽，周翔，胡志远，等. 智能可调温服装织物及测试方法研究现状 ［J］. 纺织导报，2018 （7）：83-85.

［15］ 陈云博，朱翔宇，李祥，等. 相变调温纺织品制备方法的研究进展 ［J］. 纺织学报，2021，42 （1）：167-174.

［16］ 仓翌铭，陈煌煌，侯爱芹，等. 液晶聚合物调控的蓄热调温材料的储热性能 ［J］. 精细化工，2021，38 （2）：411-418.

［17］ 孔令训，魏春艳. 棉秆皮微晶纤维素相变调温纤维的基本性能 ［J］. 棉纺织技术，2020，48 （7）：7-12.

［18］ 顾书英，刘玲玲，高傻峰. 纳米复合形状记忆聚合物 ［J］. 高分子通报，2014 （9）：1-9.

［19］ 王丽君，卢业虎，王帅，等. 形状记忆合金尺寸对消防服面料防护性能的影响 ［J］. 纺织学报，2018，39 （6）：13-18.

［20］ YOO S, YEO J, HWANG S, et al. Application of a NiTi alloy two-way shape memory helical coil for a versatile insulating jacket ［J］. Materials Science & Enginering，2008，481-482 （3）：662-667.

［21］ DING X M, HU J L, TAO X M, et al. Preparation of temperature-sensitive polyurethanes for smart textiles ［J］. Textile Research Journal，2006，76 （5）：406-413.

［22］ DOGANAY D, COSKUN S, GENLIK S P, et al. Silver nanowire decorated heatable textiles ［J］. Nanotechnology，2016，27 （43）：435201.

［23］ 莫崧鹰，何继超，莫曼妮. 基于等离子体金属镀膜的可加热保暖服装材料设计与开发 ［J］. 纺织导报，2019 （4）：80-82，84.

［24］ 赵露，黎林玉，罗蕊，等. 石墨烯材料应用于女性保暖内衣的探究 ［J］. 福建茶叶，2019，41 （5）：215.

［25］ 李萍，蒋晓文. 智能电加热服的研究进展 ［J］. 棉纺织技术，2019，47 （9）：79-84.

［26］ 刘璟. 基于热湿舒适性单板滑雪服功能结构研究 ［D］. 北京：北京服装学院，2018.

［27］ NEWSHAM G R. Clothing as a thermal comfort moderator and the effect on energy consumption ［J］. Energy & Buildings，1997 （26）：283-291.

［28］ 赖军，张梦莹，张华，等. 消防服衣下空气层的作用与测定方法研究进展 ［J］. 纺织学报，2017，38 （6）：151-156.

［29］ 苏文桢，卢业虎，王方明，等. 新型充气夹克的研制与保暖性能评价 ［J］. 纺织学报，2020，41 （5）：140-145.

［30］ 邵烨平. 基于模糊化控制的智能防寒服内胆设计 ［J］. 科技与企业，2014 （11）：313-314.

［31］ ROGALE F S, ROGALE D, NIKOLIC G. Intelligent clothing：first and second generation clothing with adaptive thermal insulation properties ［J］. Textile Research Journal，2018，88 （19）：2214-2233.

［32］ 苏文桢，宋文芳，卢业虎，等. 充气防寒服保暖性能研究［J］. 纺织学报，2020，41（2）：120-124.

［33］ 郝静雅，李艳梅，王方明. 充气保暖服装的热湿舒适性分析［J］. 服装学报，2020，5（3）：200-205.

［34］ 王娟. 充气服装：201020571781. 7［P］. 2011-05-18.

［35］ 陈存木，周丽华. 一种可充气的服装：201420624841. 5［P］. 2015-03-18.

［36］ 龚家财，邓北. 一种充气服装内胆：201810950462. 8［P］. 2018-11-06.

［37］ 张辉. 服装工效学［M］. 2 版. 北京：中国纺织出版社，2015.

［38］ Weiner J S. The regional distribution of sweating［J］. The Journal of physiology，1945，104（1）：32-40.

［39］ CAROLINE J. SMITH and GEORGE HAVENITH. Body Mapping of Sweating Patterns in Athletes：A Sex Comparison［J］. Medicine & Science in Sports & Exercise，2012，44（12）：2350-2361.

［40］ 王永进，宋彦杰，刁杰. 排球比赛服的功能结构设计研究［J］. 纺织学报，2014，35（2）：71-77.

［41］ 中泽 愈. 人体与服装［M］. 袁关洛，译. 北京：中国纺织出版社，2000.

第三章　防紫外线生活装

太阳光按照波长可分为紫外线、可见光、红外线。日光中的紫外线波长范围在 100～400nm，分别为短波紫外线（UVC，100～290nm）、中波紫外线（UVB，290～320nm）和长波紫外线（UVA，320～400nm）。由于空气污染的加重，造成臭氧层的破坏，使得近年来到达地球表面的太阳光中的紫外线增多。UVC 几乎全被大气臭氧层吸收，到达地球表面的主要是 UVB 和 UVA[1]，分别占到达地表紫外线总量的 5%、95%。少量的紫外线照射能起到杀菌的作用，能有效提高人体免疫力并促进维生素 D 的合成。但大量紫外线照射对人的眼睛、皮肤会产生不同程度的危害[2]，引起皮肤光老化及病变，且紫外线具有累积效应，越长时间的照射对人体产生的危害也越严重[3]。

在日常生活中，主要通过结合以下两种方式防晒：①遮光防护：通过穿戴衣帽、太阳镜，撑遮阳伞等来防护皮肤和眼睛。②防晒剂防护：通过涂抹物理或化学防晒剂，防止太阳光中的紫外线未经遮挡直接照射到皮肤，造成损伤。在夏季，由于日常生活中的服装对紫外线的防护效果不佳，防晒服已经成为人们夏季不可缺少的服装，越来越受到人们的青睐。目前市场上防晒服存在一些问题：①防晒效果达不到要求。本章针对市场上防晒服的紫外线屏蔽率进行了测试，结果表明，目前市场上很多防晒服未达到国家标准规定的紫外线屏蔽率 95% 及以上。②热湿舒适性差。这类防晒服的面料大多采用合成纤维，织物的经、纬密度较大，透气、透湿性较差。③款式结构单一。目前市场上的防晒服大多用于户外休闲运动穿着，款式单一，达不到消费者对日常生活追求多样的服装款式的要求。

目前人们对于防紫外线功能服装的研究主要是针对特殊场合的防紫外线面料的整理研究，对于日常生活中的防紫外线功能服装的研究不足。虽然防紫外线整理方法越来越多样化，但经整理后的织物普遍存在服用性能下降的问题，尤其是作为夏季服装要求较高的透气、透湿性能下降明显，穿着不舒适。

不同的物体对光具有的吸收和反射作用不同，人眼看到的物体所呈现出的颜色是因其吸收了一定波段太阳光，从而反射出特定波长的可见光的结果。因此颜色不相同的物体对于紫外线、红外线的吸收、反射能力也定然会有所不同[4][5]。经调研得知，不同颜色的面料对紫外线的反射和吸收能力不相同，且用于织物染色的染料中也含有可吸收紫外线的基团，例如苯环、磺酸基、羧基等，但目前对于织物颜色对防紫外线性能的影响情况尚不明确[6][7]。

为改善目前市场上防晒服存在的防晒效果不佳、热湿舒适性差等问题，本研究采用适合夏季穿着的轻薄型的棉、丝以及涤纶织物，经过数码印花染色，探究颜色对于面料防紫外线性能的影响规律。经过前期的面料实验，选择合适颜色的棉、丝、涤纶面料作为防晒服面料，并且通过款式结构设计开发出具有较好的防紫外线性能和热湿舒适性能的防晒服装。

第一节　国内外防紫外线服装研究概况

一、光照射对人体健康的影响

UVA 的能量低于 UVB，但穿透力强，尤其是 UVA1（340~400nm）可较深的透入到皮肤真皮层甚至皮下组织区域的细胞，研究证明人体皮肤经 UVA 辐射后诱导产生 ROS，促进基质金属蛋白酶（matrix metalloproteinase，MMP）表达，同时抑制合成胶原，能降解胶原和弹性蛋白，造成皮肤松弛，且皱纹增多。另外，在人体免疫系统的参与下，可产生免疫放大效应[4]。UVB 能量较高，穿透能力相对较弱，对皮肤的影响表现为：①影响皮肤角质形成细胞，促使皮肤的角质层增厚及毛细血管扩张，产生日晒红斑、水疱等炎症[6]；②影响黑色素细胞，使原有色素加深，并合成新的黑色素，从而发生黑色素沉积，使皮肤晒黑，产生雀斑等现象[8]；③破坏皮肤自身抗氧化体系，引发 DNA 突变及线粒体 DNA 改变，且如果 DNA 损伤不断积累，可使染色体变异，最终导致皮肤癌；④使表皮朗格汉斯细胞的数量降低，细胞的形态及免疫功能发生改变，导致全身或局部的免疫抑制[9]。UVA、UVB 除了单独作用外，还可发生协同作用，对皮肤造成更为严重的损伤。

日光对于皮肤老化的作用不仅仅是因为紫外线，可见光、红外线对于皮肤老化现象也有影响。可见光（400~700nm）对皮肤的伤害主要是自由基与色沉的产生，尤其是可见光中的蓝光波段，可导致比 UVB 更加顽固的皮肤色沉的增加。红外线（760nm~1mm）对人体产生影响的波长为 700~1 000nm。红外线能够产生很强的热效应，并且具有对人体皮肤及皮下组织强烈穿透的能力。据研究证明，人体的皮肤直接暴露在太阳的直射下，经过 15~20min 后，皮肤温度可升高至 40~43℃[10]。红外线辐射和热对细胞外基质（extracellular matrix，ECM）的影响具有复杂性，其作用具有双面性，既可加强光老化进程，又有保护作用，如红外理疗（39~41℃环境下）能促进血液的循环和新陈代谢，具有抗皱、消炎、加强皮肤弹性等作用。因此，日常生活中要尽量避免皮肤长时间暴露于红外线辐射及热的环境下，以免造成皮肤损伤。

二、防晒服的防晒原理和测试方法

（一）防晒产品定义及原理

防晒产品的主要功能是防止太阳光中的紫外线照射到人的身体上，从而对肌肤造成伤害；其次为了防止太阳光中具有强热效应的红外线对肌肤造成的灼伤。我们国家现行的标准 GB/T 18830—2009《纺织品　防紫外线性能的评定》规定，当 UPF>40，且 T（UVA）<5% 时可称"防紫外线产品"[11]。

根据光的透射原理可知，当有光束照射在物体表面时，其中一部分会被物体吸收或反射，其余部分将会透过物体进行传播。同理，当紫外光投射在纺织品上时，同样将会有部分光线被反射或者吸收，而其余部分会透过纺织品。通常情况下，反射率、吸收率与透射率之和为

100%[12]。故而我们可以通过增加其反射率与吸收率，使透射率相应降低，达到增强纺织品对紫外线的防护能力。

（二）防晒性能测试与评价标准

织物防紫外线测试方法有：皮肤直接照射法、变色褪色法、分光光度计法、紫外线强度累计法[13]。对紫外线防护性能的评价标准包含以下几个方面。

1. 紫外线指数

紫外线指数 [UVI/（μW/m^2）]：全天内，当太阳处于天空中最高位置之时（即正午时分），到达地表的日光中的紫外光辐射对人类肌肤可能造成的损害程度[14]。紫外线指数用0~15的数字来表示。紫外线指数及相应的防护措施见表3-1。

表3-1　紫外线指数的分级和相应防护措施

紫外线指数	等级	紫外线照射强度	对人体可能的影响	皮肤晒红时间（min）	建议采取的防护措施
0~2	1	最弱	安全	100~180	可以不采取措施
3~4	2	弱	正常	60~100	外出戴防护帽和太阳镜
5~6	3	中等	注意	30~60	除戴防护帽和太阳镜外，涂擦防晒霜（防晒霜SPF指数应不低于15）
7~9	4	强	较强	20~40	上午十点至下午四点时段避免外出活动，外出时应尽可能在遮阴处
10	5	很强	有害	20	尽量不外出，必须外出时，要采取一定的防护措施

2. 紫外线防护指数（UPF）

纺织品紫外线防护效果的表征参数有：紫外线透过率、UPF值。用UPF值的大小来表示纺织品与服装对紫外线的防护能力。UPF值定义为在不采用任何保护措施的情况下紫外线对肌肤的辐射量均值与采用待测纺织品进行遮挡保护时紫外线对肌肤的辐射量均值之比。UPF值越大，防护效果越好。UPF值计算方法见式（3-1）。

$$UPF = \frac{紫外线辐射量}{到达皮肤的紫外线量} \qquad (3-1)$$

澳大利亚和新西兰的标准"AS/NZS 4399日光防护服评定和分级"，主要应用在对贴身的防紫外线的衣物、纺织品以及其他类型的紫外线防护性用品的紫外光透射率的测定等方面。对UPF值的评定及防护等级见表3-2[15]。

表3-2　日光防护服UPF值的评定及防护等级

UPF范围	防护分类	紫外线透过率（%）	UPF标识
<14	差	>6.7	10
15~24	好	6.7~4.2	15，20

UPF 范围	防护分类	紫外线透过率（%）	UPF 标识
25~39	很好	4.1~2.6	25，30，35
40~50，50+	特好	≤2.5	40，45，50，50+

3. 各国相关标准

随着具有紫外线防护功能的纺织品大量涌现，澳大利亚与新西兰在 1996 年率先施行了具备防紫外线功能类服装的检测方法标准"日光防护服评定和分级"（AS/NZS4399），随后我国制定了中国国家标准《纺织品—防紫外线性能的评定》（GB/T 18830），欧洲、美国也相继制定了标准"EN13758.1 纺织品—日光紫外线防护性能—服装面料试验方法""AATCC 183 纺织品透过或阻碍紫外线的性能测试"。另外，国际测试协会制定了"UV—标准 801"用以弥补澳大利亚标准 AS/NZS 4399：1996 的不足。目前全球范围内还没有统一的用于测试纺织品紫外线防护能力的测定标准。

三、防紫外线功能性面料的研究现状

服装所采用的纤维类型、纱线细度、纺织品组织结构形式、厚度、密度、颜色以及服装款式等，对服装的紫外线防护能力都具有一定影响[16]。纺织品所包含的纤维组成成分及纤维组织结构不同，其紫外线防护能力也不相同[17]。一般情况下，纺织品的厚度及密度越大，紫外线防护性能越出色[18]。目前对防晒服的研究多是防紫外线整理方面的研究，主要包括吸收整理和屏蔽整理[19]。

吸收整理：在纱线、纤维或者纺织品表面涂覆具备紫外线吸收能力的化学剂。常用的紫外线吸收剂可以分为有机和无机两大类：①常用的有机类紫外线吸收剂主要包括苯并三唑类、二苯甲酮类、取代丙烯腈、取代三唑类以及水杨酸酯类等[20]，该类材料通常情况下都存在氢键与共轭结构，汲取紫外线之后可以将其转变为热量或者磷光、荧光等[21]；②常用的能够吸收紫外线的无机类化学剂主要包括 TiO_2、SiO_2、ZnO 等[22]，这些无机微粒具有半导体特性，一定条件下可以吸收能量，产生氧化还原反应。织物经过整理后，防紫外线性能都有显著提高，但织物的拉伸强度、伸长断裂明显降低，且透气性减小率为 30% 左右[23]。

屏蔽整理：于纱线、纤维或者纺织品表面涂覆具备对紫外线强力反射能力的无机涂层，以此来增强衣物等纺织品对紫外线的散射与反射效果，从而达到降低紫外线透过率的目的，其间不发生能量转换[24]。一般来说，经过这种整理后的织物服用性能更差，只用于有强紫外线照射的工作场合，不可用于夏季日常穿着[25]。

常用的防紫外线整理方法有：涂层法、浸轧法、印花法、常压吸尽法以及高压高温吸尽法等方式[26]。另外，微胶囊技术、溶胶—凝胶技术等新技术的出现，使得织物防紫外线整理的方法更加多样化。目前微胶囊技术已经在工业生产领域大量运用，其原理为：把具有紫外线防护功能的整理剂注射进微型胶囊里，在衣物的穿着使用期间因为磨损使其外层产生裂缝，释放出胶囊内部的紫外线整理剂，从而使衣物具备紫外线防护功能[27]。溶胶—凝胶技术是近

些年来用于生产材料的新型技术，在功能性纺织物的生产整理过程中受到越来越多的重视。

陈志华在他的研究中[28]，利用稀土元素如铕（Eu）、钐（Sm）等制得了一种化学物质——转光剂，该物质能够把阳光中的紫外光成分转变成蓝光、红光。将其应用于纺织品时，具有高效、宽频的吸收紫外线的能力。经过测试发现，经由转光剂处理后的纺织品的强伸度和折皱回弹性能没有明显改变，白度稍有下降。

在张朋[29]等人及杨洋[30]的研究中，在染料发色体中引入苯并三唑、苯基三嗪、水杨酸酯、二苯甲酮等能够吸收紫外线的基团，得到了能够将着色与紫外线防护整理功能集于一体的抗紫外线的功能染料，实现了染整同步进行。但是目前具备防紫外线能力的染料大多尚处在理论阶段，并没有实现工业化生产。

第二节　棉织物颜色对防紫外线性能的影响

本节针对 HSV 模式下棉织物颜色的紫外线屏蔽作用展开研究，分别改变色相、明度、饱和度，通过数码印花得到实验样品，进而就其颜色对紫外线屏蔽率的影响分析总结。

一、棉织物防紫外线实验

（一）实验材料与仪器

实验材料：轻薄型白色棉织物（适合夏季穿着），织物组织为平纹，厚度为 0.419mm，经密 35 根/cm，纬密 28 根/cm。

实验仪器：紫外辐照计 UV-340，北京师范大学光电仪器厂（μW/cm²）。

（二）试样制备

实验样品：在 HSV 色彩模式下，将色相环从 0~360 进行 20 等分，得到色相 0、18、36、…、342，并在等分后的每个色相下，对明度和饱和度从 0~100 进行 5 等分，得到明度和饱和度分别为 0、25、50、75、100，在每个色相下，使用活性染料以数码印花的方法制得500 个实验样品。

棉织物的数码印花工艺流程为：配制上浆液→浸轧上浆→烘干→喷墨印花→烘干→汽蒸→冷水洗→热水洗→皂洗→冷水洗→烘干→喷墨印花织物。在 HSV 模式下，色相为 0、36、72 的实验样品见图 3-1。

（三）实验原理及方法

实验在北京夏季晴天无云的条件下进行，时间段选在 12：00~13：00。经测试，本节实验过程中，阳光的 UVA、UVB 辐射强度分别约为：$16.51 \pm 0.08 \mu W/cm^2$、$0.98 \pm 0.01 \mu W/cm^2$。参照国家标准《GB/T 18830—2009 纺织品　防紫外线性能的评定》，紫外线的光谱透射比 T（UV）＝透射辐射量/入射辐射量，将紫外辐照计分别连接 365 和 297 探头，分别在有样品覆盖和无样品覆盖条件下测量紫外线透射辐射量（W_1）、入射辐射量（W_2），紫外线屏蔽率计算公式见式（3-2）。进行 5 次测量计算平均值。

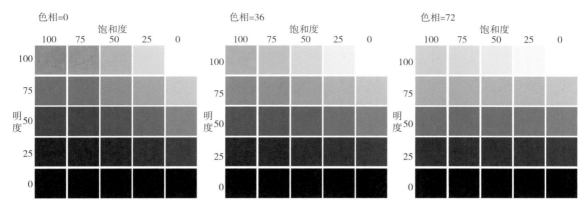

图3-1 色相（H）为0、36、72的实验样品

$$紫外线屏蔽率 = 1 - T(\mathrm{UV}) = 1 - \frac{W_1}{W_2} \qquad (3-2)$$

由于实验周期较短，每个试样测得到稳定数值仅需5s左右，因此，在测试时太阳光中紫外线强度的变化极小。实验时，仪器的测头尽可能对向太阳。经前期预试验发现，当阳光辐射强度或阳光对测头的入射角度稍有变化时，虽然会引起紫外线照射强度变化，但经计算紫外线屏蔽率并没有受到显著影响。

二、实验结果与讨论

（一）色相（H）对棉织物防紫外线性能的影响

经测试，未经染色的白色棉织物样品的UVA、UVB屏蔽率分别为：88.52%和90.45%。活性染料数码染色后，织物的阳光紫外线屏蔽率显著增强。棉织物的颜色明度和饱和度均为100%时，其紫外线屏蔽率随色相的变化曲线见图3-2。由图3-2可知，活性染料数码染色棉织物的紫外线屏蔽率随色相的变化呈现出一定的变化规律。同时，UVA和UVB屏蔽率随色相变化的趋势相似。其中，UVA在$H=0$、$H=54$、$H=126$、$H=288$处，屏蔽率达到峰值，屏蔽率都在95%以上，对应的颜色分别为红色、黄色、绿色、蓝紫色；UVB在$H=9$、$H=54$、$H=126$、$H=252$处，屏蔽率达到峰值，屏蔽率都在95%以上，对应的颜色分别为红色、黄色、绿色、蓝色；在$H=72$、$H=180$、$H=306$时，屏蔽率较低，对应颜色为黄绿色、蓝色、紫红色。

太阳光下物体的颜色是吸收了可见光中的互补光反射出的颜色[31]。太阳光中紫外线波长范围为290~400nm，与可见光中的蓝紫光较接近，而能够吸收蓝紫光的物体的颜色为黄绿色、黄色、橙色、红色。经对比分析，不同颜色的织物对紫外线的吸收与对可见光中蓝紫光的吸收有所不同，不能完全以可见光的吸收规律来判断紫外线的吸收规律。不同颜色的物体对可见光的吸收如表3-3所示。

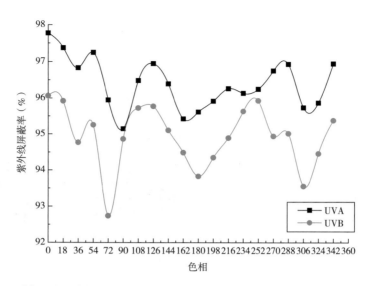

图 3-2　明度和饱和度均为 100% 时棉织物在不同色相（*H*）下紫外屏蔽率变化曲线

表 3-3　不同颜色物体对可见光的吸收波段

物体颜色	吸收光颜色	吸收光波长范围（λ/nm）
黄绿色	紫色	400~450
黄色	蓝色	450~480
橙色	绿蓝色	480~490
红色	蓝绿色	490~500

　　本研究中棉织物数码印花采用的染料为活性染料。该活性染料为有机物，其中含有苯环、含有 π 键的不饱和基团以及一些助色基团，这些基团能够有效地吸收某些波段的紫外线。有机物对于能够到达地球表面的 UVA、UVB 的吸收主要是 K 吸收带（波长 >200nm 吸收带）和 B 吸收带（230~270nm 吸收带），但由于染料分子中含有取代基，吸收带发生红移或蓝移现象，吸收波长和强度也发生变化。其中，K 带的吸收主要是由含有不饱和基团的共轭双键分子中的电子发生 $\pi \rightarrow \pi^*$ 的跃迁，强度较强。B 带的吸收是由苯环、共轭双键分子中的电子发生 $n \rightarrow \pi^*$ 的跃迁[32]。另外，织物颜色的色相变化，是通过使用不同的染料来实现的，不同的染料分子结构、分子间的排列方式不同，所含生色及助色团也不同，因此，不同色相下的棉织物颜色采用的染料成分有区别，吸收及反射紫外线的性能有差异。

　　（二）明度（V）对棉织物防紫外线性能的影响

　　经测试发现，在各个色相段，活性染料数码印花棉织物的颜色明度对棉织物的防阳光紫外线性能有一定影响，紫外线屏蔽率随明度的增加基本呈减小趋势。本节以屏蔽率较好的红色（色相为 0）为例加以说明。色相为 0、饱和度不同时，棉织物的 UVA、UVB 屏蔽率随明度的变化曲线见图 3-3 和图 3-4。由图 3-3 和图 3-4 可知，棉织物 UVA、UVB 屏蔽率随明度的增加逐渐减小，但不同饱和度紫外线屏蔽率的减小速率不同。

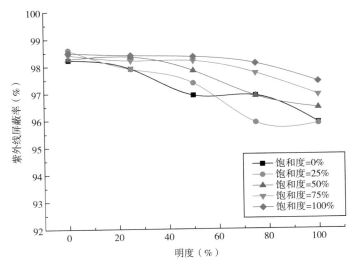

图 3-3 色相为 0、饱和度不同时棉织物 UVA 屏蔽率随明度变化曲线

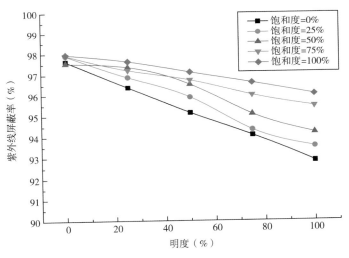

图 3-4 色相为 0、饱和度不同时棉织物 UVB 屏蔽率随明度变化曲线

　　不同饱和度时，UVA 屏蔽率随明度变化的速率见表 3-4。由表 3-4 可知，随着饱和度的增加，UVA 屏蔽率随明度变化的速率基本呈减小趋势，因此随着饱和度的增加，明度对 UVA 屏蔽率的影响减小。

表 3-4　不同饱和度下 UVA 屏蔽率随明度变化的速率

饱和度（%）	UVA 屏蔽率随明度变化的速率	饱和度（%）	UVA 屏蔽率随明度变化的速率
0	-2.250×10^{-4}	75	-1.365×10^{-4}
25	-2.974×10^{-4}	100	-0.964×10^{-4}
50	-2.033×10^{-4}		

通常数码印花采用的颜色模式为 CMYK，共计四种颜色混合叠加，形成"全彩印刷"。四种标准颜色是：C（青色）、M（品红色）、Y（黄色）、K 定位套版色（黑色）。在数码印花时通过改变 K 的含量来实现明度的变化。数码印花中使用的活性黑色染料分子量较大，所含苯环、共轭双键及助色基团较多，对于紫外线有较好的吸收作用。当织物颜色的明度越小时，加入的 K 的含量越多，因此随着明度的减小，织物对紫外线的散射及吸收能力增强。另外，由于 C、M、Y 三种颜色的染料分子所含基团在 UVA、UVB 波段吸收能力不同，屏蔽率的大小以及变化规律也有差别。

（三）饱和度（S）对棉织物防紫外线性能的影响

经测试发现，各个色相段，活性染料数码印花棉织物的颜色饱和度对棉织物的防紫外线性能有一定影响，紫外线屏蔽率随饱和度的增加基本呈增大趋势。本节以屏蔽率较好的红色（色相为 0）为例加以说明。色相为 0、明度不同时，棉织物的 UVA、UVB 屏蔽率随饱和度的变化曲线见图 3-5 和图 3-6。由图 3-5 和图 3-6 可知，棉织物紫外线屏蔽率随饱和度的增加逐渐增大，但不同明度以及 UVA、UVB 波段屏蔽率的减小速率不同。

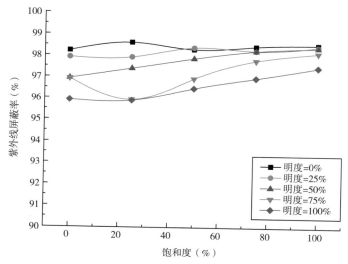

图 3-5 色相为 0 时、明度不同时棉织物 UVA 屏蔽率随饱和度变化曲线

不同明度时，UVA 屏蔽率随饱和度变化的速率见表 3-5。由表 3-5 可知，明度较小时，饱和度对 UVA 屏蔽率的影响很小；随着明度的增加，UVA 屏蔽率随明度变化的速率基本呈增大趋势，因此随着明度的增加，饱和度对 UVA 屏蔽率的影响增大。

表 3-5 不同明度下 UVA 屏蔽率随饱和度变化的速率

明度（%）	UVA 屏蔽率随饱和度变化的速率	明度（%）	UVA 屏蔽率随饱和度变化的速率
0	0.141×10^{-4}	75	1.686×10^{-4}
25	0.522×10^{-4}	100	1.651×10^{-4}
50	1.473×10^{-4}		

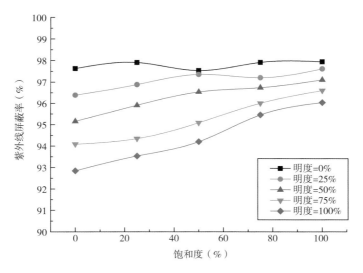

图 3-6 色相为 0、明度不同时棉织物 UVB 屏蔽率随饱和度变化曲线

饱和度的变化是通过改变相应活性染料的含量来实现，当织物颜色的饱和度增加时，相应染料的含量增加，对于紫外线的吸收作用加强。但由于不同颜色的织物所使用的染料分子结构及所含基团的差异，在 UVA、UVB 波段吸收能力不同，屏蔽率的大小以及变化规律有差别。

三、本节小结

本研究采用活性染料以数码印花方式对棉织物进行染色处理，染料分子虽然不能像染色工序那样完全渗入织物内部，而在织物背面颜色较浅，但这已对棉织物的防阳光紫外线性能有了很显著的提高。数码印花在服装个性化定制方面越来越受重视，本研究可为研发夏季防阳光紫外线的防晒服装提供参考，研究结论如下：

（1）利用活性染料以数码打印方式对棉织物进行染色处理后，棉织物的阳光紫外线屏蔽率有显著增强。活性染料数码印花棉织物的阳光紫外线屏蔽率随着颜色色相的变化呈现一定的变化规律，颜色为红色、黄色、绿色、蓝紫色时，阳光紫外线屏蔽率达到峰值，具有比较好的阳光紫外线屏蔽效果，这与对可见光的吸收规律稍有不同。UVA、UVB 波段屏蔽率的变化趋势相似。

（2）在明度较小时，活性染料数码印花棉织物的阳光紫外线屏蔽性能较好，随着明度的增大，UVA、UVB 屏蔽率基本呈降低趋势。但不同明度时，紫外线屏蔽率随饱和度变化的速率不同。明度越小，饱和度对紫外线屏蔽率的影响越小。

（3）在饱和度较大时，活性染料数码印花棉织物的阳光紫外线屏蔽性能较好，随着饱和度的减小，UVA、UVB 屏蔽率基本呈降低趋势。但不同饱和度时，对阳光紫外线屏蔽率随明度变化的速率不同。饱和度越大，明度对紫外线屏蔽率的影响越小。

第三节　丝织物颜色对防紫外线性能的影响

本研究选择一种适合夏季穿着的轻薄型丝织物为实验样品，针对 HSV 模式下织物颜色的紫外线屏蔽作用展开研究，分别改变色相、明度、饱和度，通过数码印花得到实验样品，进而就颜色对紫外线屏蔽率的影响分析总结。

一、丝织物防紫外线实验

（一）实验材料与仪器

实验材料：轻薄型白色丝织物（双宫绸），织物组织为缎纹，厚度为 0.571mm，经密 158 根/cm，纬密 56 根/cm，克重 134.27g/m^2。

实验仪器：紫外辐照计 UV-340，北京师范大学光电仪器厂（μW/cm^2）。

（二）试样制备

实验样品：在 HSV 颜色模式下，将色相环进行 20 等分，得到色相 0、18、36、……、342，并在等分后的每个色相下，对明度和饱和度由 0～100 进行 5 等分，得到明度和饱和度分别从 0、25、50、75、100，在每个色相下，使用活性染料以数码印花的方法得到 500 个实验样品。

丝织物的数码印花工艺流程为：配制上浆液→浸轧上浆→烘干→喷墨印花→烘干→汽蒸→冷水洗→热水洗→皂洗→冷水洗→烘干→喷墨印花织物。色相为 0、36、72 的实验样品见图 3-7。

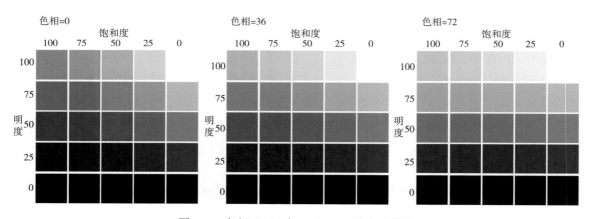

图 3-7　色相（H）为 0、36、72 的实验样品

（三）实验原理及方法

实验在北京夏季晴天无云的条件下进行，时间段选在 12：00～13：00。经测试，本节实验过程中，阳光的 UVA、UVB 辐射强度分别约为：16.51±0.08μW/cm^2、0.98±0.01μW/cm^2。参照国家标准《GB/T 18830—2009 纺织品　防紫外线性能的评定》，紫外线的光谱透射比

T（UV）= 透射辐射量/入射辐射量，将紫外辐照计分别连接 365 和 297 探头，分别在有样品覆盖和无样品覆盖条件下测量紫外线透射辐射量（W_1）、入射辐射量（W_2），紫外线屏蔽率计算公式见式（3-3）。进行 5 次测量计算平均值。

$$紫外线屏蔽率 = 1 - T(\mathrm{UV}) = 1 - \frac{W_1}{W_2} \tag{3-3}$$

二、实验结果与讨论

（一）色相（H）对丝织物防紫外线性能的影响

经测试，未数码染色的双宫绸丝织物样品的 UVA、UVB 屏蔽率分别为 84.53% 和 87.84%。经活性染料数码染色后，织物的色彩明度和饱和度均为 100% 时，其紫外线屏蔽率随色相的变化曲线见图 3-8。由图 3-8 可知，活性染料数码染色丝织物的紫外线屏蔽率随色相的变化呈现出一定的变化规律。同时，相对于棉织物来说，丝织物 UVA 和 UVB 屏蔽率随色相的变化规律更加趋于一致。当色相 $H=9$、$H=54$ 时，UVA、UVB 屏蔽率达到峰值，屏蔽率在 95% 以上，对应的颜色分别为红色、黄色、绿色。而当色相 $H=180$、$H=306$ 时，UVA、UVB 屏蔽率低。

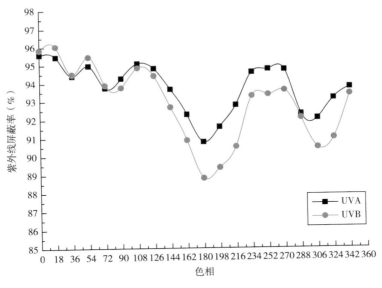

图 3-8　明度和饱和度均为 100% 时丝织物在不同色相（H）下紫外线屏蔽率变化曲线

本研究中丝织物数码印花采用的染料与第二节中棉织物所用活性染料相同，其中含有的苯环、含有 π 键的不饱和基团以及一些助色基团对于紫外线的吸收及屏蔽作用相似。但由于所应用的织物种类的不同，紫外线屏蔽率随色相变化规律并不完全相同。相对来说，丝织物经活性染料数码印花后，UVA、UVB 屏蔽率更加趋于一致，变化规律基本相同。

（二）明度（V）对丝织物防紫外线性能的影响

经测试发现，在各个色相段，活性染料数码印花丝织物的颜色明度对丝织物的防紫外线性能有一定影响，紫外线屏蔽率随明度的增加基本呈减小趋势。本节以屏蔽率较好的红色波段为例加以说明。色相为0、饱和度不同时，丝织物的 UVA、UVB 屏蔽率随明度的变化曲线见图 3-9 和图 3-10。由图 3-9 和图 3-10 可知，丝织物 UVA、UVB 屏蔽率随明度的增加逐渐减小，但不同饱和度紫外线屏蔽率的减小速率不同。

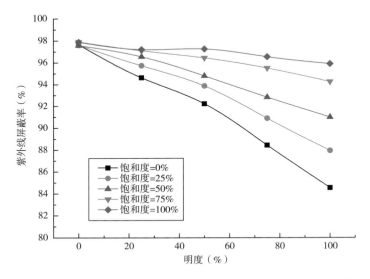

图 3-9　色相为 0、饱和度不同时丝织物 UVA 屏蔽率随明度变化曲线

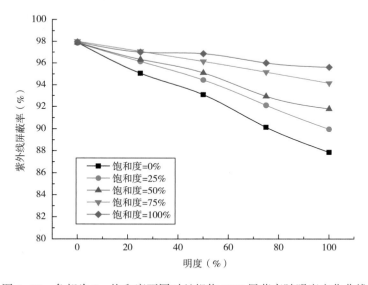

图 3-10　色相为 0、饱和度不同时丝织物 UVB 屏蔽率随明度变化曲线

不同饱和度时，UVA 屏蔽率随明度变化的速率见表 3-6。由表 3-6 可知，随着饱和度的增加，UVA 屏蔽率随明度变化的速率基本呈减小趋势，因此随着饱和度的增加，明度对 UVA 屏蔽率的影响减小。

表 3-6　不同饱和度下 UVA 屏蔽率随明度的变化速率

饱和度（％）	UVA 屏蔽率随明度变化的速率	饱和度（％）	UVA 屏蔽率随明度变化的速率
0	-13×10^{-4}	75	-3.599×10^{-4}
25	-9.701×10^{-4}	100	-1.909×10^{-4}
50	-6.801×10^{-4}		

由于丝织物的实验样品采用的也是数码印花的方法，采用的颜色模式为 CMYK。因此，明度的变化也是通过在数码印花时改变 K 的含量来实现的。且数码印花中使用的活性黑色染料由于分子量较大，所含苯环、共轭双键及助色基团较多的特点，对于紫外线有较好的吸收作用。当减小织物颜色的明度时，加入的 K 的含量增多，对紫外线的吸收能力增强。由实验分析可知：活性染料数码印花丝织物与棉织物的 UVA、UVB 屏蔽率在增加颜色的明度时，都呈现出减小的趋势。但相对于棉织物来说，丝织物随着明度的增加，紫外线屏蔽率的减小趋势更加明显。另外由于 C、M、Y 三种颜色的染料分子所含基团在 UVA、UVB 波段吸收能力不同，不同的饱和度时，紫外线屏蔽率随明度的变化规律也有差别。

（三）饱和度（S）对丝织物防紫外线性能的影响

经测试发现，各个色相段，活性染料数码印花丝织物的颜色饱和度对丝织物的防紫外线性能有一定影响，紫外线屏蔽率随饱和度的增加基本呈增大趋势。本节以屏蔽率较好的红色波段为例加以说明。色相为 0、明度不同时，丝织物的 UVA、UVB 屏蔽率随饱和度的变化曲线见图 3-11 和图 3-12。由图 3-11 和图 3-12 可知，丝织物紫外线屏蔽率随饱和度的增加逐渐增大，但不同明度 UVA、UVB 屏蔽率的减小速率不同。

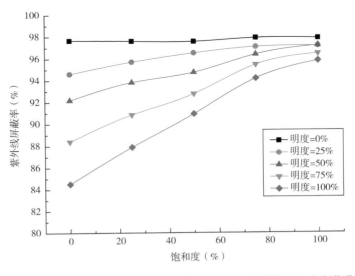

图 3-11　色相为 0、明度不同时丝织物对 UVA 屏蔽率随饱和度变化曲线

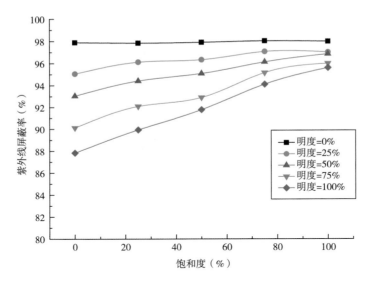

图 3-12　色相为 0、明度不同时丝织物 UVB 屏蔽率随饱和度变化曲线

　　不同明度时，UVA 屏蔽率随饱和度变化的速率见表 3-7。由表 3-7 可知，明度较小时，饱和度对 UVA 屏蔽率的影响很小；随着明度的增加，UVA 屏蔽率随明度变化的速率基本呈增大趋势，因此随着明度的增加，饱和度对 UVA 屏蔽率的影响增大。

表 3-7　不同明度下 UVA 屏蔽率随饱和度的变化速率

明度（%）	UVA 屏蔽率随饱和度变化的速率	明度（%）	UVA 屏蔽率随饱和度变化的速率
0	0.292×10^{-4}	75	8.310×10^{-4}
25	2.601×10^{-4}	100	11.6×10^{-4}
50	5.044×10^{-4}		

　　饱和度的变化也是通过在数码印花时改变与色相对应的 C、M、Y 的含量来实现的。由于 C、M、Y 三种颜色的染料分子中所含基团在 UVA、UVB 波段吸收能力不同，故屏蔽率的大小以及变化规律有所差别。当增加织物颜色的饱和度时，相应的加入 C、M、Y 的含量更多，对紫外线的吸收能力增强。由实验分析可知：活性染料数码印花丝织物与棉织物的 UVA、UVB 屏蔽率在增加颜色的饱和度时，都呈现出增大的趋势。但相对于棉织物来说，丝织物随着饱和度的增加，紫外线屏蔽率的增大趋势更加明显。另外，由于 K 的含量不同，不同的明度时，紫外线屏蔽率随明度的变化规律也有差别。

三、本节小结

　　本研究针对丝织物（双宫绸）在 HSV 颜色模式下，各颜色分量对织物防紫外线能力的影响进行探讨。结论如下：

　　（1）利用活性染料以数码打印方式对丝织物进行染色处理后，丝织物的紫外线屏蔽率有显著的改变。活性染料数码印花丝织物的紫外线屏蔽率随着颜色色相的变化呈现一定的变化规律，颜色为红色、绿色、蓝紫色时，阳光紫外线屏蔽率达到峰值，具有比较好的紫外线屏蔽效果，且 UVA、UVB 波段屏蔽率的变化趋势相似。

（2）在饱和度较大时，活性染料数码印花丝织物的紫外线屏蔽性能较好，随着饱和度的减小，UVA、UVB 屏蔽率基本呈降低趋势，下降速率较稳定。但不同饱和度时，紫外线屏蔽率随明度变化的速率不同。饱和度越大，明度对紫外线屏蔽率的影响较小。

（3）在明度较小时，活性染料数码印花丝织物的紫外线屏蔽性能较好，随着明度的增大，UVA、UVB 屏蔽率基本呈降低趋势，下降速率较稳定。但不同明度时，紫外线屏蔽率随饱和度变化的速率不同。明度越小，饱和度对紫外线屏蔽率的影响越小。

第四节　涤纶织物颜色对防紫外线性能的影响

本研究选择一种适合夏季穿着的轻薄型涤纶织物为实验样品，针对 HSV 模式下织物颜色的紫外线屏蔽作用展开研究，分别改变色相、明度、饱和度，通过数码印花得到实验样品，进而就颜色对紫外线屏蔽率的影响分析总结。

一、涤纶织物防紫外线实验

（一）实验材料与仪器

实验样品：选取适合夏季穿着的轻薄型涤纶织物，织物组织为平纹，厚度为 0.254mm。在 HSV 颜色模式下，将色相环进行 10 等分，得到色相 0、36、…、324，并在等分后的每个色相下，对明度和饱和度由 0~100 进行 5 等分，得到明度和饱和度分别从 0、25、50、75、100。在每个色相下，使用分散染料以数码印花的方法得到 250 个实验样品。

在 RGB 颜色模式下，将 R、G、B 三个颜色分量由 0~255 进行 5 等分，得到 R 含量分别为：0、64、128、192、255，并在等分后不同的 R 含量下，对 G 和 B 进行 5 等分，得到 G 和 B 分别为：0、64、128、192、255。在不同的 R、G、B 含量下，使用分散染料以数码印花的方法得到 125 个实验样品。

在 CMYK 颜色模式下，将 C、M、Y、K 四个颜色分量由 0~100% 进行 5 等分，得到 C 和 M 含量分别为：0%、25%、50%、75%、100%，并在等分后由不同的 C、M 含量进行排列组合得到 25 种组合方式，在不同的组合方式下对 M 和 Y 进行 5 等分，得到 M 和 Y 的含量分别为：0%、25%、50%、75%、100%，使用分散染料以数码印花的方法得到 625 个实验样品。

实验仪器：紫外辐照计 UV-340，北京师范大学光电仪器厂（μW/cm²）。

（二）试样制备

分散染料分子量小（一般为 200~400），具有疏水性。本节对涤纶织物采用的是分散染料数码热转移印花的方法，工艺流程为：转移纸→喷墨打印→喷墨印花纸 + 织物→热压转印（210℃、30s）→喷墨印花织物。热转印无须对织物进行预处理，也无须对印花后的织物进行水洗等处理[33]。喷墨印花的墨水一般由染料、水、有机溶剂和添加剂组成，由于染料的升华点较低（180~240℃），在升华过程中，染料中的添加剂基本被残留在转移纸上，不会污染织物。

（三）实验原理及方法

实验在北京夏季晴天无云的条件下进行，时间是在12:00~13:00。经测试，本节实验过程中，阳光的UVA、UVB辐射强度分别约为：16.48±0.08μW/cm²、0.96±0.01μW/cm²。参照国家标准《GB/T 18830—2009 纺织品 防紫外线性能的评定》，紫外线的光谱透射比 T（UV）= 透射辐射量/入射辐射量，将紫外辐照计分别连接365和297探头，分别在有样品覆盖和无样品覆盖条件下测量紫外线透射辐射量（W_1）、入射辐射量（W_2），紫外线屏蔽率计算公式见式（3-4）。进行5次测量计算平均值。

$$紫外线屏蔽率 = 1 - T(UV) = 1 - \frac{W_1}{W_2} \tag{3-4}$$

二、HSV 模式下实验结果与讨论

（一）色相（H）对涤纶织物防紫外线性能的影响

经测试，未数码染色的涤纶织物样品的 UVA、UVB 屏蔽率分别为：75.54%和86.29%。经分散染料数码染色后，明度和饱和度均为100%时，涤纶织物的紫外线屏蔽率随色相的变化曲线见图3-13。由图3-13可知，涤纶织物的紫外屏蔽率随色相的变化呈现出一定的变化规律，且UVA和UVB随色相变化的趋势相似。其中，在 $H=0$、$H=126$、$H=234$ 附近处屏蔽率达到峰值；在 $H=72$、$H=180$、$H=324$ 附近时，屏蔽率较低；在 $H=0$、$H=126$、$H=234$ 附近时，对应的织物颜色分别为红色、绿色、蓝色。

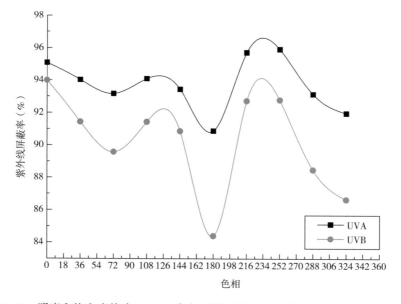

图3-13 明度和饱和度均为100%、色相不同时涤纶织物紫外线屏蔽率的变化曲线

本研究中涤纶织物采用的染料为分散染料。分散染料是呈粒子状的有机物，同时具备较好的反射和吸收紫外线的能力。染料小粒子在织物上聚集为稍大的固体粒子状态，对于紫外线具有较好的散射作用。分散染料的分子量虽小，但也含有苯环、含有 π 键的不饱和基团以及一些助色基团，这些基团能够有效地吸收某些波段的紫外线。另外，织物颜色的色相变化，是通过使用不同的染料来实现的，不同的染料分子结构、分子间的排列方式不同，所含生色及助色团也不同，因此，不同色相下的涤纶织物颜色采用的染料成分有所区别，吸收及反射紫外线的性能也有差异。

（二）明度（V）对涤纶织物防紫外线性能的影响

实验证明：在各个色相段，明度对涤纶织物的防紫外线性能均有一定影响。涤纶织物的饱和度＝100%时，不同明度下，UVA、UVB 屏蔽率随色相的变化曲线见图 3-14 和图 3-15。由图 3-14 和图 3-15 可知，在不同明度时，涤纶织物 UVA、UVB 屏蔽率随色相的变化有一定的变化规律。在明度＝100%时，UVA、UVB 屏蔽率随着色相的变化波动较大；当明度越来越小时，曲线波动逐渐变小。即当明度较小时，色相对织物紫外线屏蔽率的影响较小；当明度增大时，色相对织物紫外线屏蔽率的影响逐渐增大。

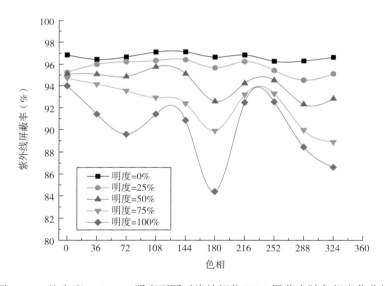

图 3-14　饱和度＝100%、明度不同时涤纶织物 UVA 屏蔽率随色相变化曲线

在数码印花时通过改变 K 定位套版色（黑色）的含量来实现明度的变化。分散染料在织物上以固体粒子的形式存在，对于紫外线有较好的散射作用。明度越小，染料含量越多，染料粒子在织物上的密度越大，因此对紫外线屏蔽作用越好；随着明度的增加，染料含量减少，对紫外线的屏蔽作用相应减小。另外，C、M、Y 三种颜色的染料分子所含基团在 UVA、UVB 波段吸收能力不同，在不同色相时，屏蔽率的大小以及变化规律也有差别。在明度较小时，染料对于紫外线的散射作用大于吸收作用，色相对于屏蔽率的影响相对减小；当明度较大时，织物对紫外线主要是染料分子的吸收作用，此时色相对于屏蔽率的影响较大。

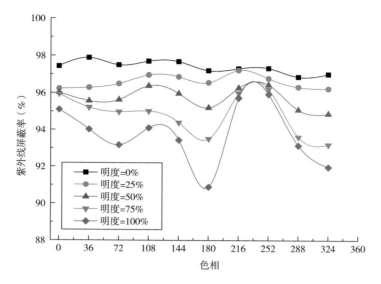

图 3-15 饱和度 = 100%、明度不同时涤纶织物 UVB 屏蔽率随色相变化曲线

（三）饱和度（S）对涤纶织物防紫外线性能的影响

测试发现，在各个色相段，饱和度对涤纶织物的防紫外线性能均有一定影响。涤纶织物的明度 = 100% 时，不同饱和度下，UVA、UVB 屏蔽率随色相的变化曲线见图 3-16 和图 3-17。由图 3-16 和图 3-17 可知，在不同饱和度时，涤纶织物 UVA、UVB 屏蔽率随色相的变化有一定的变化规律。在饱和度 = 100% 时，UVA、UVB 屏蔽率随着色相的变化波动较大；当饱和度越来越小时，曲线随色相的变化波动逐渐变小。即当饱和度较大时，色相对织物紫外线屏蔽率的影响较大；当饱和度减小时，色相对织物紫外线屏蔽率的影响逐渐减小。

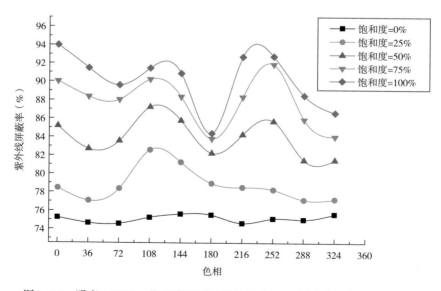

图 3-16 明度 = 100%、饱和度不同时涤纶织物 UVA 屏蔽率随色相变化曲线

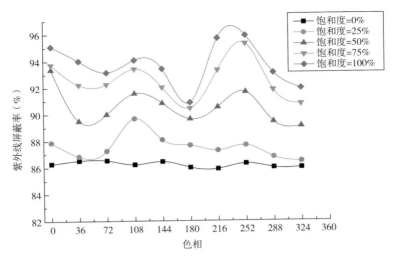

图 3-17　明度＝100%、饱和度不同时涤纶织物 UVB 屏蔽率随色相变化曲线

饱和度的变化是通过改变 C、M、Y 三种染料的含量来实现的，当织物颜色的饱和度增加时，三种染料的含量相应增加，染料在织物上的含量增加，对于紫外线的吸收和散射作用增强。C、M、Y 三种颜色的染料分子中所含基团，如苯环、主色基团等，在 UVA、UVB 波段吸收能力不同，故对紫外线的屏蔽率的大小以及变化规律也有差别。当饱和度＝0%，明度＝100%时，织物表现为白色，即为织物本身颜色，不含染料分子，此时对紫外线的屏蔽率较低，为织物本身对紫外线的屏蔽率；随着饱和度的增加，相应颜色的染料含量增加，对紫外线的吸收作用越来越规律化，呈现出相应颜色染料对紫外线的吸收规律。

（四）HSV 模式实验总结

本研究针对涤纶织物在 HSV 颜色模式下，各颜色分量对织物防紫外线能力的影响进行探讨。总结如下：

（1）涤纶织物的紫外线屏蔽率随着颜色的变化有一定的变化规律，在红色、绿色、紫红色时，达到峰值，取得较好的屏蔽效果，与对可见光的吸收规律不同。在 UVA、UVB 波段屏蔽率变化趋势相似。

（2）涤纶织物在明度较小时紫外线屏蔽性能较好，随着明度的增大，UVA、UVB 屏蔽率呈减小趋势。在明度较小时，色相对紫外线屏蔽率的影响较小，随着明度的增加，色相对紫外线屏蔽率的影响增加。

（3）涤纶织物在饱和度较小时紫外线屏蔽性能较差，随着饱和度的增大，UVA、UVB 屏蔽率呈增加趋势。在饱和度增大时，织物的紫外线屏蔽率增大，色相对紫外线屏蔽率的影响越来越规律化。

三、RGB 模式下各颜色分量对紫外线屏蔽率的影响

RGB 模式为工业用颜色标准，RGB 分别代表红、绿、蓝三个通道的颜色，是通过改变三

个颜色通道：红（R）、绿（G）、蓝（B），以及它们之间的相互叠加方式来得到各种颜色的。当 R＝G＝B＝0，即 R、G、B 含量为 0 时，颜色为黑色，随着三个颜色含量的变化呈现丰富多彩的颜色。以下针对 RGB 颜色模式下织物的防紫外线效果进行分析研究。

（一）红色（R）对涤纶织物防紫外线性能的影响

经实验证明：RGB 模式下，在不同的 B 含量下，R 的含量对涤纶织物的防紫外线性能有一定影响。B 的含量为 0 时，不同的 R 含量下，UVA、UVB 屏蔽率的变化曲线见图 3-18 和图 3-19。由图 3-18 和图 3-19 可知，在 B 的含量为 0 时，涤纶织物 UVA、UVB 屏蔽率随 R 含量的增加，变化规律相似，呈较稳定减小的趋势。另由实验数据分析得知，当 B＝64、128、192、255 时，涤纶织物 UVA、UVB 屏蔽率随 R 含量的增加，呈较稳定减小的趋势。

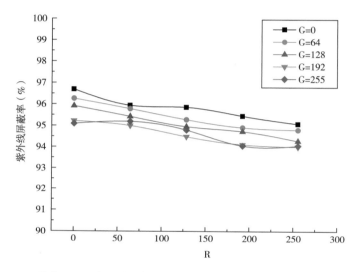

图 3-18　蓝色（B）含量为 0 时不同含量红色（R）对 UVA 屏蔽率的影响

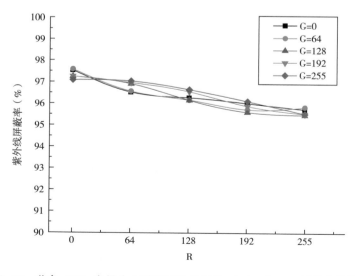

图 3-19　蓝色（B）含量为 0 时不同含量红色（R）对 UVB 屏蔽率的影响

不同 G 含量时，UVA 屏蔽率随 R 含量变化的速率见表 3-8。由表 3-8 可知，随着 G 含量的增加，UVA 屏蔽率随 R 含量变化的速率基本平稳，因此随着 G 的增加，R 对紫外线屏蔽率的影响基本不变。

表 3-8　不同 G 含量下 UVA 屏蔽率随 R 含量的变化速率

G	UVA 屏蔽率随 R 含量变化的速率	G	UVA 屏蔽率随 R 含量变化的速率
0	-5.852×10^{-5}	192	-5.244×10^{-5}
64	-5.958×10^{-5}	255	-5.083×10^{-5}
128	-6.252×10^{-5}		

分散染料数码印花涤纶织物在 RGB 模式下，当 R＝G＝B＝0 时，对应的数码印花 CMYK 模式下的颜色为黑色。当 R 的含量增加时，织物的颜色由黑色向红色转变，即数码印花中 C、K 含量的减少，相应的 M、Y 含量的增加。由实验结果分析，随着 R 的增加，织物的紫外线屏蔽率呈现减小的趋势。这是由于 C、M、Y、K 四种分散染料分子对 UVA、UVB 波段吸收能力不同。

（二）绿色（G）对涤纶织物防紫外线性能的影响

实验证明：RGB 模式下，在不同的 B 含量下，G 的含量对涤纶织物的防紫外线性能有一定影响。B＝0 时，不同的 G 含量下，UVA、UVB 屏蔽率的变化曲线见图 3-20 和图 3-21。由图 3-20 和图 3-21 可知，B 的含量为 0 时，涤纶织物 UVA、UVB 屏蔽率随 G 含量的增加，变化规律相似，呈基本平稳的趋势。另由实验数据分析得知，当 B＝64、128、192、255 时，涤纶织物 UVA、UVB 屏蔽率随 G 含量的增加，呈基本平稳的趋势。

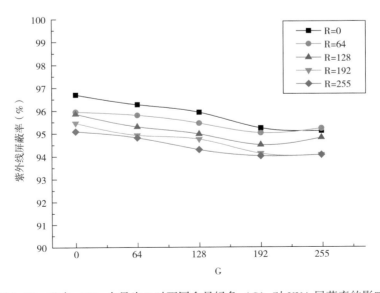

图 3-20　蓝色（B）含量为 0 时不同含量绿色（G）对 UVA 屏蔽率的影响

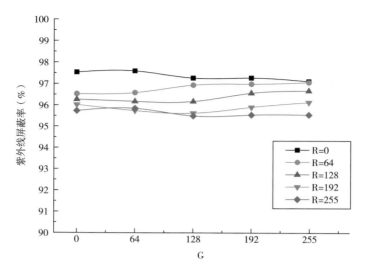

图 3-21　蓝色（B）含量为 0 时不同含量绿色（G）对 UVB 屏蔽率的影响

　　不同 R 含量时，UVA 屏蔽率随 G 含量变化的速率见表 3-9。由表 3-9 可知，随着 R 含量的增加，UVA 屏蔽率随 G 含量变化的速率基本平稳，因此随着 R 的增加，G 对紫外线屏蔽率的影响基本不变。由此可见，G 的含量对于涤纶织物紫外线屏蔽率的影响作用较小。

表 3-9　不同 R 含量下 UVA 屏蔽率随 G 含量的变化速率

R	UVA 屏蔽率随 G 含量变化的速率	R	UVA 屏蔽率随 G 含量变化的速率
0	-6.605×10^{-5}	192	-5.624×10^{-5}
64	-3.548×10^{-5}	255	-4.442×10^{-5}
128	-4.549×10^{-5}		

　　分散染料数码印花涤纶织物在 RGB 模式下，当 G 的含量增加时，织物的颜色由黑色向绿色转变，即数码印花中 M、K 含量减少，相应的 C、Y 含量增加。由实验结果分析，随着 G 的增加，织物的紫外线屏蔽率呈现基本平稳的趋势，即 G 对于织物的紫外线屏蔽率影响较小。

　　（三）蓝色（B）对涤纶织物防紫外线性能的影响

　　实验证明：RGB 模式下，在不同的 R 含量下，B 的含量对涤纶织物的防紫外线性能有一定影响。R=0 时，不同的 B 含量下，UVA、UVB 屏蔽率的变化曲线见图 3-22 和图 3-23。由图 3-22 和图 3-23 可知，在 R 含量为 0 时，涤纶织物 UVA、UVB 屏蔽率随 B 含量的增加，变化规律相似，在 0~64、192~255 处呈现减少趋势，在 B=128 处，屏蔽率呈明显升高趋势，达到峰值。另由实验数据分析得知，当 R=0、64 时，在 B=128 处，屏蔽率变化规律相似。

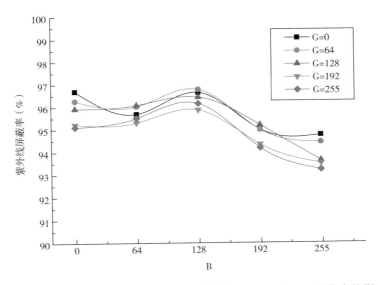

图 3-22　红色（R）含量为 0 时不同含量蓝色（B）对 UVA 屏蔽率的影响

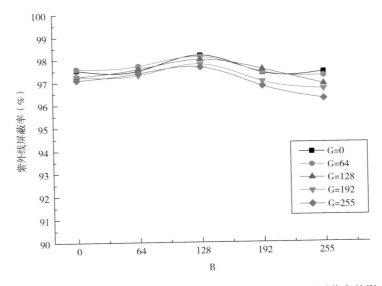

图 3-23　红色（R）含量为 0 时不同含量蓝色（B）对 UVB 屏蔽率的影响

　　在 R = 255 时，不同的 B 含量下，UVA 屏蔽率的变化曲线见图 3-24。由图 3-24 可知，在 R 的含量为 255 时，涤纶织物 UVA 屏蔽率随 B 含量的增加，呈现减小趋势。另由实验数据分析得知，当 R = 128、192 时，涤纶织物 UVA 屏蔽率随 B 含量的增加，呈现减小趋势。

　　分散染料数码印花涤纶织物在 RGB 模式下，当 B 的含量增加时，织物的颜色由黑色向蓝色转变，即数码印花中 Y、K 含量减少，相应的 C、M 含量增加。由实验结果分析，在 R 取 0、64 时，紫外线屏蔽率在 B = 128 处出现一个峰值。在 R 取 128～255 时，随着 B 的增加，UVA、UVB 屏蔽率整体呈下降趋势。即 B 的含量对于织物的紫外线屏蔽率有较大的影响。

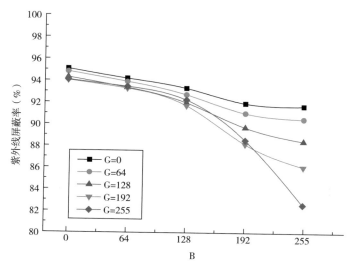

图 3-24　红色（R）含量为 255 时不同含量蓝色（B）对 UVA 屏蔽率的影响

（四）RGB 模式实验总结

针对涤纶织物在 RGB 颜色模式下，各颜色分量对织物防紫外线能力的影响进行探讨，总结如下。

（1）涤纶织物的紫外线屏蔽率随 R、G、B 含量的变化呈现出一定的变化规律，在 R、G、B 含量较小时，屏蔽率较高，随着 R、G、B 含量的增加，屏蔽率基本呈减小趋势。涤纶织物的紫外线屏蔽率随 R 含量的增加呈减小趋势，R 含量的多少对于涤纶织物的紫外线屏蔽率有较大的影响。

（2）涤纶织物的紫外线屏蔽率随 G 含量的增加呈平稳趋势，G 含量的多少对于涤纶织物的紫外线屏蔽率的影响较小。

（3）涤纶织物的紫外线屏蔽率在 R=0、64 时，在 B=128 处，屏蔽率较高，达到峰值；随着 R 含量的增加，屏蔽率随 B 的变化呈减小趋势，B 的含量对于涤纶织物的紫外线屏蔽率的影响较大。

（4）在 RGB 模式下，R、B 的含量对涤纶织物的紫外线屏蔽率的影响较大，G 的含量对紫外线屏蔽率的影响较小。

四、CMYK 模式下各颜色分量对紫外线屏蔽率的影响

印刷四色模式是彩色印刷时采用的一种套色模式，利用色料的三原色混色原理，加上黑色油墨，共计四种颜色混合叠加形成"全彩印刷"。四种标准颜色是：C（青色）、M（品红色）、Y（黄色）、K 定位套版色（黑色）。

（一）青色（C）对涤纶织物防紫外线性能的影响

实验证明 CMYK 模式下，在不同的 Y、K 含量下，C 的含量对涤纶织物的防紫外线性能

有一定影响。Y=0、K=0 时，不同的 C 含量下，UVA、UVB 屏蔽率的变化曲线见图 3-25 和图 3-26。由图 3-25 和图 3-26 可知，在 Y、K 的含量为 0 时，涤纶织物 UVA 屏蔽率随 C 含量的增加，变化规律相似，呈现增大趋势。Y=25%、K=25% 时，不同的 C 含量下，UVA 屏蔽率的变化曲线见图 3-27。由图 3-27 可知，在 Y、K 的含量为 25% 时，涤纶织物 UVA 屏蔽率随 C 含量的增加，呈现较稳定的增大趋势。因此，C 的含量对 UVA、UVB 屏蔽率有一定的影响。

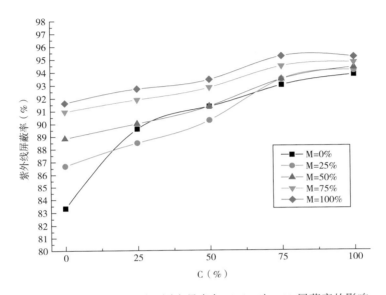

图 3-25　Y=0，K=0 时不同含量青色（C）对 UVA 屏蔽率的影响

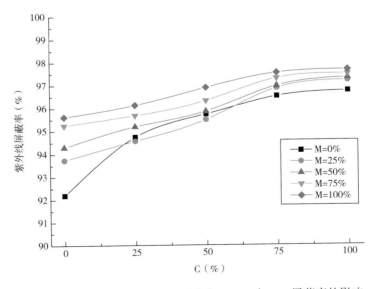

图 3-26　Y=0，K=0 时不同含量青色（C）对 UVB 屏蔽率的影响

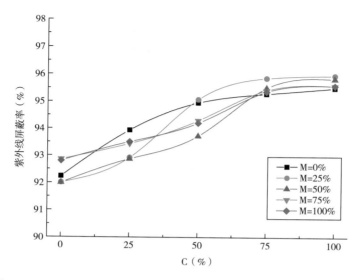

图 3-27　Y = 25%，K = 25%时不同含量青色（C）对 UVA 屏蔽率的影响

　　另由实验数据分析得知，当 Y 的含量变化，K = 0 时，紫外线屏蔽率变化规律相似；随着 K = 25%、50%、75%、100% 增加时，UVA、UVB 屏蔽率分别在 75% ～ 100%、50% ～ 100%、25%～100%、0～100%基本趋于重合，其他区间呈增加趋势。且 UVA、UVB 随着 C 含量的变化规律相近。

　　不同 M 含量时，UVA 屏蔽率随 C 变化的速率见表 3-10。由表 3-10 可知，随着 M 含量的增加，UVA 屏蔽率随 C 含量变化的速率基本平稳，因此 C 的含量对于涤纶织物紫外线屏蔽率有一定的影响。

表 3-10　不同 M 含量下 UVA 屏蔽率随 C 含量的变化速率

M（%）	UVA 屏蔽率随 C 含量变化的速率	M（%）	UVA 屏蔽率随 C 含量变化的速率
0	9.739×10^{-4}	75	4.067×10^{-4}
25	7.955×10^{-4}	100	3.855×10^{-4}
50	5.783×10^{-4}		

　　分散染料数码印花涤纶织物在 CMYK 模式下，与数码打印的颜色模式相对应。当 C 的含量增加时，相对应的数码印花染料 C 的含量增加，染料分子 C 的增加使涤纶织物对紫外线的散射及吸收作用加强。

　　（二）品红（M）对涤纶织物防紫外线性能的影响

　　实验证明 CMYK 模式下，在不同的 Y、K 含量下，M 的含量对涤纶织物的防紫外线性能有一定影响。Y = 0、K = 0 时，不同的 M 含量下，UVA、UVB 屏蔽率的变化曲线见图 3-28 和图 3-29。由图 3-28 和图 3-29 可知，在 Y、K 的含量为 0 时，涤纶织物 UVA、UVB 屏蔽率随 M 含量的增加，变化规律相似，呈现增大趋势。Y = 25%、K = 25%时，不同的 M 含量下，

UVA 屏蔽率的变化曲线见图 3-30。由图 3-30 可知，在 Y、K 的含量为 25% 时，涤纶织物 UVA 屏蔽率随 M 含量的增加，呈现水平线的趋势。另由实验数据分析得知，当 Y、K 的含量增加时，UVA、UVB 屏蔽率变化规律相似，随着 M 的增加呈水平的趋势。因此，随着 Y、K 含量的增加，M 对 UVA、UVB 屏蔽率的影响逐渐减小。

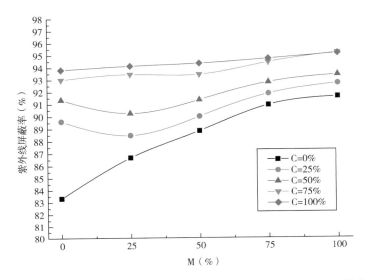

图 3-28　Y＝0，K＝0 时不同含量品红色（M）对 UVA 屏蔽率的影响

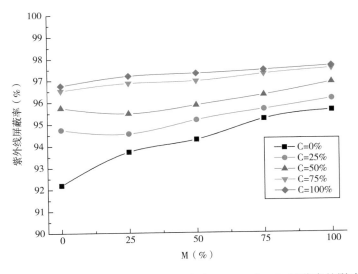

图 3-29　Y＝0，K＝0 时不同含量品红色（M）对 UVB 屏蔽率的影响

　　不同 C 含量时，UVA 屏蔽率随 M 变化的速率见表 3-11。由表 3-11 可知，随着 C 含量的增加，UVA 屏蔽率随 M 含量变化的速率基本平稳。由此可见，M 的含量对于涤纶织物紫外线屏蔽率的影响作用较小。

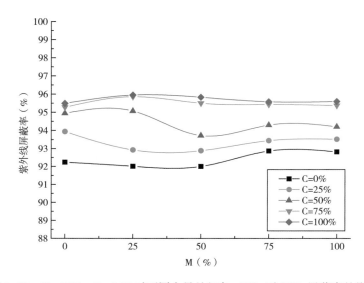

图 3-30　Y＝25%，K＝25%时不同含量品红色（M）对 UVA 屏蔽率的影响

表 3-11　不同 C 含量下 UVA 屏蔽率随 M 含量的变化速率

C（%）	UVA 屏蔽率随 M 含量变化的速率	C（%）	UVA 屏蔽率随 M 含量变化的速率
0	8.331×10^{-4}	75	2.175×10^{-4}
25	3.837×10^{-4}	100	1.335×10^{-4}
50	2.664×10^{-4}		

　　分散染料数码印花涤纶织物在 CMYK 模式下，与数码打印的颜色模式相对应。当 M 的含量增加时，相对应的数码印花染料 M 的含量增加，染料分子 M 的增加使涤纶织物对紫外线的散射及吸收作用加强，经实验分析，随着 C、Y、K 含量的增加，M 含量的增加对织物的紫外线屏蔽率的影响作用较小，基本趋于水平。

（三）黄色（Y）对涤纶织物防紫外线性能的影响

　　实验证明 CMYK 模式下，在不同的 C、K 含量下，Y 的含量对涤纶织物的防紫外线性能有一定影响。C＝0、K＝0 时，不同的 Y 含量下，UVA、UVB 屏蔽率的变化曲线见图 3-31 和图 3-32。由图 3-31 和图 3-32 可知，在 C、K 的含量为 0 时，涤纶织物 UVA、UVB 屏蔽率随 Y 含量的增加，变化规律相似，呈现增大趋势。C＝25%、K＝25% 时，不同的 Y 含量下，UVA 屏蔽率的变化曲线见图 3-33。由图 3-33 可知，在 C、K 的含量为 25% 时，涤纶织物 UVA 屏蔽率随 Y 含量的增加，呈现水平线的趋势。另由实验数据分析得知，当 C、K 的含量增加时，UVA、UVB 屏蔽率变化规律相似，随着 Y 的增加呈水平的趋势。因此，随着 C、K 含量的增加，Y 对 UVA、UVB 屏蔽率有一定的影响。

　　不同 M 含量时，UVA 屏蔽率随 Y 变化的速率见表 3-12。由表 3-12 可知，随着 M 含量的增加，UVA 屏蔽率随 Y 含量变化的速率较大，因此 Y 的含量对于涤纶织物紫外线屏蔽率有一定的影响。

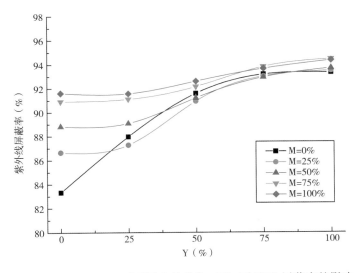

图 3-31　C=0，K=0 时不同含量黄色（Y）对 UVA 屏蔽率的影响

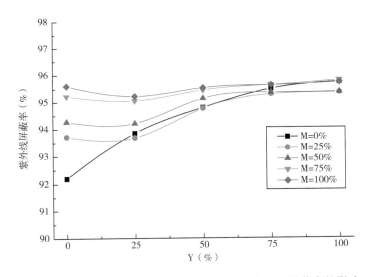

图 3-32　C=0，K=0 时不同含量黄色（Y）对 UVB 屏蔽率的影响

表 3-12　不同 M 含量下 UVA 屏蔽率随 Y 含量的变化速率

M（%）	UVA 屏蔽率随 Y 含量变化的速率	M（%）	UVA 屏蔽率随 Y 含量变化的速率
0	9.739×10^{-4}	75	4.067×10^{-4}
25	7.955×10^{-4}	100	3.855×10^{-4}
50	5.783×10^{-4}		

　　分散染料数码印花涤纶织物在 CMYK 模式下，与数码打印的颜色模式相对应。当 Y 的含量增加时，相对应的数码印花染料 Y 的含量增加，染料分子 Y 的增加使涤纶织物对紫外线的散射及吸收作用加强。经实验分析，随着 C、M、K 含量的增加，Y 含量的增加对织物的紫外

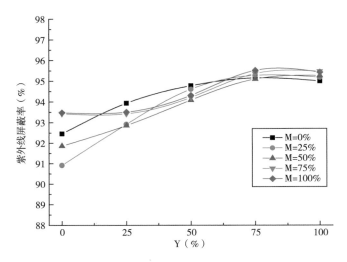

图 3-33　C=25%，K=25%时不同含量黄色（Y）对 UVA 屏蔽率的影响

线屏蔽率的影响作用较小，基本趋于水平。

（四）黑色（K）对涤纶织物防紫外线性能的影响

实验证明 CMYK 模式下，在不同的 C、Y 含量下，K 的含量对涤纶织物的防紫外线性能有一定影响。C=0、Y=0 时，不同的 K 含量下，UVA、UVB 屏蔽率的变化曲线见图 3-34 和图 3-35。由图 3-34 和图 3-35 可知，在 C、Y 的含量为 0 时，涤纶织物 UVA、UVB 屏蔽率随 K 含量的增加，变化规律相似，呈现增大趋势。C=25%、Y=25%时，不同的 K 含量下，UVA 屏蔽率的变化曲线见图 3-36。由图 3-36 可知，在 C、Y 的含量为 25%时，涤纶织物 UVA 屏蔽率随 K 含量的增加，呈现平稳的增大趋势。另由实验数据分析得知，当 C、Y 的含量增加时，UVA、UVB 屏蔽率变化规律相似，随着 K 的增加呈增加趋势。因此，随着 C、Y 含量的增加，K 对 UVA、UVB 屏蔽率的影响较大。

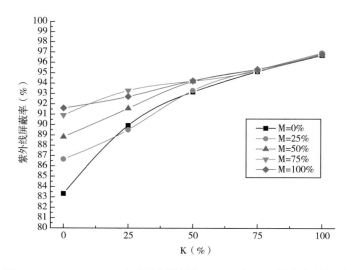

图 3-34　Y=0，C=0时不同含量黑色（K）对 UVA 屏蔽率的影响

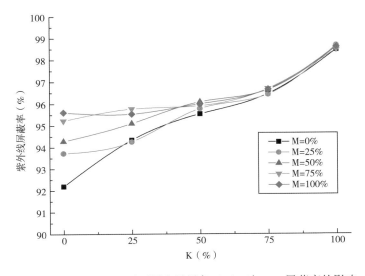

图 3-35　Y=0，C=0 时不同含量黑色（K）对 UVB 屏蔽率的影响

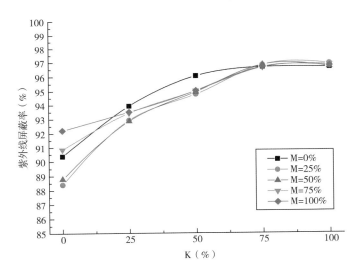

图 3-36　Y=25%，C=25% 时不同含量黑色（K）对 UVA 屏蔽率的影响

　　不同 M 含量时，UVA 屏蔽率随 K 变化的速率见表 3-13。由表 3-13 可知，随着 M 含量的增加，UVA 屏蔽率随 K 含量变化的速率较大。由此可见，K 的含量对于涤纶织物紫外线屏蔽率的影响作用较大。

表 3-13　不同 M 含量下 UVA 屏蔽率随 K 含量的变化速率

M（%）	UVA 屏蔽率随 K 含量变化的速率	M（%）	UVA 屏蔽率随 K 含量变化的速率
0	12.8×10^{-4}	75	5.520×10^{-4}
25	10.5×10^{-4}	100	5.205×10^{-4}
50	7.816×10^{-4}		

分散染料数码印花涤纶织物在 CMYK 模式下，与数码打印的颜色模式相对应。数码印花中使用的黑色染料分子量较大，所含苯环、共轭双键及助色基团较多，对于紫外线有较好的吸收作用。数码印花改变 K 的含量时，即当加入的黑色染料 K 的含量增加时，织物对紫外线的散射及吸收能力增强。经实验分析，随着 C、M、Y 含量的增加，K 含量的增加对织物的紫外线屏蔽率的影响作用较大。

（五）CMYK 模式实验总结

针对涤纶织物在 CMYK 颜色模式下，各颜色分量对织物防紫外线能力的影响进行探讨，总结如下。

（1）涤纶织物的紫外线屏蔽率随 CMYK 模式下的颜色变化有一定的变化规律，随着 C、M、Y、K 的增加，基本呈增大趋势，且在 UVA、UVB 屏蔽率变化趋势相似。

（2）涤纶织物的紫外线屏蔽率随 C 的增加，呈明显增加趋势，且随着 Y、K 含量的增加，C 的含量对 UVA、UVB 屏蔽率的变化速率都有较大的影响，且在 UVA、UVB 屏蔽率变化趋势相似。

（3）涤纶织物的紫外线屏蔽率随 M 的增加，呈缓慢增加趋势，且随着 Y、K 含量的增加，基本保持不变，M 的含量对 UVA、UVB 屏蔽率的变化速率的影响较小，且在 UVA、UVB 波段屏蔽率变化趋势相似。

（4）涤纶织物的紫外线屏蔽率随 Y 的增加，呈缓慢增加趋势，且随着 Y、K 含量的增加，基本保持不变，Y 的含量对 UVA、UVB 屏蔽率的变化速率都有较大的影响，且在 UVA、UVB 波段屏蔽率变化趋势相似。

（5）涤纶织物的紫外线屏蔽率随 K 的增加，呈明显增加趋势，且随着 Y、K 含量的增加，K 的含量对 UVA、UVB 屏蔽率的变化速率都有较大的影响，且在 UVA、UVB 屏蔽率变化趋势相似。

第五节　距离对紫外线屏蔽率的影响

服装可以具有各种宽松量，服装与人体之间的距离也会不同。本节主要探讨面料与人体表面的距离对紫外线屏蔽率的影响，为防紫外线生活装松量的设计提供参考。

一、实验材料与仪器

（一）实验样品

选取适合夏季穿着的棉、蚕丝、涤纶各 3 款面料。实验样品的颜色规格如表 3-14 所示。

（二）实验仪器

（1）紫外辐照计 UV-340，北京师范大学光电仪器厂／$\mu W/cm^2$。

（2）盒状支撑物：顶端有少量支撑且周围遮光，高度 2cm 的可自由卸装的底座；可控制织物到紫外探头的距离为 0～3cm。

表 3-14　实验样品面料

样品编号	1	2	3	组织结构	厚度（mm）	克重（g/m²）
棉				平纹	0.252	98.41
样品编号	4	5	6	组织结构	厚度（mm）	克重（g/m²）
蚕丝				平纹	0.363	121.27
样品编号	7	8	9	组织结构	厚度（mm）	克重（g/m²）
涤纶				平纹	0.274	102.59

（三）实验方法

与织物防紫外线性能的接触实验测试方法一样，实验在北京夏季晴天无云的条件进行，时间段选在 12：00～13：00。本次实验过程中，太阳光的 UVA、UVB 辐射强度分别约为：$16.55\pm0.08\mu W/cm^2$、$0.99\pm0.01\mu W/cm^2$。参照国家标准《GB/T 18830—2009 纺织品　防紫外线性能的评定》，紫外线的光谱透射比 $T(UV)$ = 透射辐射量/入射辐射量，将紫外辐照计分别连接 365 和 297 探头，分别在样品与紫外探头的距离为 1.5cm 和 3cm 的条件下，对 UVA、UVB 的透过率进行测量。并在有样品覆盖和无样品覆盖的条件下测量紫外线透射辐射量（W_1）、入射辐射量（W_2），紫外线屏蔽率计算公式见式（3-4）。进行 5 次测量计算平均值。

$$紫外线屏蔽率 = 1 - T(UV) = 1 - \frac{W_1}{W_2} \tag{3-4}$$

二、实验结果与讨论

棉、丝、涤纶织物在不同距离条件下，对紫外线屏蔽率的影响见图 3-37～图 3-40。由图 3-37～图 3-40 可知，三组实验样品的 UVA 或 UVB 屏蔽率随距离由 0cm、1.5cm、3cm 增加时，都呈现出 3%～10% 的增加。说明服装具有适当的松量，从而增加服装与人体之间的空间距离，对于其防紫外线性能是有帮助的。

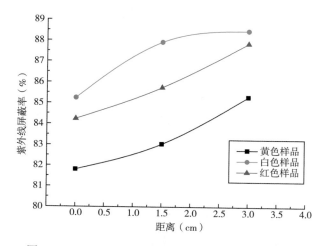

图 3-37　距离对不同颜色棉织物 UVA 屏蔽率的影响

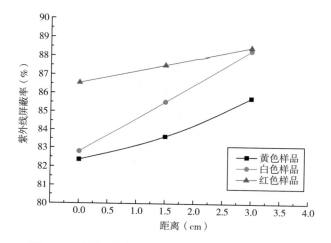

图 3-38　距离对不同颜色棉织物 UVB 屏蔽率的影响

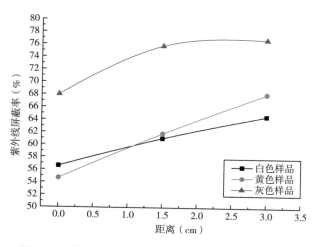

图 3-39　距离对不同颜色丝织物 UVB 屏蔽率的影响

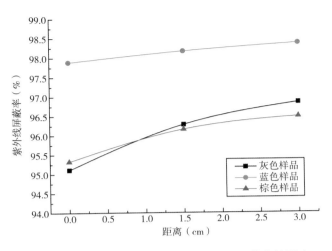

图 3-40　距离对不同颜色涤纶织物 UVB 屏蔽率的影响

三、本节小结

经过三组实验样品的测量，总结如下。

（1）棉、丝、涤纶三组实验样品在测试距离为 0cm、1.5cm、3cm 时，UVA、UVB 屏蔽率随距离的增加而呈现出不同程度的增大，屏蔽率的大小表现为 0cm<1.5cm<3cm。

（2）可通过适当增加服装松量的方法在一定程度上提高紫外线屏蔽率。此实验可为后续防晒功能生活装的设计提供参考。

第六节　防紫外线生活装设计

一、防晒服款式设计及说明

本研究通过文献及市场调研，针对日常生活场合穿着的防晒服装进行了款式设计，开发了 5 个款式，分别为 2 件短款、3 件长款。款式图如表 3-15 所示。

表 3-15　款式设计图

款式编号	1	2
款式图		

续表

款式编号	3	4	5
款式图			

（一）款式 1 设计说明

款式 1 设计说明如图 3-41 所示。

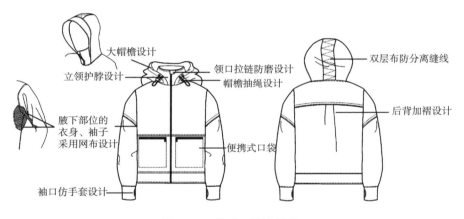

图 3-41　款式 1 设计说明

款式 1 设计细节说明如下。

（1）大帽檐设计：帽檐沿帽子一周，能够在穿着时起到很好的遮挡阳光作用。

（2）帽檐抽绳设计：能够满足不同头围度的人穿着，且有固定帽子防滑落的作用。

（3）高立领设计：高立领能够在穿着时起到很好的遮挡阳光的效果。

（4）领口拉链防磨设计：立领拉链头处采用一小块防磨布设计，在立领比较高的情况下，能够防止拉链与皮肤摩擦造成的不适，且兼具美观效果。

（5）腋下部位的衣身、袖子采用网布设计：腋下在穿着时属易出汗部位，采用透湿透气效果好的网布有利于排热排汗。

（6）袖口仿手套设计：加长的袖头设计，可保护手背，起到防晒效果；拇指处的开口设计，在防晒的同时不影响手部活动。

（7）帽子双层布防分离缝线：使帽子双层布不分离，达到实用及美观效果。

（8）便携式口袋：方便携带手机、钱包等物品。

（9）后背加褶设计：背部加褶可增大服装松量，有利于服装内空气的流通，排热排汗。

（二）款式 2 设计说明

款式 2 设计说明如图 3-42 所示。

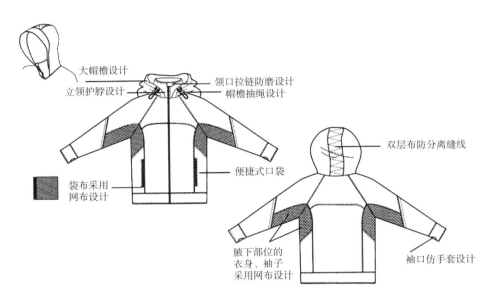

图 3-42 款式 2 设计说明

款式 2 设计细节说明如下。

（1）大帽檐设计：帽檐沿帽子一周，能够在穿着时起到很好的遮挡阳光作用。

（2）帽檐抽绳设计：能够满足不同头围度的人穿着，且有固定帽子防滑落的作用。

（3）高立领设计：高立领能够在穿着时起到很好的遮挡阳光的效果。

（4）领口拉链防磨设计：立领拉链头处采用一小块防磨布设计，在立领比较高的情况下，能够防止拉链与皮肤摩擦造成的不适，且兼具美观效果。

（5）腋下部位的衣身、袖子采用网布设计：腋下在穿着时属易出汗部位，采用透湿透气效果好的网布，有利于排热排汗。

（6）袖口仿手套设计：加长的袖头设计，可保护手背，起到防晒效果；拇指处的开口设计，在防晒的同时不影响手部活动。

（7）帽子双层布防分离缝线：使帽子双层布不分离，达到实用及美观效果。

（8）便携式口袋：方便携带手机、钱包等物品。

（9）口袋采用网布设计：口袋部位具有多层面料叠加，在穿着时属易出汗部位，采用透湿透气效果好的网布有利于排热排汗。

（三）款式 3 设计说明

款式 3 设计说明如图 3-43 所示。

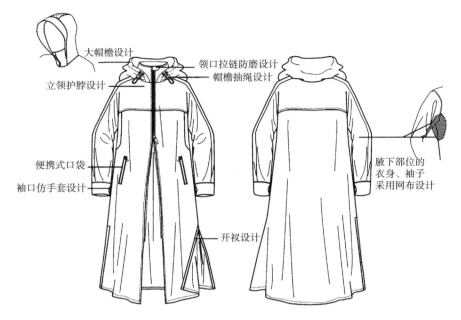

图 3-43　款式 3 设计说明

款式 3 设计细节说明如下。

（1）大帽檐设计：帽檐沿帽子一周，能够在穿着时起到很好的遮挡阳光作用。

（2）帽檐抽绳设计：能够满足不同头围度的人穿着，且有固定帽子防滑落的作用。

（3）高立领设计：高立领能够在穿着时起到很好的遮挡阳光的效果。

（4）领口拉链防磨设计：立领拉链头处采用一小块防磨布设计，在立领比较高的情况下，能够防止拉链与皮肤摩擦造成的不适，且兼具美观效果。

（5）腋下部位的衣身、袖子采用网布设计：腋下在穿着时属易出汗部位，采用透湿透气效果好的网布有利于排热排汗。

（6）袖口仿手套设计：加长的袖头设计，可保护手背，起到防晒效果；拇指处的开口设计，在防晒的同时不影响手部活动。

（7）便携式口袋：方便携带手机、钱包等物品。

（8）口袋采用网布设计：口袋部位具有多层面料叠加，在穿着时属易出汗部位，采用透湿透气效果好的网布，有利于排热排汗。

（9）侧开衩设计：增加开口，利于排热排汗，且下摆侧面开衩，方便活动。

（四）款式 4 设计说明

款式 4 设计说明如图 3-44 所示。

款式 4 设计细节说明如下。

（1）大帽檐设计：帽檐沿帽子一周，能够在穿着时起到很好的遮挡阳光作用。

（2）帽檐抽绳设计：能够满足不同头围度的人穿着，且有固定帽子防滑落的作用。

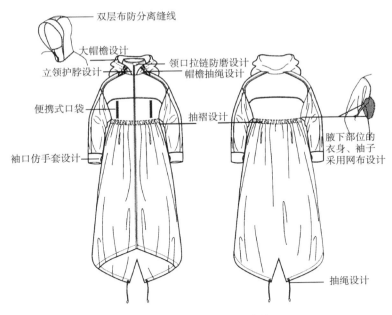

双层布防分离缝线

大帽檐设计

立领护脖设计

便携式口袋

袖口仿手套设计

领口拉链防磨设计

帽檐抽绳设计

抽褶设计

腋下部位的衣身、袖子采用网布设计

抽绳设计

图 3-44　款式 4 设计说明

（3）高立领设计：高立领能够在穿着时起到很好的遮挡阳光的效果。

（4）领口拉链防磨设计：立领拉链头处采用了一小块的防磨布设计，在立领比较高的情况下，能够防止拉链对皮肤摩擦造成的不适，且兼具美观效果。

（5）腋下部位的衣身、袖子采用网布设计：腋下在穿着时属易出汗部位，采用透湿透气效果好的网布有利于排热排汗。

（6）袖口仿手套设计：加长的袖头设计，可保护手背，起到防晒效果；拇指处的开口设计，在防晒的同时不影响手部活动。

（7）帽子双层布防分离缝线：使帽子双层布不分离，达到实用及美观效果。

（8）便携式口袋：方便携带手机、钱包等物品。

（9）口袋采用网布设计：口袋部位具有多层面料叠加，在穿着时属易出汗部位，采用透湿透气效果好的网布有利于排热排汗。

（10）腰部抽褶设计：抽褶设计，加大服装松量，有利于服装内空气的流通，排热排汗。

（11）下摆抽绳设计：增加实用性、美观性。

（五）款式 5 设计说明

款式 5 设计说明如图 3-45 所示。

款式 5 设计细节说明如下。

（1）大帽檐设计：帽檐沿帽子一周，能够在穿着时起到很好的遮挡阳光作用。

（2）立领设计：能够在穿着时起到很好的遮挡阳光的效果。

（3）腋下部位的衣身、袖子采用网布设计：腋下在穿着时属易出汗部位，采用透湿透气

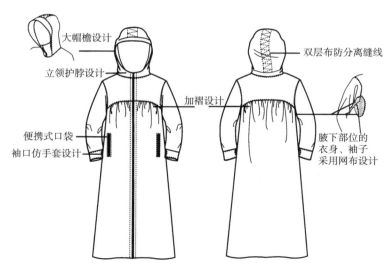

图 3-45　款式 5 设计说明

效果好的网布有利于排热排汗。

（4）袖口仿手套设计：加长的袖头设计，可保护手背，起到防晒效果；拇指处的开口设计，在防晒的同时不影响手部活动。

（5）帽子双层布防分离缝线：使帽子双层布不分离，达到实用及美观效果。

（6）便携式口袋：方便携带手机、钱包等物品。

（7）口袋采用网布设计：口袋部位具有多层面料叠加，在穿着时属易出汗部位，采用透湿透气效果好的网布有利于排热排汗。

（8）加褶设计：加褶设计，加大服装松量，有利于服装内空气的流通，排热排汗。

二、防晒服款式配色方案及面料使用说明

（一）2018 年春夏女装流行色彩

本研究始于 2018 年，当时对 2018 年春夏女装流行色彩进行调研。2018 年春夏，洋红色、酒红色和海军蓝等熟悉的换季色彩仍然扮演着重要角色，更为大胆自信的色调也很吸睛。2018 年春夏女装流行色见表 3-16。

表 3-16　2018 年春夏女装流行色彩

色彩	说明	色彩	说明
	洋红色		浅灰绿色

续表

色彩	说明	色彩	说明
	赤土色		海军蓝
	丁香紫		橙色
	艳红		骨色
	酒红色		荧光绿色
	荧光黄色		丹宁蓝

（二）防晒服款式配色方案及面料说明

本研究根据前期面料防紫外线性能的研究成果，充分考虑人体不同部位接受阳光中的紫外线强度的差异性，兼顾不同类型面料颜色的防紫外线性能及流行色，设计开发的防晒服款式配色方案及面料使用说明如表 3-17 所示。

表 3-17　服装款式配色方案及面料使用说明

配色方案	1-1	面料说明	配色方案	1-2	面料说明
效果图	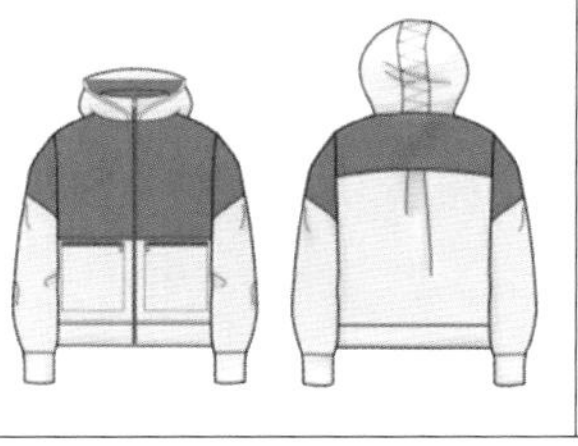	丝+网布	效果图	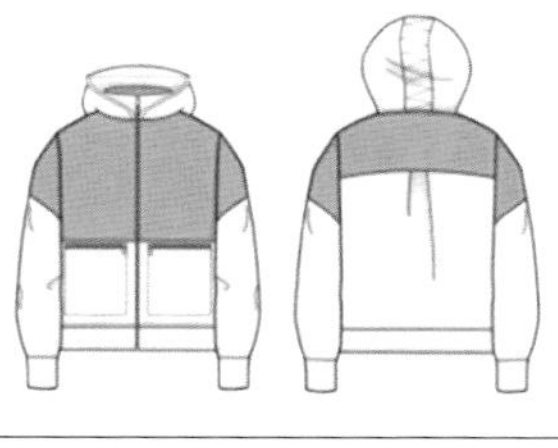	丝+网布

续表

配色方案	1-3	面料说明	配色方案	1-4	面料说明
效果图		丝+网布	效果图		丝+网布
配色方案	1-5	面料说明	配色方案	1-6	面料说明
效果图		棉+涤纶+网布	效果图		棉+涤纶+网布
配色方案	2-1	面料说明	配色方案	2-2	面料说明
效果图		棉+网布	效果图		棉+网布
配色方案	2-3	面料说明	配色方案	2-4	面料说明
效果图		涤纶+棉+网布	效果图		涤纶+棉+网布
配色方案	2-5	面料说明	配色方案	2-6	面料说明
效果图		涤纶+棉+网布	效果图		涤纶+棉+网布
配色方案	2-7	面料说明	配色方案	2-8	面料说明
效果图		涤纶+棉+网布	效果图		涤纶+棉+网布

续表

配色方案	3-1	面料说明	配色方案	3-2	面料说明
效果图		棉+网布	效果图		棉+网布
配色方案	3-3	面料说明	配色方案	3-4	面料说明
效果图		棉+网布	效果图		棉+网布
配色方案	3-5	面料说明	配色方案	3-6	面料说明
效果图		涤纶+棉+网布	效果图		涤纶+棉+网布
配色方案	4-1	面料说明	配色方案	4-2	面料说明
效果图		丝+网布	效果图		丝+网布

续表

配色方案	4-3	面料说明	配色方案	4-4	面料说明
效果图		丝+网布	效果图		丝+网布
配色方案	4-5	面料说明	配色方案	4-6	面料说明
效果图		涤纶+棉+网布	效果图		涤纶+棉+网布
配色方案	4-7	面料说明	配色方案	4-8	面料说明
效果图		涤纶+棉+网布	效果图		涤纶+棉+网布
配色方案	5-1	面料说明	配色方案	5-2	面料说明
效果图		涤纶+棉+网布	效果图		涤纶+棉+网布

配色方案	5-3	面料说明	配色方案	5-4	面料说明
效果图		涤纶+棉+网布	效果图		涤纶+棉+网布

三、防晒服 CAD 制板及成衣制作

(一) 防晒服的 CAD 制板

本研究针对所设计的防晒服进行了 CAD 制板，防晒服的 CAD 制板图如表 3-18 所示。

表 3-18 防晒服的 CAD 制板图

款式编号	款式图	CAD 制板图
1		
2		

款式编号	款式图	CAD 制板图
3		
4		
5		

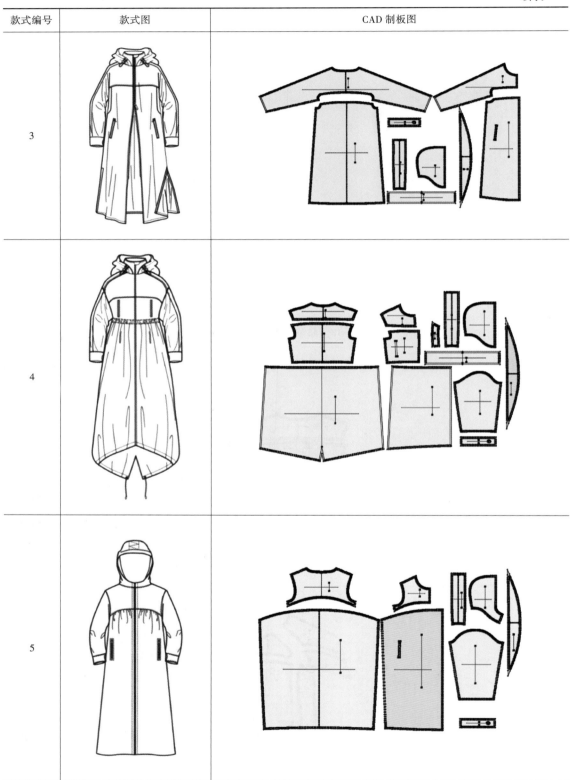

（二）防晒服的成衣制作

本研究针对所设计的防晒服制作了成衣。部分防晒服成衣照片见表3-19。

表 3-19　防晒服的成衣效果图

款式编号	正面	侧面	背面
1-1	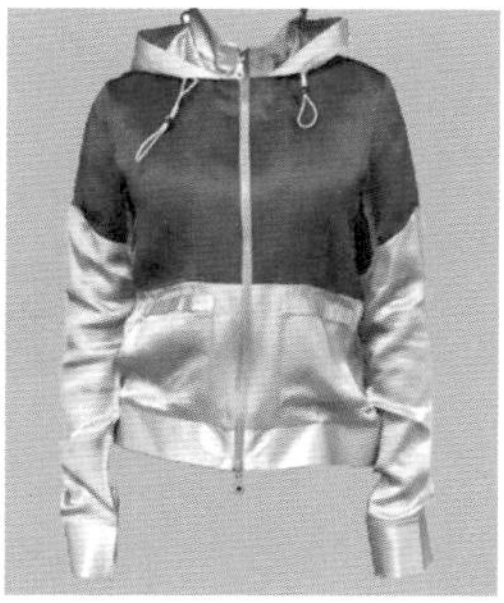		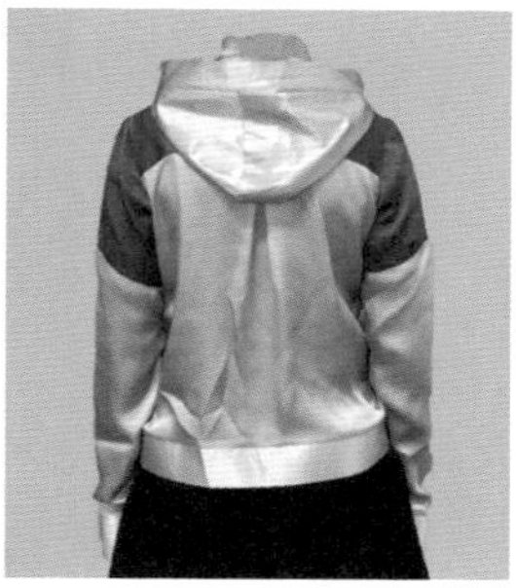
1-2	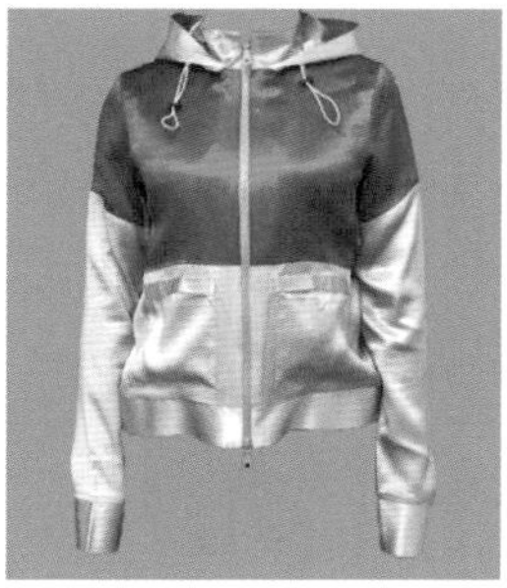	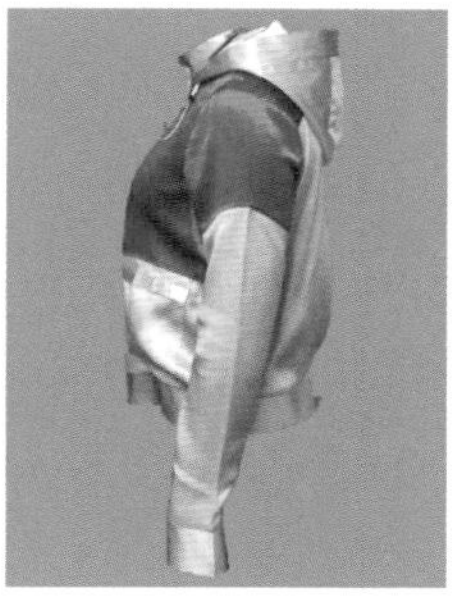	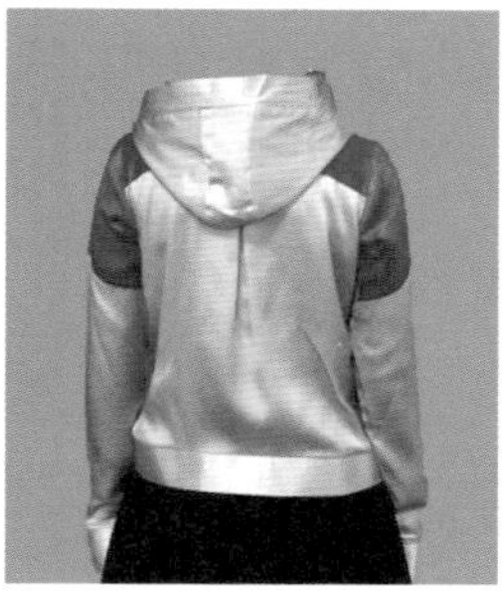
1-3		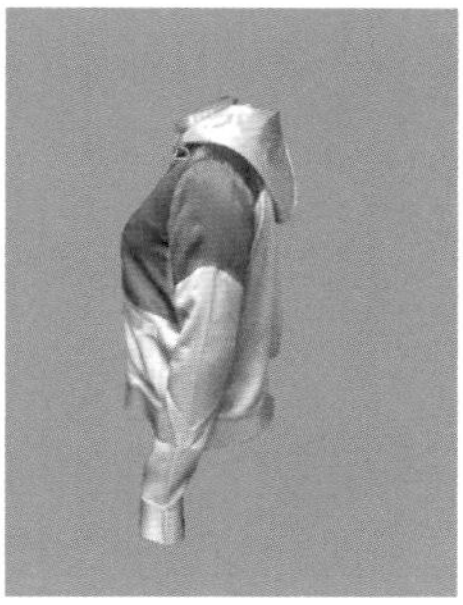	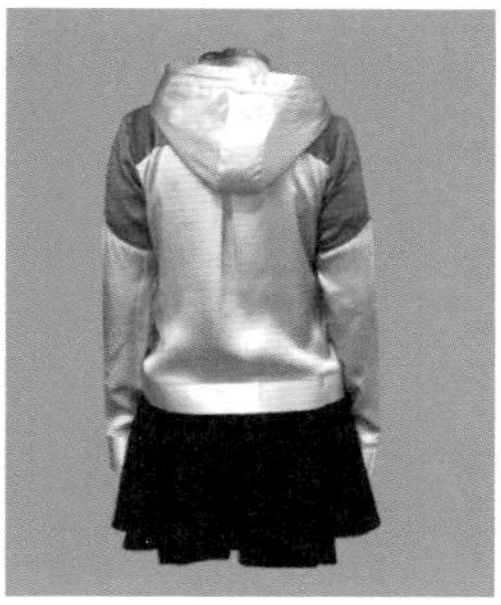
1-4	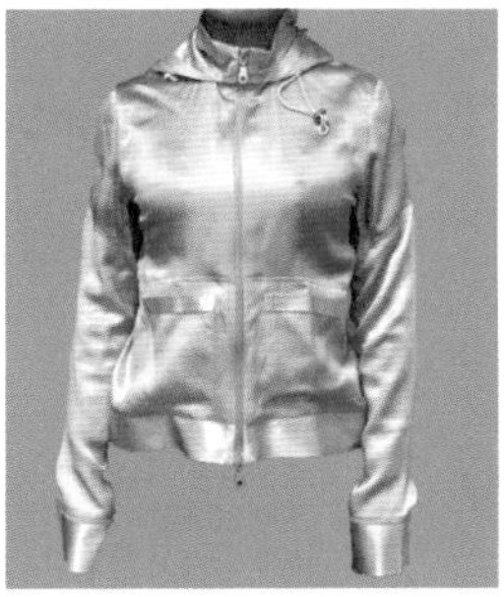	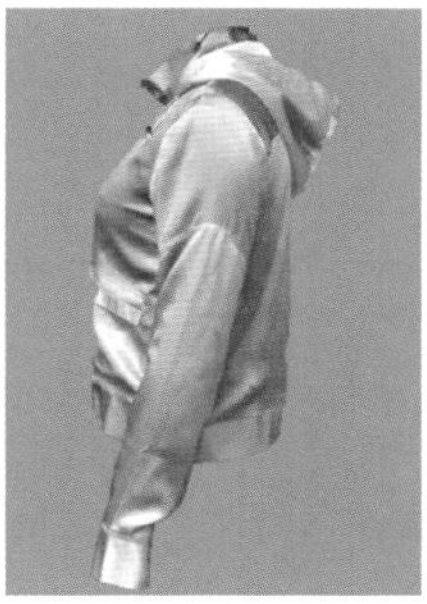	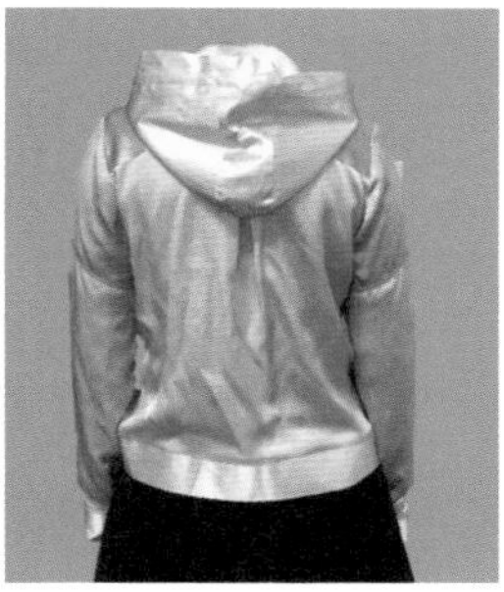

款式编号	正面	侧面	背面
1-5			
4-1			
4-2			
4-3			

款式编号	正面	侧面	背面
4-4			
4-5			

第七节　防晒功能生活装的热湿舒适性评价

目前市购的防晒服紫外线屏蔽率参差不齐。本研究采购了多件防晒服，经过对服装面料的防紫外线性能进行测试，选择一件 UVA、UVB 屏蔽率均达到国家标准95％以上防晒服，与本研究设计制作的款式相近的防晒服进行对比评价，探讨防晒服的热湿舒适性。

一、服装热湿舒适性人体穿着实验准备

（一）实验材料与仪器

1. 实验材料

市购防紫外线效果较好的防晒服及本研究设计制作的防晒服见图 3-46 和图 3-47。市购防晒服为纯涤纶面料。本研究设计制作的防晒服由真丝双宫绸数码印花面料及涤纶网纹面料制作。

2. 实验仪器

Microlog 温湿度记录仪。

图 3-46　购买的防晒服

图 3-47　本研究设计制作的防晒服

3. 实验方法

本实验在北京夏季 12:00~13:00 的时间段内，分别在实验室人体处于比较稳定的状态下，以及户外行走的条件下进行。在两种实验条件下分别进行 6 组实验，每组实验进行时长为 1h。实验过程中实时测量衣内的温度和湿度，取数据稳定最后 5min 的衣内温度与湿度，并记录下受试者对防晒服热湿舒适性的主观评价等级。

二、实验室条件下的实验结果及分析

受试者实验室条件下（温度 28℃ 左右），穿着两件防晒服的衣内温度、湿度测试结果见表 3-20。经 t 检验，受试者在安静状态下，分别穿着本研究设计制作的防晒服与穿着市购防晒服，衣内温度、水汽压无显著差异。衣内相对湿度差异显著（$P<0.01$）。

表 3-20　实验室人体穿着实验样品的衣内温湿度测试结果

服装	衣内参数	1	2	3	4	5	6	平均值	标准差
购买	温度（℃）	35.0	35.3	33.2	30.8	31.6	31.1	33.24	1.71
	相对湿度（%）	38.7	40.5	39.6	28.8	28.7	33.5	34.97	4.92
	水汽压（mmHg）	15.37	16.32	14.50	8.79	10.08	11.74	12.80	2.78
设计制作	温度（℃）	32.8	34.2	32.8	29.4	31.9	32.4	32.25	1.45
	相对湿度（%）	33.3	35.7	34.9	24.9	24.5	31.2	30.75	4.50
	水汽压（mmHg）	13.56	14.71	13.85	5.62	9.53	11.35	11.44	3.12

受试者在实验室静坐状态下，穿着两件防晒服的主观感觉实验结果见表 3-21。本研究设计制作的防晒服相对于购买的防晒服穿着热感、闷感明显降低（$P<0.05$）。在安静状态下均

无湿感。

表 3-21　实验室静坐主观感觉实验数据

实验项目	购买的防晒服	设计制作的防晒服
热感	3.00±0.00	2.17±0.41
闷感	2.80±0.17	2.10±0.17
湿感	1.00±0.00	1.00±0.00

感觉等级 1—2—3—4—5，其中 1 为没有，5 为全部，数值越大，表示感觉越强烈。

受试者在实验室环境下处于安静状态时，人体的代谢产热量约 $58W/m^2$，此时的受试者以潜汗为主。由实验数据可知，由于涤纶面料的透湿性比较差，不能完全满足人体潜汗蒸发的需要，所以购买的防晒服衣内相对湿度稍大，人体的蒸发散热相对较少。而蚕丝和网纹织物的透湿性好，所以本研究设计制作的防晒服衣内相对湿度稍低。因此，即使在安静时，受试者处于潜汗状态下，购买的防紫外线效果好的防晒服在夏季穿着时也不能完全满足人体潜汗蒸发的需要，比本研究设计研发的防晒服有明显的热感、闷感。而本研究所设计制作的防晒服由蚕丝面料拼接而成，且在腋下、兜袋等部位采用网眼面料，有利于衣内水汽向环境散失。由于受试者基本处于潜汗状态下，所以穿着两类防晒服的受试者均无明显的湿感。

三、外出行走条件下的实验结果及分析

受试者外出行走条件下，穿着两件防晒服的衣内温湿度测试结果见表 3-22。经 t 检验，受试者在外出行走状态下，分别穿着本研究设计制作的防晒服与穿着市场购买的防晒服，衣内温度无显著差异。衣内相对湿度、衣内水汽压在数值上差异显著。

表 3-22　外出行走实验衣内温湿度测试结果

服装	衣内参数	1	2	3	4	5	6	平均值	标准差
购买	温度（℃）	32.3	35.2	34.8	31.8	33.3	34.2	33.60	1.25
	相对湿度（%）	45.8	39.7	46.1	30.7	35.6	36.7	39.10	5.52
	水汽压（mmHg）	13.32	12.11	13.97	9.53	12.15	12.35	12.24	1.39
设计制作	温度（℃）	33.5	34.0	33.0	32.0	32.8	32.5	32.97	0.65
	相对湿度（%）	31.3	31.7	25.7	25.2	30.1	31.4	29.23	2.72
	水汽压（mmHg）	9.52	9.72	8.32	8.10	9.03	10.13	9.14	0.73

受试者在外出行走状态下，穿着两件防晒服的主观感觉实验结果见表 3-23。本研究设计制作的防晒服相对于购买的防晒服穿着湿感无显著差异，但热感、闷感明显降低（$P<0.05$），由于外出行走时代谢产热较多，受试者无论穿着哪类防晒服都需要大量出汗进行

蒸发散热。

表3-23 外出行走条件下主观感觉实验数据

实验项目	设计制作的防晒服	设计制作的防晒服
热感	4.00±0.00	3.00±0.25
闷感	5.00±0.00	2.25±0.50
湿感	4.00±0.00	3.25±0.50

感觉等级1—2—3—4—5，其中1为没有，5为全部，数值越大，表示感觉越强烈。

受试者在外出行走条件下，人体的代谢产热量约为$130W/m^2$，相对于安静状态下代谢产热较高，此时干热散热完全不能满足人体的散热需求，需要通过蒸发散热才能达到人体的热平衡。由实验数据可知，两款实验样品衣内温度、湿度相比安静状态下都有明显的升高，大量热量需要通过蒸发散热向环境散失，人体出汗较多。购买的防晒服衣内相对湿度较大，人体通过蒸发散热较少，在夏季穿着时热湿舒适感差。本研究设计开发的防晒服由于款式结构及面料的优化，夏季外出行走时衣内相对湿度较小，衣内水汽相对较容易向环境散失。

四、本节小结

经过购买防晒服与本研究设计制作的防晒服在静坐和行走两种状态下的热湿舒适性实验及主观评价实验结果，分析得出以下结论。

（1）在实验室静坐条件下，购买的防晒服与本研究设计制作的防晒服穿着都较舒适。衣内温度、水汽压无显著差异；热感、闷感、湿感不明显。购买的防晒服的衣内湿度相对较大。

（2）在外出行走条件下，人体代谢产热量增加，人体出现出汗现象。两件防晒服衣内温度无显著差异；衣内湿度有较大差异，购买的防晒服衣内湿度相对较大，人体出汗更多，热湿舒适性较差；热感、闷感及湿感明显。本研究设计制作的防晒服衣内湿度相对较小，热感、闷感及湿感相对于购买的防晒服显著降低。

⊕ 本章总结

本章针对颜色对织物的防紫外线效果进行研究。课题选择了适合夏季穿着的轻薄型棉、丝、涤纶三种面料，通过数码印花的方式，得到HSV、RGB、CMYK三种颜色模式下的实验样品，并测量不同样品织物的防紫外线效果；并针对棉、丝、涤纶织物在HSV、RGB、CMYK三种颜色模式下，各颜色分量对织物防紫外线性能的影响进行探讨，得到结论如下。

（1）染色后织物的防紫外线效果明显增强，且与对可见光的吸收规律不同。各颜色模式下，UVA、UVB屏蔽率随着各颜色分量的变化呈现出一定的变化规律，且UVA、UVB屏蔽率变化规律相似。棉织物在红色、黄色、绿色、蓝紫色时，防紫外线效果较好；丝织物在红色、绿色、蓝紫色时，防紫外线效果较好；涤纶织物在红色、绿色、紫色时，防紫外线效果较好。

（2）在HSV模式下，UVA、UVB屏蔽率随着颜色色相的变化有一定的变化规律；在不同的色相下随着明度的增加而减小，随着饱和度的增加而增加；色相和明度对UVA、UVB屏蔽率的影响较大，饱和度的影响相对较小。

（3）在RGB模式下，UVA、UVB屏蔽率随着R、G、B的增加有一定的变化规律。UVA、UVB屏蔽率随G的增加呈下降趋势，但下降较缓慢；随B、R的增加呈下降趋势，且在B=128时，屏蔽率有明显的增加趋势。由此可知，G对紫外线屏蔽率的影响较小，B、R对紫外线屏蔽率的影响较大。

（4）在CMYK模式下，UVA、UVB屏蔽率随着C、M、Y、K的增加有一定的变化规律。UVA、UVB屏蔽率随C、K的增加呈增加趋势；随M、Y的增加基本不变，基本为水平状态。M、Y对紫外线屏蔽率的影响较小，C、K对紫外线屏蔽率的影响较大。

经过查阅文献、市场调研得知功能性服装的款式结构设计需求及局部结构设计，课题针对日常生活所需防晒服设计了5款款式结构不同的防晒服。另外，结合面料实验及流行趋势调研，对防晒服的颜色搭配等进行设计，并对样衣进行制板、坯布制作、板型修改、成品制作等一系列实验，得到了不同颜色搭配的防晒服32件。

对研究设计开发的防晒服装与市场上的防晒服进行防紫外线、热湿舒适性、主观评价实验测试。选择了市场上不同颜色、款式、价格的7款防晒服，测试了7款防晒服的紫外线透过率，结果表明：仅有2件符合国家标准GB/T 18830—2009《纺织品 防紫外线性能的评定》中规定的T（UVA）<5%。选择市场上购买的防晒效果较好的防晒服与课题设计制作的防晒服，在实验室静坐及外出行走两个不同的条件下，进行热湿舒适性实验及主观评价实验。实验结果表明：本课题设计开发的防晒服装的衣内湿度相对较小，热感、闷感及湿感相对于购买的防晒服都显著降低，综合评价结果较好。

◆ 本章参考文献 ◆

［1］李立，白雪涛．紫外线辐射对人类皮肤健康的影响［J］．国外医学（卫生学分册），2008（4）：198-202.

［2］孙晓晨，张放，邵华．紫外线对人体健康影响［J］．中国职业医学，2016（3）：380-383.

［3］张殿义．紫外线伤害皮肤的机理与防护［J］．日用化学品科学，2007（5）：20-22.

［4］Wilson, C. A. Gies, P. H. Niven, B. E. McLennan, A. Bevin, N. K. The Relationship Between UV Transmittance and Color-Visual Description and Instrumental Measurement［J］. Textile Research Journal. Feb2008, Vol. 78 Issue 2, p128-137.

［5］ 叶希韵．紫外线致皮肤光老化研究进展［J］．生物学教学，2015，40（11）：2-5.

［6］ Gabrijelčič, Helena Urbas, Raša Sluga, Franci Dimitrovski, Krste. Influence of fabric constructional parameters and thread colour on UV radiation protection［J］. Fibres & Textiles in Eastern Europe. Jan-Mar2009, Vol. 17 Issue 1, p46-54.

［7］ 钱雯，陈斌．红外线和热对皮肤细胞外基质影响的研究进展［J］．临床皮肤科杂志，2014，43（6）：384-386.

［8］ 胡青梅，景海霞，雷铁池．UVA 及 UVB 诱导人皮肤光生物学反应差异的研究进展［J］．临床与病理杂志，2017，37（1）：199-202.

［9］ 张慧明，王海涛，董银卯，等．紫外线诱导皮肤过敏的损伤类型和机理［J］．香料香精化妆品，2010（1）：42-45.

［10］ 李春雨，张丽宏，张宁，等．紫外线诱导皮肤光老化的形成机制［J］．中国美容医学，2009，18（3）：416-419.

［11］ 中华人民共和国国家质量监督检验检疫总局，中国国家标准化管理委员会．GB/T 18830—2009 纺织品　防紫外线性能的评定［S］．北京：中国标准出版社，2009：1-4.

［12］ 寇勇琦，段亚峰，党旭艳．防紫外线功能性纺织品的技术机理与应用［J］．国外丝绸，2009（1）：30-32.

［13］ 来侃，孙润军．防紫外线服装防护性能指标及测试方法的比较研究［J］．西安工程科技学院学报，2004（1）：1-7.

［14］ 孙建一，杨成丽，王盼文．纺织品紫外线防护性能测试方法和测试仪器［J］．山东纺织经济，2005（6）：77-79.

［15］ 杨慧娟．防晒功能生活装的研究和设计实验［D］．上海：东华大学，2014.

［16］ 杜艳芳，裴重华．防紫外线纺织品的研究进展［J］．针织工业，2007（9）：23-27.

［17］ I. ALGABA, A. RIVA, P. C. CREWS. 纤维种类和织物孔隙度对夏季织物紫外线防护系数的影响［J］．中国纤检，2010（15）：78-82.

［18］ 李红，郑来久．影响亚麻织物抗紫外线性能的因素分析［J］．大连工业大学学报，2008（2）：180-182.

［19］ 张婉婉．织物抗紫外线整理的研究［A］．中国纺织工程学会．2014 全国染整可持续发展技术交流会论文集［C］．北京：中国纺织工程学会：2014：5.

［20］ 王健宁．纺织品抗紫外整理剂的开发与应用研究［D］．上海：东华大学，2006.

［21］ 杨燕燕．涤纶用新型紫外吸收剂的制备及应用研究［D］．上海：东华大学，2011.

［22］ 黄晨，杨甫生，王红，等．棉织物的纳米 TiO_2 与 SiO_2 抗紫外线整理［J］．纺织学报，2006（8）：12-15.

［23］ 周永凯，赵莉，胡羽轩，等．棉织物的抗紫外线性能评价［J］．纺织导报，2004（5）：134-138，148.

［24］ 董媛媛．棉织物防紫外线整理的研究［D］．大连：大连工业大学，2008.

［25］ 戴静．夏季纯棉针织面料的抗紫外线整理及性能研究［D］．上海：东华大学，2015.

［26］ 李昕．纺织品的防紫外线辐射整理［J］．天津纺织科技，2004（3）：14-20.

［27］ 汪青．溶胶—凝胶技术在纺织品多功能整理中的应用［D］．上海：东华大学，2010.

［28］ 陈志华．转光剂的合成及其在纺织抗紫外中的应用研究［D］．苏州：苏州大学，2012.

［29］ 张朋．抗紫外线活性染料的研究［D］．大连：大连理工大学，2007.

［30］杨洋，孙岩峰．含二苯甲酮结构抗紫外线分散染料中间体的合成［J］．大连工业大学学报，2010
（3）：230-234.

［31］梁铨廷．物理光学［M］．北京：电子工业出版社，2012：38-43.

［32］薛松．有机结构分析［M］．合肥：中国科学技术大学出版社，2005：322-347.

［33］房宽峻．数字喷墨印花技术（三）［J］．印染，2006（20）：40-43.

第四章 乒乓球运动 T 恤

　　在我国乒乓球运动是一项开展较早、影响范围较大、适合人群较广的大众运动项目。特别是 2008 年奥运会之后更是掀起了"国球"的运动风潮。目前市场上乒乓球服装的品牌主要有中国的李宁、瑞典的斯帝卡（Stiga）、日本的蝴蝶（Butterfly）、TSP、德国的多尼克（Donic）等[1][2]。在研究领域，除了少数几篇文章仅从材料角度研究了乒乓球服装面料的舒适性外，对于乒乓球运动服装的其他构成因素的研究仍是空白。我们在观看乒乓球比赛时，会注意到运动员在赛场上经常往上撸袖子，从这就不难看出，目前乒乓球运动服装的造型并没有很好地服务于运动员，在造型设计上可能存在问题。因此，针对乒乓球运动服装的研究上存在的不足，从服装的款式结构角度进行研究显得尤为重要。由于乒乓球运动的活动部位集中在动作较多的上肢，而且运动员在比赛过程中擦汗的时间是有严格限制的，袖子可以起到帮助运动员擦汗的作用，所以乒乓球运动服装不能像篮球运动服那样做成无袖款式。对于乒乓球运动服装的结构设计而言，袖型结构是关键。此外，不断推出的新型面料具有比较好的吸湿排汗性能，但服装的热湿舒适性是由面料与服装款式结构综合作用的结果[3][4]，仅仅调整面料是不全面的。因此，本章从乒乓球服装的袖型结构、服装的宽松度对热湿舒适性的影响，以及乒乓球运动 T 恤设计等方面对乒乓球运动服装进行探讨。

第一节　乒乓球服装袖型结构的运动功能性研究

　　随着乒乓球运动的发展，穿着运动舒适性较好的乒乓球服无疑成为很多乒乓球运动员和爱好者的诉求。乒乓球运动者借助腰、脚等部位的辅助发力，最终需要通过上肢动作来完成各种击球环节，因而服装的变形也多产生在腋下、肩部、袖子处。另外，由于乒乓球比赛规则的改变，运动员不能随意到场边拿毛巾擦汗，所以可以看到在比赛时运动员常用袖子擦去脸上的汗水。无论业余或专业比赛，袖子已成为运动员擦汗的工具，这说明乒乓球运动服装袖型结构的运动功能性是影响乒乓球运动服装舒适性的关键因素之一[5][6]。本节设计制作了袖型不同、衣身板型相同的 9 组乒乓球服，并通过多名受试者着装实验进行了乒乓球服装袖型结构的运动功能性研究。

一、乒乓球服装板型设计及袖型变化原理
（一）乒乓服装板型设计
根据相关文献研究，我国乒乓球运动员的平均身高为 172.41±5.28cm，净胸围 87.382±

5.25cm。所以本节采用 170/90 的号型为这次实验服装的号型。目前市场上的乒乓球服袖型包括两种：缩袖和插肩袖。由于前人研究表明，与插肩袖相比，乒乓球运动服装采用缩袖的运动舒适感和外观效果均较好，所以在本节研究中袖型结构采用的是缩袖袖型[7]。实验服装板型图如图 4-1 所示，采用的是比例制图法。考虑到乒乓球运动上肢的动作变化很多而且幅度大，本实验中的样衣胸围加放量为 14cm，腰围与胸围相等。因为乒乓球服装的廓形宽松，故将其胸宽近似等于背宽。

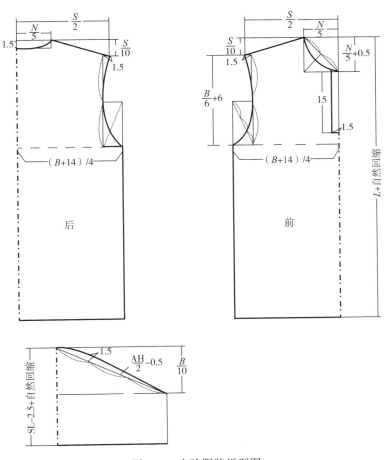

图 4-1　实验服装板型图

（二）袖型变化原理

袖型的变化主要由袖肥、袖山高、袖窿深及袖窿宽决定。本研究中，袖山高是固定值 $B/10$，即 9cm。所以本研究中袖型的变量为袖肥、袖窿深和袖窿宽。人体的手臂近似于一个圆柱体，故其横截面近似于一个圆的平面。臂围即是这个圆的周长，这个圆的半径就是袖肥变化的基础恒定量。所以取实验者自肩点沿手臂向下 20cm 处的围度作为基本值，通过计算求得此处围度对应的手臂截面半径的值，通过增加半径的值 ΔR 逐渐增加袖肥的值，进而达到袖窿的变化。经测量，自实验者上臂向下 20cm 处的围度平均值为 30cm，故通过圆的周长公

式 $D = 2\pi R$ 求得此处的半径 R 近似等于 4.8cm。为了保证活动量，在此基础上增加 $\Delta R = 1.5$cm 来增加袖肥的量，即 $R = 6.3$cm，以此作为基本尺寸，然后在基本尺寸的基础上逐一增加放量 0.5cm。正常人体的净袖窿深近似为 $B/6$，但为了保证活动至少要加 2cm 的活动量，因此本次实验人体最小袖窿深为 $B/6+2$，然后在此尺寸的基础上逐一增加放量 1cm。因为人体与袖窿相对应的部位近似于一个椭圆，故在这里将袖窿形状近似看作一个椭圆。袖窿深看作椭圆的长轴，袖窿宽看作椭圆的短轴，根据椭圆的周长公式 $L = 2\pi b + 4 \ (a-b)$，在确定了袖窿深的长度后可求出袖窿宽的值。经了解，市场现有的乒乓球服袖长普遍在 20cm 左右，所以实验中所用成衣的袖长采用 20cm。本研究共设计了 9 种袖型，各袖型尺寸数据如表 4-1 所示。

表 4-1　袖型尺寸数据表　　　　　　　　　　　　　　单位：cm

项目	袖型编号								
	1#	2#	3#	4#	5#	6#	7#	8#	9#
ΔR	1.5	1.5	2.0	2.5	2.5	3.0	3.5	3.5	4.0
R	6.3	6.3	6.8	7.3	7.3	7.8	8.3	8.3	8.8
袖肥	39.6	39.6	42.7	45.8	45.8	49.0	52.1	52.1	58.1
AH 值	43.5	43.5	46.3	49.3	49.3	52.2	55.1	55.1	58.1
袖窿深	17.0	18.0	18.0	19.0	20.0	20.0	21.0	22.0	22.0
袖窿宽	8.3	6.5	9.1	9.9	9.6	10.7	11.5	9.8	7.1

二、实验设计

（一）实验方法

本次实验需要受试者穿着实验用服装模拟一系列乒乓球技术动作，并感受袖型的运动功能性，然后凭借个人的主观感受填写主观感觉调查问卷。操作过程中不向实验者透露试穿成衣的尺寸数据。并且为避免受试者因多次做相同动作造成肌肉疲劳等因素对实验结果的影响，每位受试都需要进行多天多次的试穿评价实验，每种服装需实验 20 人次以上。

（二）实验者条件

实验者为具有一定乒乓球运动基础的选手或爱好者，身高符合我国乒乓球运动员的平均水平，能够熟练、自然地做出各种乒乓球技术动作，并能准确做出主观判断。

（三）主观感觉调查问卷

结合乒乓球运动特点，主要将乒乓球运动中的发球、攻球、拉球等动作作为实验的主要研究动作，根据这些动作设计了与运动功能性相关的四个问题，分别是：①束缚感，即穿着服装做出各个动作时袖子部分对手臂的束缚感及阻碍程度，根据运动过程中束缚感的强烈程度分级："1"表示没有束缚感，"2"表示有轻微束缚感，"3"表示有明显束缚感。②擦汗感，即用袖子做出擦汗动作时的方便程度，评定标准分为三档："1"表示不方便，"2"表示比较方便，"3"表示方便。③美观感，从审美角度分级，分别为："1"表示不美观，"2"表示略不美观，"3"表示美观。④肥度感，即做挥拍等幅度较大的乒乓球运动动作时是否感觉袖子部分过于肥大，分为三档："1"表示袖肥较小，"2"表示袖肥适中，"3"表示袖肥偏大。

三、实验结果与讨论

（一）束缚感实验结果与分析

9 种袖型束缚感实验数据见表 4-2，9 种袖型束缚感均值变化折线见图 4-2。可以看出，实验者穿着 1#、2#、3#袖型的服装进行实验时袖子处能感受到明显的束缚感，而穿着 4#到 9#袖型的服装时袖子处几乎没有束缚感，所以从束缚感方面来看，4#到 9#这五种袖型比较符合乒乓球运动的要求。下面从袖肥和袖窿深两个方面进行分析。

表 4-2　束缚感数据

袖型编号	束缚感	袖型编号	束缚感	袖型编号	束缚感
1#	2.536±0.458	4#	1.107±0.213	7#	1.000±0.000
2#	1.893±0.525	5#	1.071±0.267	8#	1.071±0.182
3#	1.571±0.616	6#	1.036±1.134	9#	1.000±0.000

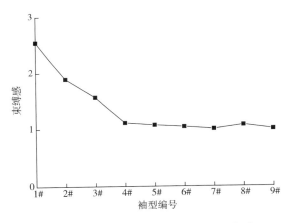

图 4-2　9 种袖型束缚感均值变化折线图

1. 袖肥相同，袖窿深不同

从表 4-1 可以看出，1#与 2#、4#与 5#、7#与 8#的袖型结构都是袖肥相同，袖窿深相差为 1cm，袖窿宽不同。通过 t 检验得出，穿着 1#与 2#袖型服装时的束缚感有显著差异（$p < 0.01$），1#的束缚感大于 2#，4#与 5#、7#与 8#无显著差异。这说明在袖肥较小（39.6cm）时，袖窿深相差 1cm 对运动束缚感有显著影响，并且袖窿深较小的束缚感较强。而当袖肥适中（45.8cm）或较大（52.1cm）时，袖窿深相差 1cm 对运动束缚感无显著影响。

2. 袖窿深相同，袖肥不同

从表 4-1 可以看出，2#和 3#、5#与 6#、8#与 9#的袖型结构都是袖窿深相同，袖肥半径相差 0.5cm。通过 t 检验，得出 2#和 3#、5#与 6#、8#与 9#的束缚感都无显著差异，这说明在袖窿深相同时袖肥半径相差 0.5cm，对运动束缚感无显著影响。

（二）擦汗感实验结果与分析

9种袖型擦汗感实验数据见表4-3，9种袖型擦汗感均值变化折线见图4-3。可以看出，袖型1#和2#不方便擦汗，3#到9#比较方便擦汗，都能满足擦汗需求，但方便程度不同，3#、4#、5#、6#方便程度较低，7#、8#、9#方便程度较高。

表4-3 擦汗感数据

袖型编号	擦汗感	袖型编号	擦汗感	袖型编号	擦汗感
1#	1.214±0.426	4#	2.357±0.535	7#	2.643±0.497
2#	1.464±0.458	5#	2.464±0.692	8#	2.786±0.378
3#	1.929±0.550	6#	2.143±0.413	9#	2.750±0.510

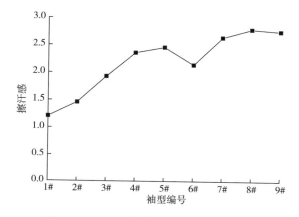

图4-3 9种袖型擦汗感均值变化折线图

1. 袖肥相同，袖窿深不同

通过 t 检验得出，1#和2#的擦汗感有显著差异（$p<0.05$），2#的擦汗方便程度明显大于1#，4#与5#、7#与8#无显著差异。这说明在袖肥较小（39.6cm）时，袖窿深相差1cm对擦汗感有显著影响，并且袖窿深较大的擦汗方便程度感较高。而当袖肥适中（45.8cm）或较大（52.1cm）时，袖窿深相差1cm对擦汗感无显著影响。

2. 袖窿深相同，袖肥不同

通过 t 检验得出，2#和3#的擦汗感有显著差异（$p<0.05$），3#的擦汗感方便程度明显大于2#，5#与6#、8#与9#的擦汗感都无显著差异。这说明当袖型结构在袖窿深较小（18cm）时，袖肥半径相差0.5cm对擦汗感有显著影响，并且袖肥半径较大的擦汗感方便程度较高。在袖窿深适中（20cm）或较大（22cm）时，袖肥半径相差0.5cm对擦汗感无显著影响。

（三）美观感实验结果与分析

9种袖型美观感实验数据见表4-4，9种袖型美观感均值变化折线见图4-4。可以看出，袖型1#、2#、3#美观程度高，在美观感觉等级中接近美观，4#、5#、6#的美观程度略低，在美观感觉等级中接近略不美观，7#、8#、9#的美观程度最低，在美观感觉等级中接近不美观。

表 4-4　美观感数据

袖型编号	擦汗感	袖型编号	擦汗感	袖型编号	擦汗感
1#	2.929±0.267	4#	2.179±0.421	7#	1.464±0.634
2#	2.821±0.372	5#	1.893±0.289	8#	1.214±0.545
3#	2.714±0.426	6#	1.536±0.414	9#	1.143±0.535

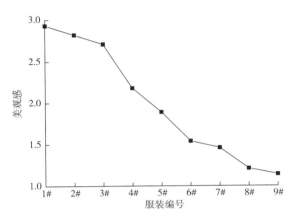

图 4-4　9 种美观感均值变化折线图

1. 袖肥相同，袖窿深不同

通过 t 检验得出，1# 与 2#、7# 与 8# 的美观感无显著差异，4# 与 5# 的美观感有显著差异（$p<0.05$），4# 的美观程度高于 5#。这说明在袖肥较小（39.6cm）或袖肥较大（52.1cm）时，袖窿深相差 1cm 对美观感无显著差异；在袖肥适中（45.8cm）时，袖窿深相差 1cm 对美观感有显著影响，且袖窿深较小的美观程度较高。

2. 袖窿深相同，袖肥不同

通过 t 检验得出，2# 与 3#、8# 与 9# 的美观感无显著差异，4# 与 5# 的美观感有显著差异（$p<0.05$），并且 4# 的美观程度明显高于 5#。这说明袖型结构在袖窿深较小（18cm）或袖窿深较大（22cm）时，袖肥半径相差 0.5cm 对美观感无显著影响；在袖窿深适中（20cm）时，袖肥半径相差 0.5cm 对美观感有显著影响，并且袖肥半径较小的美观程度较高。

（四）肥度感实验结果与分析

9 种袖型肥度感实验数据如表 4-5 所示，9 种袖型肥度感均值变化折线图如图 4-5 所示。可以看出，1#、2#、3# 和 4# 袖型的袖肥较小，5#、6#、7# 袖型基本适中，8#、9# 袖型偏大。

表 4-5　肥度感数据

袖型编号	擦汗感	袖型编号	擦汗感	袖型编号	擦汗感
1#	1.000±0.000	4#	1.464±0.720	7#	2.357±0.663
2#	1.071±0.182	5#	1.964±0.603	8#	2.679±0.464
3#	1.071±0.182	6#	2.286±0.508	9#	2.929±0.267

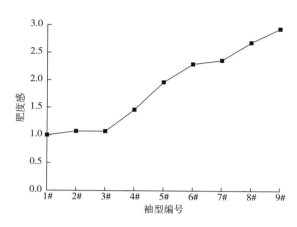

图 4-5　9 种肥度感均值变化折线图

1. 袖肥相同，袖窿深不同

通过 t 检验得出，1# 与 2# 的肥度感无显著差异，4# 与 5# 有显著差异（$p<0.01$），7# 与 8# 有显著差异（$p<0.02$），并且 5# 的肥度感明显大于 4#，8# 的肥度感明显大于 7#。这说明在袖肥较小（39.6cm）时，袖窿深相差 1cm 对袖子肥度感无显著差异；在袖肥适中（45.8cm）或袖肥较大（52.1cm）时，袖窿深相差 1cm 对袖子的肥度感有显著影响，且袖窿深较大的袖子肥度感较大。

2. 袖窿深相同，袖肥不同

通过 t 检验得出，2# 与 3#、5# 与 6# 的肥度感无显著差异，8# 与 9# 的肥度感有显著差异（$p<0.05$），且 9# 的肥度感明显大于 8#。这说明袖型结构在袖窿深较小（18cm）或袖窿深适中（20cm）时，袖肥半径相差 0.5cm 对袖子肥度感无显著影响；在袖窿深较大（22cm）时，袖肥半径相差 0.5cm 对袖子肥度感有显著影响，并且袖肥半径较大的袖子肥度感较大。

（五）聚类分析

在本实验中，主观感觉测试项主要设置了四项：束缚感、擦汗感、美观感、肥度感。根据以上四项主观感觉测试结果进行样本聚类，聚类过程见表 4-6，其中阶是聚类步序号，群集 1 和群集 2 是该步被合并的 2 类中的观测量号，系数是距离测度值，表明观测量的不相似性的系数。首次出现阶群集是合并的两项第一次出现的聚类步序号，群集 1 和群集 2 值均为 0 的是两个观测量合并，其中一个为 0 的是观测量与类合并，两个均为非 0 值的是两类合并，表 4-7 是聚类结果，共分为三类，从中可以看出各观测量分别分到三类中的哪一类。图 4-6 是聚类树形图。通过该聚类分析可以把 9 种袖型分为 3 类，其中 1#、2#、3# 是一类，这类特点是有明显束缚感、不方便擦汗，美观感度高，肥度小；4#、5# 是一类，这类特点是有较弱束缚感、较方便擦汗，略不美观，肥度适中；6#、7#、8#、9# 是一类，这类特点是无束缚感、方便擦汗，不美观，肥度偏大。

表 4-6　聚类过程表

阶	群集组合		系数	首次出现阶群集		下一阶
	群集 1	群集 2		群集 1	群集 2	
1	8	9	0.074	0	0	5
2	6	7	0.263	0	0	5
3	2	3	0.335	0	0	6
4	4	5	0.346	0	0	7
5	6	8	0.565	2	1	7
6	1	2	1.007	0	3	8
7	4	6	1.499	4	5	8
8	1	4	5.645	6	7	0

表 4-7　聚类结果

案例	3 群集	案例	3 群集
1：1#	1	6：6#	3
2：2#	1	7：7#	3
3：3#	1	8：8#	3
4：4#	2	9：9#	3
5：5#	2		

重新调整距离聚类合并

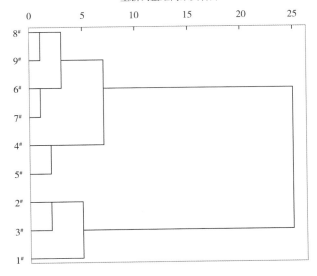

图 4-6　聚类树形图

由于乒乓球服对运动舒适性要求较高，所以束缚感较明显的 1#、2#、3#袖型运用于乒乓球服是不合理的。而 6#、7#、8#、9#虽然没有束缚感，擦汗方便程度也高，但是肥度太大，并且不美观，所以也不是乒乓球服的最佳之选。4#和 5#的各项性能比较适中，比较适合做乒乓球服的袖型。但是从前面分析可以看到，4#和 5#在束缚感和擦汗感方面无显著性差异，美观感方面 4#的美观程度明显高于 5#，肥度感方面 4#明显小于 5#，所以 4#袖型的运动功能性最好，是适合做乒乓球服袖型的最佳袖型，该袖型的袖肥为 45.8cm，袖窿深为 19cm，袖窿宽为 9.9cm。

四、本节小结

本节分析和研究了乒乓球服袖型结构差异对运动功能性的影响。通过对实验数据的分析总结如下。

（1）乒乓球服袖型结构的不同对其运动功能性有较大的影响，并且袖窿深的不同以及袖肥的不同皆会影响到袖子的运动功能性。针对 170/90 号型乒乓球运动服，当袖肥为 45.8cm、袖窿深为 19cm 时袖型运动功能性最好。

（2）通过聚类分析把针对 170/90 号型乒乓球服设计的 9 种袖型分为了三类，其中 1#、2#、3#是一类，这类特点是肥度小、有明显束缚感、不方便擦汗，但美观度高；4#、5#是一类，这类特点是肥度适中、有较弱束缚感、较方便擦汗，略不美观；6#、7#、8#、9#是一类，这类特点是肥度偏大、无束缚感、方便擦汗，不美观。

（3）本节的研究主要针对 170/90 服装，针对其他号型还需进一步研究，从而总结出从事乒乓球运动的不同体型人的最佳袖型尺寸。

第二节 服装宽松度对乒乓球运动 T 恤热湿舒适性的影响

本章第一节主要探讨了乒乓球服装袖型结构的运动功能性的关系。服装的热湿舒适性是影响运动服舒适性的一项重要指标，影响热湿舒适性的因素有很多，服装宽松度就是其中一项。本节主要探讨运动 T 恤大身围度与服装热湿舒适性的关系。

关于宽松度对服装热湿舒适性的影响前人做了一些研究。Mccullough 等在风速较小的环境下用暖体假人测试了不同宽松度的裤子的热阻，得到的结果是宽松度大的裤子比宽松度小的裤子热阻大，保暖性好[8]。东华大学研究人员用暖体假人测试了不同宽松度的三种面料的短上衣在有风和无风条件下的热阻和湿阻，发现在较小的宽松度范围内，热阻和湿阻都随着宽松度变大而变大，在较大的宽松度范围内，热阻和湿阻随着宽松度变大而变小，但无风和有风的条件下热阻和湿阻达到最大值时的服装宽松度大小不一样[9]。北京服装学院研究人员采用暖体假人等实验方法研究了服装款式特征与服装热阻的关系，得到了服装宽松度、服装覆盖度、服装开口度对服装热阻的影响结果[10]，从以上研究内容可以发现他们的研究都是采用暖体假人进行的测试，没有对人体穿着服装时的生理指标和主观感觉指标进行测试。本节从乒乓球运动 T 恤的宽松度入手，采用人体着装实验，通过测试热湿舒适性生理指标和主观感觉评价研究衣身宽松度对运动 T 恤热湿舒适性的影响。

一、实验方案

（一）实验服装

实验服装为 5 件面料和款式相同，号型不同的运动短袖 T 恤。5 件 T 恤的长度相同，胸围不同，面料规格与性能见表 4-8，实验服装胸围尺寸见表 4-9。

表 4-8　面料规格与性能

项目	结果	项目	结果
面料成分	100%吸湿排汗涤纶	透气率（mm/s）	486.68
组织结构	纬编平针组织	透湿量（g/m²·24h）	9508.846
厚度（mm）	0.357	热阻值（clo）	0.14
单位重量（g/cm²）	0.015	保温率（%）	10.45

表 4-9　实验服装胸围尺寸

服装编号	号型	胸围（cm）	服装编号	号型	胸围（cm）
1#	160/80A	90	4#	175/92A	102
2#	165/84A	94	5#	180/96A	106
3#	170/88A	98			

（二）实验环境

实验环境温度为 22±1℃，相对湿度为 60±2%，风速小于 0.1 m/s，并在实验过程中保持不变。

（三）受试者

本次实验受试者为 6 名，年龄为 22±2 岁，为了降低受试者个体差异对实验结果的影响，所找 6 名受试者的人体尺寸比较接近，如表 4-10 所示。首次实验前，告知受试者实验目的，并进行预实验。实验前 10h 内不允许做剧烈运动，实验期间不允许饮水或进食。

表 4-10　受试者人体尺寸

单位：cm

身高	胸围	腰围	臀围
165.0±3.6	90.2±0.7	78.1±2.2	91.8±3.1

（四）实验内容

6 名受试者分别穿着 5 件 T 恤，并对每件运动 T 恤重复实验 5 次。本实验共分为静止—快走—快跑—慢走四个阶段，测试内容包括生理指标测试和主观感觉评价测试。

测试的生理指标包括：平均皮肤温度、衣内温度、衣内湿度。其中平均皮肤温度是服装工效学的重要生理指标之一，它不仅可以反映受试者的热紧张程度，同时还可以判断人体通过服装与环境之间热交换的关系。本实验测试平均皮肤温度采用的方法是 ISO 平均皮肤温度测量方法中的 8 点测试法，以面积加权方式计算受试者的平均皮肤温度。此外，与服装热湿舒适性密切相关的是人体与衣服之间的微气候，即衣内微气候。通过测试衣内温度和衣内湿度两项指标，可以反映人体与服装之间微气候的热湿状况。

本实验中，主观感觉评价采用的感觉等级为 5 级，即 1—2—3—4—5，其中，1 表示完全没有，5 表示全部，主观感觉指标包括黏感、凉感、热感、闷感、湿感、合体感。

（五）实验仪器

实验用仪器如表 4-11 所示，其中多通道生理测温仪用来测试平均皮肤温度，Microlog 温湿度测试仪用来测试衣内温度和湿度。

表 4-11　实验仪器一览表

仪器名称	生产厂家	型号
Microlog 温湿度测试仪	以色列 Fourier 系统公司	EC600
跑步机	美国模斯	GZ8630
多通道生理测温仪	北京赛斯瑞泰科技有限公司	BXCIII
温湿度表	北京市亚光仪器有限责任公司	JWS-A5

（六）实验步骤

本实验整个运动过程分为 10min 静坐，20min 快走，20min 快跑，10min 慢走四个测试阶段，共用时 60min。快走速度为 4km/h，快跑速度为 6km/h，慢走速度为 2.5km/h。

（1）安装多通道生理测温仪并佩戴 Microlog 温湿度测试仪，设置间隔 15s 自动记录平均皮肤温度及衣内温、湿度；静坐 10min 后记录主观感觉评价等级。

（2）受试者上跑台以 4km/h 的速度，快走 20min，每隔 10min 记录一次主观感觉评价等级。

（3）受试者以 6km/h 的速度快跑 20min，每隔 10min 记录一次主观感觉评价等级。

（4）受试者以 2.5km/h 的速度慢走 10min 后记录主观感觉评价等级。

二、实验结果与讨论

（一）平均皮肤温度

人体与外界环境热交换大部分是通过皮肤完成的，皮肤温度对体温调节起着非常重要的作用。尤其是在人体运动时量蓄热，在与外界环境进行热交换的过程中，皮肤温度可以作为一项反映出人体热紧张程度的重要指标。因此，皮肤温度可以作为研究服装热湿舒适性的一项测试指标。受试者穿着 5 件服装在各个阶段的平均皮肤温度数据表见表 4-12，其变化曲线见图 4-7。通过 t 检验得出，在静止阶段 5 件服装的平均皮肤温度无显著差异，在小运动量状态即 4km/h 快走阶段，3# 服装的平均皮肤温度最低，其他 4 件服装无显著差异。在大运动量状态即 6km/h 快跑阶段的前 10min，5 件服装无显著性差异，后 10min，3#服装的平均皮肤温度最低，其他 4 件服装无显著差异。在恢复阶段即 2.5km/h 慢走阶段，1#和 4#服装的平均皮肤温度较高，2#、3#、5#的平均皮肤温度较低。可见，在整个实验过程中，宽松度适中的 3#服装平均皮肤温度最低，宽松量较小的 1#服装和宽松量较大的 4#服装的平均皮肤温度较高。从图 4-7 可以看出，5 件服装的平均皮肤温度曲线变化趋势是基本一致的。在静止阶段平均皮肤温度呈上升趋势，这是由于处于静止状态时人体代谢量较小，蒸发散热和对流散热较小，产热大于散热的原因。在快走阶段，平均皮肤温度快速下降又慢慢达到平衡，这是因为运动量的加大使人体代谢量增加，汗液蒸发量增多，蒸发散热增强。另外，人体快走也使对流散热增加，使人体散热大于产热，所以平均皮肤温度下降；随着运动的进行，产热与散热达到平衡，平均皮肤温度又慢慢趋于稳定。在快跑阶段，平均皮肤温度快速下降又慢慢上升，这是因为在这个阶段由于运动量的增加使人体出现大量液态汗，运动状态的改变使强迫对流增加，汗液很快蒸发，带走大量热量，因此平均皮肤温度迅速下降；由于持续进行大运动量运动，人体继续大量产热，汗液不断集聚，会浸湿服装，堵塞织物空隙，阻碍汗液蒸发，导致蒸发散热下降，所以产热大于散热，使平均皮肤温度又慢慢上升。恢复阶段的平均皮肤温度呈现先升高后降低的趋势，这是因为虽然这个阶段运动量大大降低了，但人体产热不会立即停止，又由于运动状态改变，对流散热下降，所以平均皮肤温度反而会先上升；随着产热的慢慢减少，散热大于产热，平均皮肤温度又慢慢下降。

表 4-12　5 件服装受试者平均皮肤温度　　　　　　　　　　　　单位：℃

阶段	服装编号				
	1#	2#	3#	4#	5#
0~10min	31.90±0.33	31.76±0.37	31.82±0.23	31.85±0.37	31.87±0.28
10~20min	31.48±0.34	31.35±0.41	31.24±0.11	31.41±0.22	31.39±0.58
20~30min	31.54±0.41	31.56±0.49	31.38±0.22	31.57±0.35	31.48±0.48
30~40min	31.07±0.46	30.96±0.70	30.86±0.32	31.05±0.38	30.90±0.37
40~50min	31.51±0.38	31.47±0.81	31.09±0.58	31.51±0.57	31.47±0.59
50~60min	31.97±0.56	31.73±0.66	31.39±0.71	31.87±0.45	31.54±0.39

（二）衣内温度

人体穿着服装时会在人体—服装之间形成与外界气候不同的局部气候即衣内微气候，衣内微气候包括人体皮肤和衣服最外层之间空气层的空气状态，如空气温度、空气相对湿度等。受试者穿着 5 件服装在实验各个阶段的衣内温度数据见表 4-13，其变化曲线如图 4-8 所示。t 检验证明，在静止阶段，1#、4#、5#的衣内温度无显著差异，2#和 3#无显著差异，但宽松度较小和较大的 1#、4#、5#的衣内温度明显高于宽松度适中的 2#和 3#。这是因为静止阶段服装衣内空气向外界环境散热的主要方式是传导散热，宽松度较小时人体与服装之间的空隙较小，传导散热大部分要通过服装进行；而宽松度适中时，人体不仅可以通过服装，还可以通过对

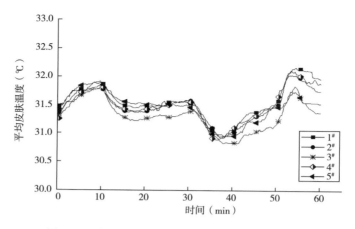

图 4-7 受试者穿着 5 件服装的平均皮肤温度曲线

流散热；但宽松量过大时，由于衣内空气层厚度太大，不利于传导散热。在 4km/h 快走阶段，$1^\#$ 和 $5^\#$ 的衣内温度明显高于 $2^\#$、$3^\#$、$4^\#$，其中 $1^\#$ 和 $5^\#$ 无显著性差异，$2^\#$、$3^\#$、$4^\#$ 无显著差异，这是因为这个阶段的主要散热方式是蒸发散热和对流散热，宽松度较小的服装由于服装和人体空隙较小从而不利于蒸发散热和对流散热，而宽松度较大的服装由于服装的宽松量较大，人体走动时会缠绕在身上，不利于蒸发散热和对流散热。在 6km/h 快跑阶段前 10min，$1^\#$ 和 $2^\#$ 衣内温度明显高于 $3^\#$、$4^\#$、$5^\#$，其中 $1^\#$ 和 $2^\#$ 无显著差异，$3^\#$、$4^\#$、$5^\#$ 无显著差异，后 10min，$1^\#$ 的衣内温度明显高于 $2^\#$、$3^\#$、$4^\#$、$5^\#$，其中 $2^\#$、$3^\#$、$4^\#$、$5^\#$ 无显著差异。在快跑阶段，人体的主要散热方式仍然是对流散热和蒸发散热，但人体跑动会产生"风箱效应"，服装宽松度越大，产生的风箱效应越强烈，越有利于散热，所以宽松度较小的衣内温度较高。在恢复阶段，$1^\#$ 衣内温度明显高于 $2^\#$、$3^\#$、$4^\#$、$5^\#$，其中 $2^\#$、$3^\#$、$4^\#$、$5^\#$ 无显著差异。由此可见，在静止和小运动量状态下，宽松量较小的服装和宽松量较大的服装的衣内温度较高，宽松量适中的衣内温度较低。在大运动量状态和恢复状态时，宽松量较小的服装的衣内温度较高。从图 4-8 可以看出 5 件服装的衣内温度变化趋势是一致的，在整个实验过程中呈现上升趋势，只有在快跑阶段略有下降，这是因为快跑阶段产生的"风箱效应"更加显著。

表 4-13 5 件服装受试者衣内温度   单位：℃

阶段	服装编号				
	$1^\#$	$2^\#$	$3^\#$	$4^\#$	$5^\#$
0~10min	27.23±0.78	26.65±0.96	26.05±1.07	27.53±0.88	27.63±0.80
10~20min	29.46±0.44	29.05±0.72	28.91±0.41	29.13±0.64	29.44±0.29
20~30min	30.09±0.52	29.85±0.74	29.64±0.26	29.49±0.64	29.79±0.37
30~40min	29.65±0.50	29.45±0.47	29.40±0.33	29.14±0.66	29.24±0.49
40~50min	29.39±0.57	28.96±0.49	29.03±0.42	28.83±0.64	28.85±0.53
50~60min	29.60±0.05	29.24±0.31	29.26±0.42	29.12±0.27	29.12±0.33

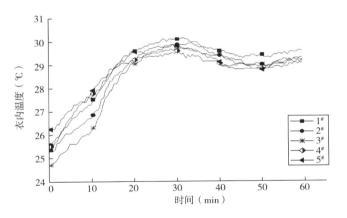

图 4-8　受试者穿着 5 件服装的衣内温度曲线

（三）衣内湿度

相对湿度是表示空气湿度的常用方法，它是空气中实际水分含量与同温度下饱和水分含量的百分比。受试者穿着 5 件服装在实验各个阶段的相对湿度数据见表 4-14，其变化曲线如图 4-9 所示。通过 t 检验得到在静止阶段 1# 和 2# 的相对湿度是最小的，3# 和 4# 的相对湿度是最大的。在 4km/h 快走阶段的前 10min，1# 和 2# 的相对湿度同样是最小的，二者无显著差异，4# 的衣内湿度是最大的，后 10min，2# 的衣内湿度是最小的，4# 的相对湿度是最大的，1#、3# 和 5# 无显著差异。在 6km/h 快跑阶段和恢复阶段，5 件服装的相对湿度无显著差异。在静止和小运动量状态下宽松度小的衣内湿度较小，这可能是由于服装材料是吸湿排汗面料，宽松量小时服装更贴近皮肤，有利于吸湿和放湿的原因。而在快跑阶段和恢复阶段，由于运动量的增加和热量的积蓄导致人体出现大量液态汗，衣内微气候处于一种高湿状态，这时服装宽松度对衣内湿度的影响就没有显著差异了。通过图 4-9 可以看出在整个实验阶段，5 件服装的衣内湿度呈现先下降后上升最后到恢复期又下降的趋势。先下降是因为衣内相对湿度与温度是有关联的，所以为了排除温度的影响，根据相对湿度和衣内温度数据计算得到了 5 件服装的衣内含湿量数据，5 件服装的衣内含湿量变化曲线见图 4-10，由图 4-10 可以看出衣内含湿量在整个实验过程中在恢复期之前一直呈现上升的趋势。

表 4-14　5 件服装受试者衣内相对湿度　　　　　　　　　　单位：%

阶段	服装编号				
	1#	2#	3#	4#	5#
0~10min	65.58±4.94	64.56±4.12	68.19±5.03	69.50±6.86	66.44±3.48
10~20min	61.40±4.70	60.38±4.68	61.65±5.10	64.35±5.98	62.60±4.01
20~30min	62.69±6.94	61.17±5.21	62.00±4.51	65.69±6.66	62.81±4.19
30~40min	72.58±7.72	74.69±6.92	76.02±4.06	75.38±4.54	75.33±4.74
40~50min	80.77±9.58	79.29±4.99	80.65±3.50	80.17±4.24	79.90±5.04
50~60min	80.77±9.58	79.29±4.99	80.65±3.50	80.17±4.23	79.90±5.04

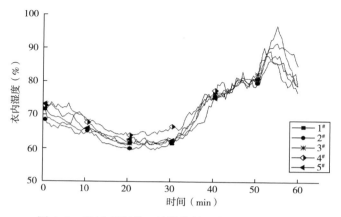

图 4-9　受试者穿着 5 件服装的衣内相对湿度曲线

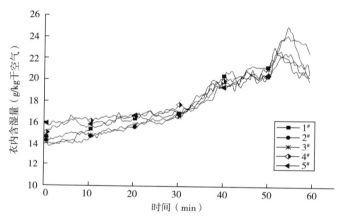

图 4-10　受试者穿着 5 件服装的衣内含湿量曲线

（四）主观感觉评价

受试者穿着 5 件服装在各个阶段的主观感觉变化曲线如图 4-11~图 4-16 所示。

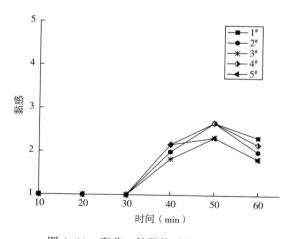

图 4-11　穿着 5 件服装时的黏感曲线

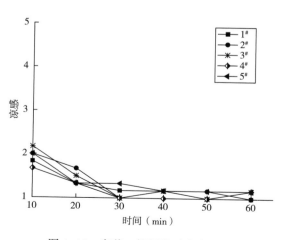

图 4-12　穿着 5 件服装时凉感曲线

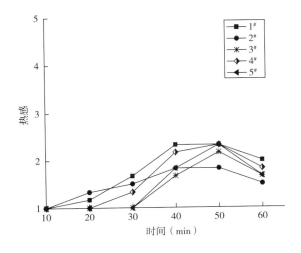

图 4-13　穿着 5 件服装时的热感曲线

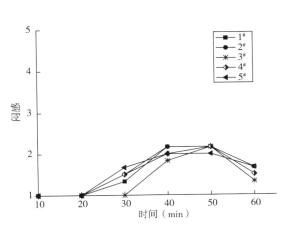

图 4-14　穿着 5 件服装时的闷感曲线

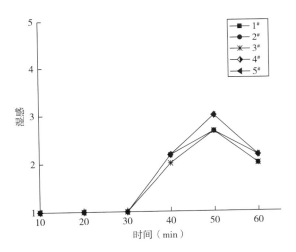

图 4-15　穿着 5 件服装时的湿感曲线

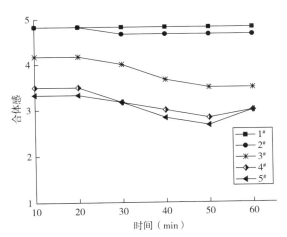

图 14-16　穿着 5 件服装时的合体感曲线

　　服装的热感和凉感主要取决于衣内温度及服装内表面温度，服装的黏感主要取决于服装与皮肤间是否存在液态汗水，湿感主要取决于服装与皮肤之间液态汗水的多少，闷感主要取决于衣内空气相对湿度。通过 t 检验得出，穿着 5 件服装的黏感、凉感、湿感在各个阶段无显著差异，热感和闷感在静止、快跑、恢复阶段无显著差异，在快走阶段穿着 3# 服装时的热感和闷感最低，合体感在实验的各个阶段都有显著差异。这说明虽然穿着 5 件服装的平均皮肤温度及衣内温度和衣内湿度差异较大，但是在人体主观感觉上的差异并不显著。

（五）衣内空气层厚度

　　从以上实验结果及分析得出，3# 服装在实验的整个过程中平均皮肤温度及衣内温度最低，衣内湿度较低，并且其他 4 件服装在各项主观感觉评价指标中都无显著差异，只有 3# 服装的热感和闷感在快走阶段是最低的。所以综合各项实验指标，3# 服装的服用性能是最佳的，即在本实验的实验条件下，3# 服装的宽松度大小是最适宜的。下面通过人体与服装的衣内空气厚度来表征服装宽松度的大小，把人体和服装横截面近似为圆，那么服装和人体的半径差即为衣内空气层厚度。根据 3# 服装的胸围和受试者胸围计算得出，3# 服装的胸围处衣内空气厚度为 1.27cm。根据 3# 服装的腰围和受试者腰围计算得出 3# 服装腰围处空气层厚度为 3.18cm。两项平均得到该实验条件下服装衣内空气层厚度为 2.23cm 的运动 T 恤的服装热湿舒适性能比较好。

三、本节小结

（1）根据受试者生理指标测试结果及分析得出，服装宽松度对人体热湿舒适指标有显著影响，并且在不同的运动量下服装宽松度对人体热湿舒适性指标的影响不同。在小运动状态下，宽松度较大或较小的运动 T 恤热舒适性较差，宽松量适中的热舒适性较好，宽松量较大的湿舒适性较差，宽松量较小的湿舒适性较好。在大运动量条件下，宽松量较小的热舒适性较差，宽松度适中或较大的热舒适性较好，湿舒适性无显著差异。

（2）在该实验条件下衣内空气层厚度为 2.23cm 的运动 T 恤的服装热湿舒适性能比较好。

（3）从主观感觉评价实验结果及分析得出，虽然服装的宽松度对人体生理指标有显著影响，但主观感觉差异并不显著。因此，服装舒适性的评价不能仅仅通过面料及假人实验，还应该通过人体生理及心理评价，得到更可靠的结果。

（4）本研究采用吸湿排汗涤纶面料，不同的面料性能应该会对服装的宽松度有不同的要求，其他类型面料及不同款式服装的研究将在后续工作中进行。

第三节　乒乓球运动 T 恤设计

本章第一节和第二节针对乒乓球运动 T 恤的袖型结构与活动机能性及衣身松量与热湿舒适性进行了探讨，本节结合前期针对乒乓球爱好者对于运动服装配色及图案选择的问卷调研，对乒乓球运动 T 恤进行设计及虚拟展示。

一、配色图案调研

针对乒乓球爱好者对于运动服装配色及图案选择的问卷调查，进行了服装图案、色彩流行趋势的资料分析。通过对女性和男性乒乓球爱好者对于服装色调的喜好调研得出，男性、女性乒乓球运动爱好者整体来说更倾向于将蓝色调或绿色调运用在服装中，受欢迎的颜色如图 4-17 和图 4-18 所示。

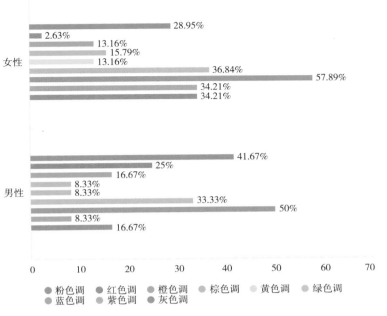

图 4-17　服装色调偏好统计示意图

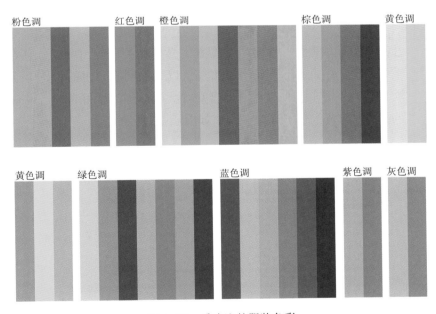

图 4-18　受欢迎的服装色彩

二、女性乒乓球运动 T 恤设计

由女性乒乓球爱好者对于流行运动服装配色的喜好相关调研得出，女性乒乓球爱好者整体来说更倾向于将"干燥绿色配色"或"低饱和浪漫色调配色"运用在服装中，如表 4-15 和图 4-19 所示。

表 4-15　相关配色方案

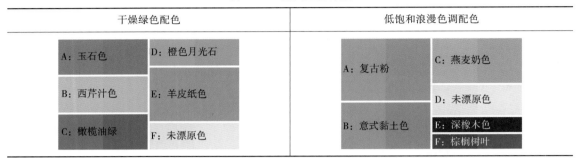

干燥绿色配色	低饱和浪漫色调配色
A：玉石色　D：橙色月光石 B：西芹汁色　E：羊皮纸色 C：橄榄油绿　F：未漂原色	A：复古粉　C：燕麦奶色 　　　　　D：未漂原色 B：意式黏土色　E：深橡木色 　　　　　F：棕榈树叶

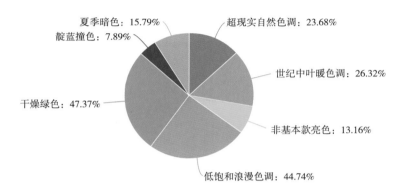

图 4-19　关于服装配色喜好的统计结果饼状图

由女性和男性乒乓球运动爱好者对于服装图案的喜好相关调研，可以观察到女性和男性在图案喜好方面差别较大，由此更能印证现有市场上以男女同款为主的乒乓球运动 T 恤的设计不能满足多数女性的审美需求。通过调研得出女性乒乓球运动爱好者整体来说更倾向于将"抽象图案印花"或"无印花"运用在服装中，如图 4-20 所示。

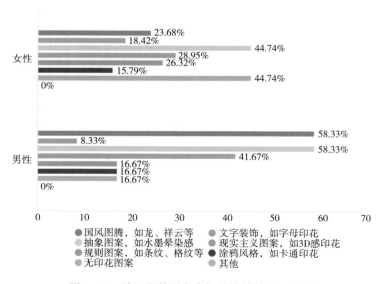

图 4-20　关于服装图案喜好的统计结果条形图

综合前期调研结果，设计出 5 种较能符合女性乒乓球爱好者审美的配色与图案运用在虚拟服装上。5 种配色方案及相关色彩数据如表 4-16 所示。

表 4-16　配色方案及相关色彩数据

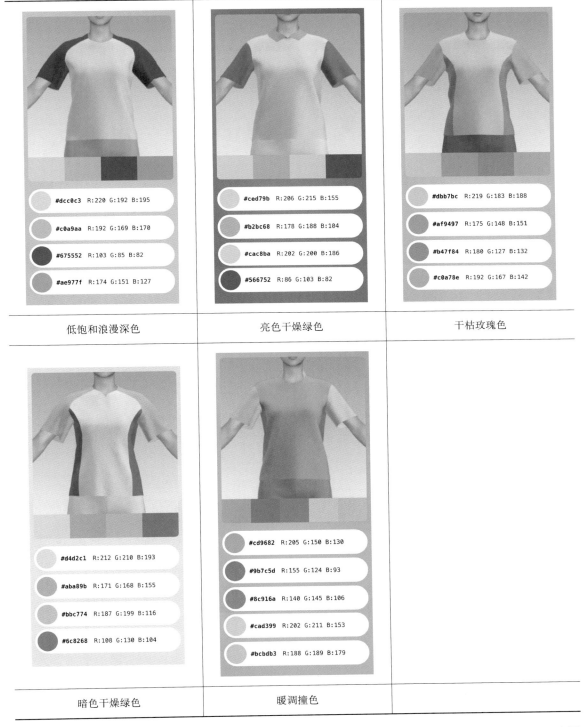

低饱和浪漫深色	亮色干燥绿色	干枯玫瑰色
暗色干燥绿色	暖调撞色	

　　将本次设计出的 5 款配色分别运用在 5 款虚拟服装上，并对虚拟服装的试穿效果进行渲染。最终试穿效果如表 4-17~表 4-21 所示。

表 4-17　低饱和浪漫深色配色

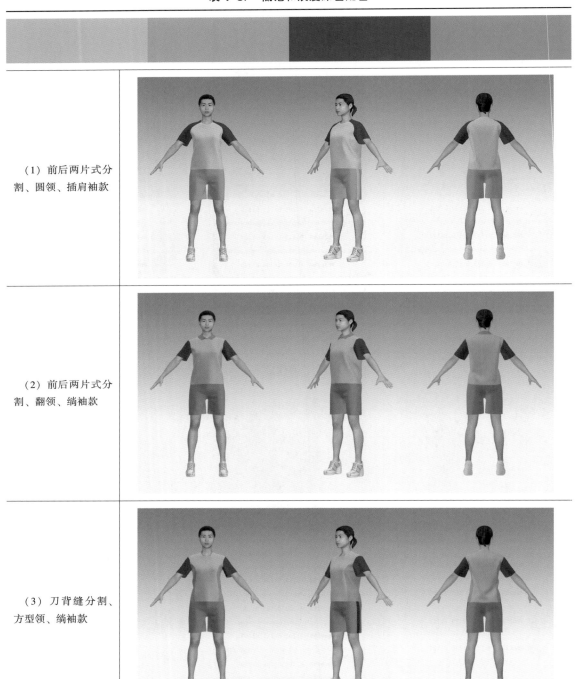

（1）前后两片式分割、圆领、插肩袖款	
（2）前后两片式分割、翻领、绡袖款	
（3）刀背缝分割、方型领、绡袖款	

续表

（4）刀背缝分割、V 型领、插肩袖款	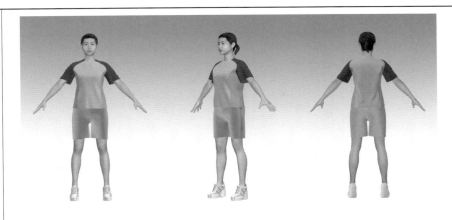
（5）腋下片分割、小立领、绡袖款	

表 4-18　亮色干燥绿色配色

（1）前后两片式分割、圆领、插肩袖款	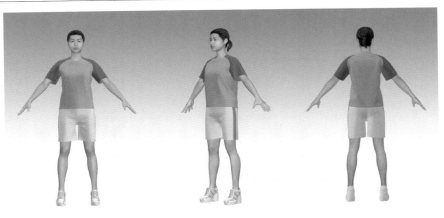

（2）前后两片式分割、翻领、绱袖款

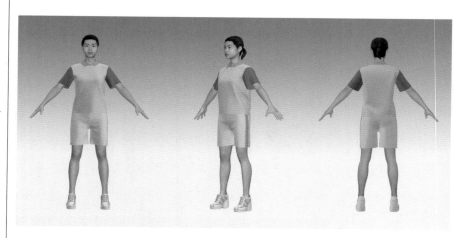

（3）刀背缝分割、方型领、绱袖款

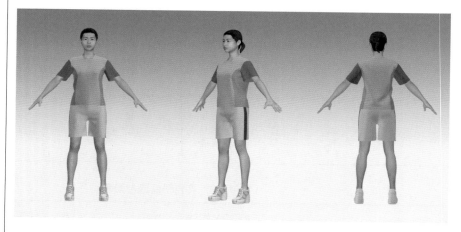

（4）刀背缝分割、V型领、插肩袖款

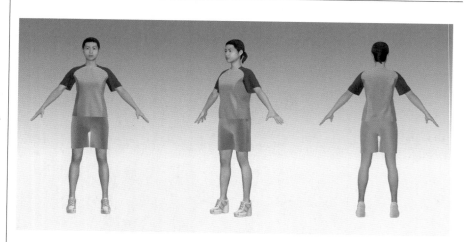

续表

（5）腋下片分割、小立领、绱袖款

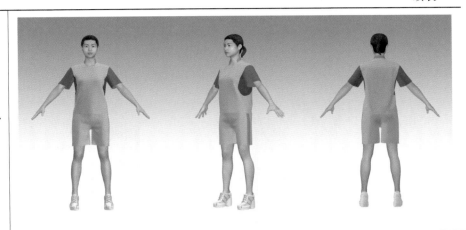

表 4-19　干枯玫瑰色配色

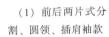

（1）前后两片式分割、圆领、插肩袖款

（2）前后两片式分割、翻领、绱袖款

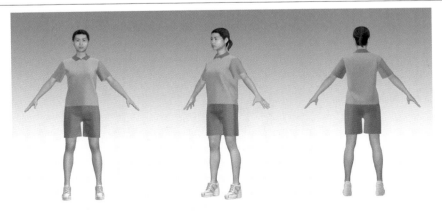

（3）刀背缝分割、方型领、缩袖款	
（4）刀背缝分割、V型领、插肩袖款	
（5）腋下片分割、小立领、缩袖款	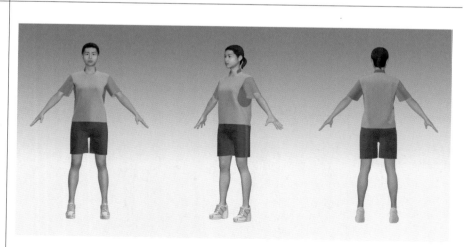

表 4-20　暗色干燥绿色配色

（1）前后两片式分割、圆领、插肩袖款	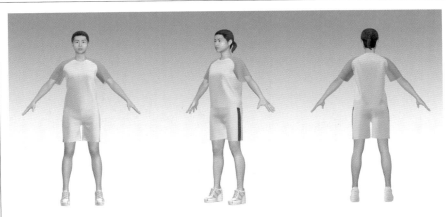
（2）前后两片式分割、翻领、绱袖款	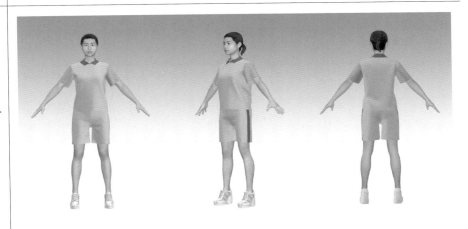
（3）刀背缝分割、方型领、绱袖款	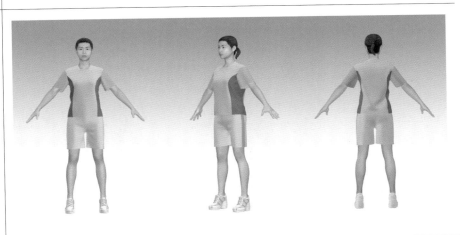

（4）刀背缝分割、V型领、插肩袖款	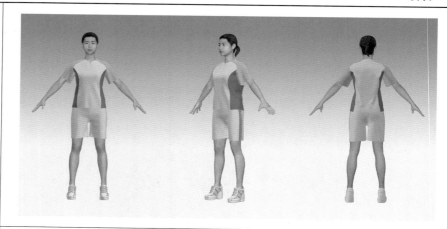
（5）腋下片分割、小立领、缩袖款	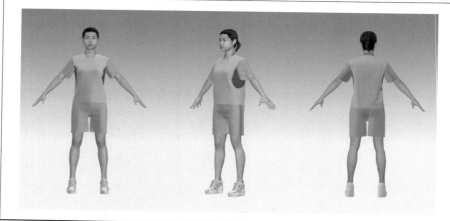

表 4-21　暖调撞色配色

（1）前后两片式分割、圆领、插肩袖款	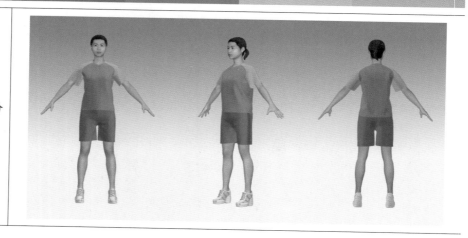

（2）前后两片式分割、翻领、绱袖款	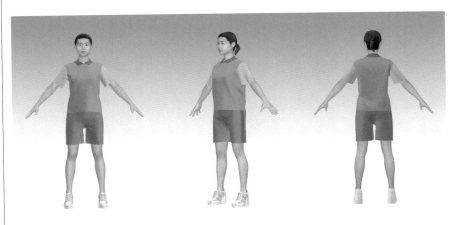
（3）刀背缝分割、方型领、绱袖款	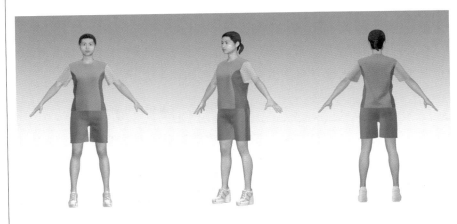
（4）刀背缝分割、V 型领、插肩袖款	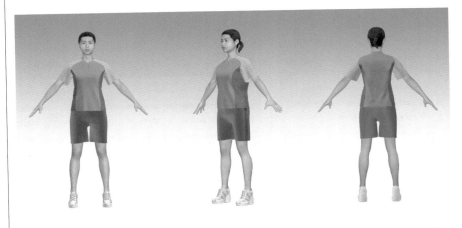

（5）腋下片分割、小立领、绱袖款	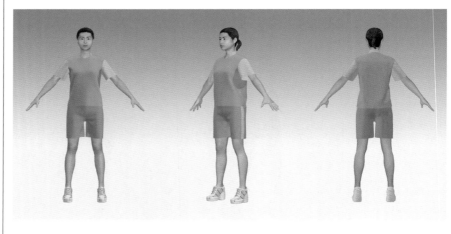

三、男性乒乓球运动 T 恤设计

综合前期调研结果，设计出 5 种较能符合男性乒乓球爱好者审美的配色与图案，运用在虚拟服装上。5 种配色方案及相关色彩数据如表 4-22 所示。

表 4-22　配色方案及相关色彩数据

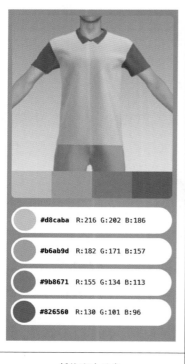

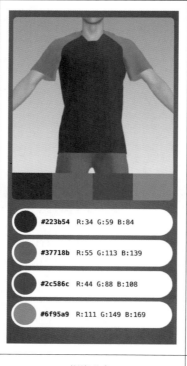

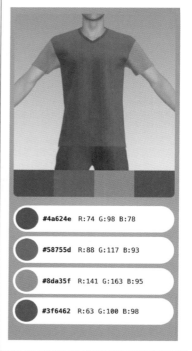

低饱和大地色	深海蓝色	热带雨林色
#d8caba R:216 G:202 B:186	#223b54 R:34 G:59 B:84	#4a624e R:74 G:98 B:78
#b6ab9d R:182 G:171 B:157	#37718b R:55 G:113 B:139	#58755d R:88 G:117 B:93
#9b8671 R:155 G:134 B:113	#2c586c R:44 G:88 B:108	#8da35f R:141 G:163 B:95
#826560 R:130 G:101 B:96	#6f95a9 R:111 G:149 B:169	#3f6462 R:63 G:100 B:98

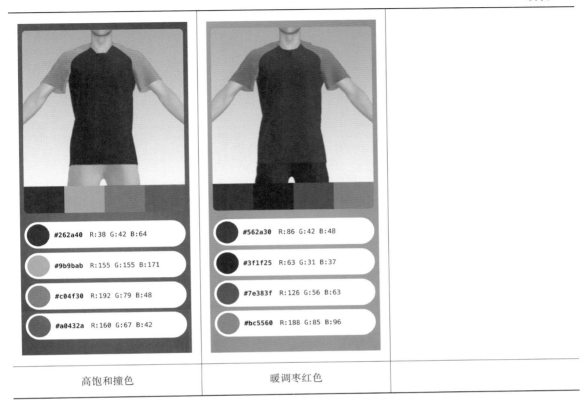

| 高饱和撞色 | 暖调枣红色 |

将本次设计出的 5 款配色分别运用在 4 款虚拟服装上，并对虚拟服装的试穿效果进行渲染。最终试穿效果如表 4-23~表 4-27 所示。

表 4-23　低饱和大地色配色

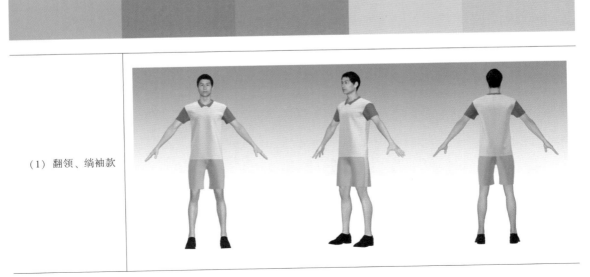

（1）翻领、绱袖款

（2）方领、插肩袖款	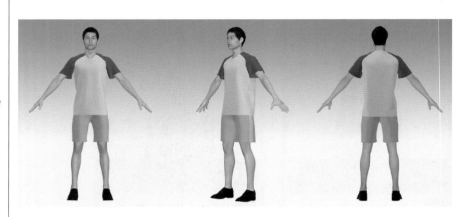
（3）V领、绱袖款	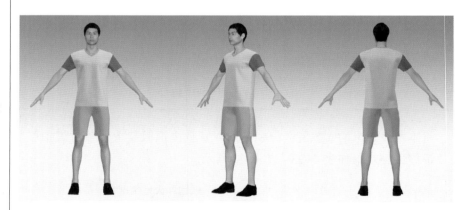
（4）圆领、插肩袖款	

表 4-24　深海蓝色配色

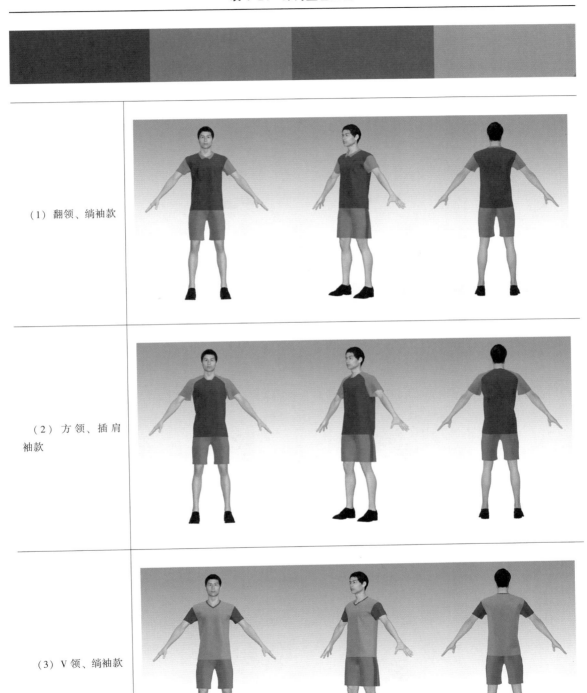

（1）翻领、绾袖款

（2）方领、插肩袖款

（3）V领、绾袖款

续表

（4）圆领、插肩袖款	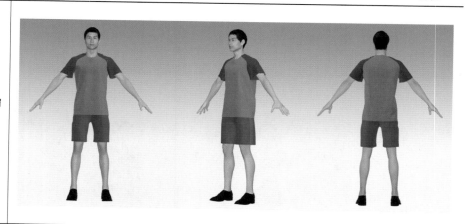

表4-25　热带雨林色配色

（1）翻领、绱袖款	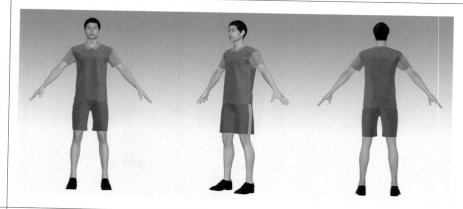
（2）方领、插肩袖款	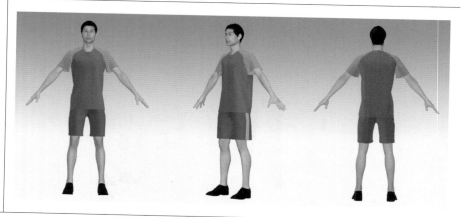

续表

（3）V 领、绾袖款	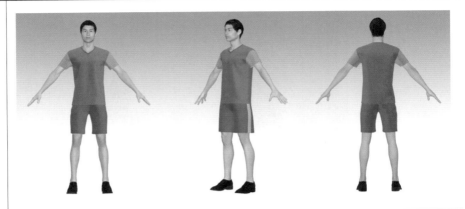
（4）圆 领、插 肩袖款	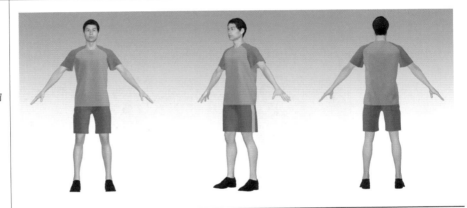

表 4-26 高饱和撞色配色

（1）翻领、绾袖款	

（2）方领、插肩袖款	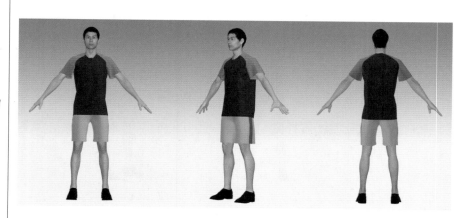
（3）V领、绱袖款	
（4）圆领、插肩袖款	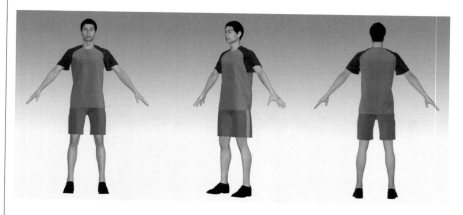

表 4-27 暖调枣红色配色

（1）翻领、绔袖款	
（2）方领、插肩袖款	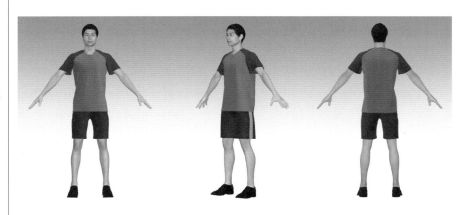
（3）V 领、绔袖款	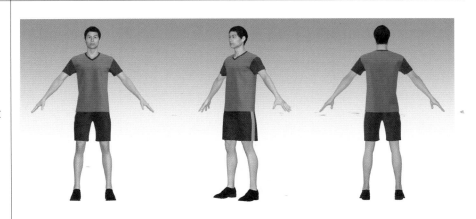

（4）圆领、插肩袖款

◆本章参考文献◆

［1］耐克 百度百科［EB/OL］. http：//baike. baidu. com/view/10743. htm，2012-05-13.

［2］阿迪达斯 百度百科［EB/OL］. http：//baike. baidu. com/view/28012. htm，2012-05-13.

［3］黄美林，狄剑锋. 导热排汗针织运动服装面料的开发与研究［J］. 针织技术，2005（12）：63-66.

［4］余庆文. 新型再生纤维面料及服装的热湿舒适性研究［D］. 上海：东华大学，2006.

［5］李宁运动品牌百度百科［EB/OL］. http：//baike. baidu. com/view/10670. htm#8，2012-05-13.

［6］挺拔（TIBHAR）官网［EB/OL］. http：//www. ttpaihang. com/vote/rankdetail-19479. html，［2012-05-13］.

［7］韩金辰. 乒乓球服装纸样与人体运动感受关系的研究——袖型结构［D］. 北京：北京服装学院，2010.

［8］McCullough, E. A, Jones, B. W, Huck, J. A. Comprehensive Data Base for Estimating Clothing Insulation［J］. ASHRAE Trans, 1985, 91（2）：29-47.

［9］Chen, Y S, Fan J, Qian, Zhang, W. Effect of Garment Fit on Thermal Insulation and Evaporative Resistance［J］. Textile Research Journal, 2004, 74（8）：742-748.

［10］周永凯，田永娟. 服装款式特征与服装热阻的关系［J］. 北京服装学院学报，2007，27（3）：31-37.

第五章　电加热服装

从热源的控制模式来看，防寒保暖服装可以分为两类：一类是通过增加服装层数来增大整体热阻的被动式保暖服装，即消极保暖式服装；另一类是将其他能源转化为热能的主动产热式保暖服装，即积极产热式服装。当环境温度较低时，人体自身产热量非常有限，仅依靠人体肌肉收缩的自主调节能力已达不到热平衡的要求，特别是由于受时间和空间的限制不能够及时进食来补充能量，导致人体自身产热量明显减低的情况下，积极产热服装更适合应对低温的极端环境。同时随着人们对保暖服装功能性、舒适性、美观性要求的提高，积极产热服装近年来成为功能性服装的研究热点之一。电加热服装是由驱动电源、控温传感器、安全保护系统和发热元件组成，通过导线将各部分连接成电路，利用电源控制发热单元工作，将电能转化为热能的一类服装，也是目前国内外研究较多的功能性服装之一。虽然目前市场上已出现了电加热服装产品或可应用于服装的电加热配件，但电加热服在日常生活的使用中仍然存在一些有待解决的不足。本章介绍了电加热服装的相关研究现状，总结归纳可优化点，通过实验探究服装的加热效率与各部位的加热功率分配，设计并制作电加热服装，最后通过人体穿着实验对服装进行舒适性评价。

第一节　电加热服装研究概况

一、保暖服装的发展及电加热服装的提出

19 世纪末期出现服装隔热防寒原理的研究[1]。第二次世界大战中，士兵严寒冻伤导致战斗力急剧下降，从客观上推动了科学家们对服装防寒保暖性能的研究。1912 年，美国科学家们开始提出热阻的概念，同时采用评价服装保暖性能的隔热参数——热欧姆（T-Q）。1940年，生理学家 P. Siple 等人[2]发表了"选择寒冷气候服装的原则"的论文，在文中总结了基于气候学和生理学等方面的服装防寒保暖理论，对服装的设计及服装材料的选择起到了重要指导意义。1941 年，美国耶鲁大学的生理学家 A. P. Gagge 等人[3]提出了克罗（clo）这一服装热阻单位，用来评价服装的隔热性能。1955 年，就服装生理学相关内容为主，路顿在伦敦又出版了《人在寒冷环境中》，致力于服装防寒保暖能力的分析与评价，为服装的防寒保暖的研究提供了很有价值的参考。在之后的几十年内，科学家及研究学者们不断推进对防寒服的研究，并逐步形成一个系统而完整的体系。

在 20 世纪 60 年代，国内开始研究防寒服。60 年代中期，中国人民解放军总后勤部军需

装备研究所开始把暖体假人用于综合测试服装的热阻[4]。70 年代起,总后军需装备研究所研究了寒冷条件下人体的干散热规律,在我军军服的设计研究中发挥了重要的指导作用。随后,针对 02 和 92 海军舰艇艇员防寒服装保暖性能的评价,海军医学研究所的顾心清等人进行了研究[5][6]。除此之外,国内学者们在防寒保暖服的材料特性、款式结构设计和多层服装的组合等方向展开相关研究。

传统的保暖形式通过增加服装厚度或静止空气的含量来增大服装热阻,实现被动式保暖;而将外加能源转化为热能的主动产热式保暖服装,即积极产热式服装逐渐受到消费者的青睐,因为此类服装能量转化率比较高,能克服传统保暖方式的局限性,当人体自身的产热量不足以维持人体的生理热平衡时能起到辅助调节作用[7][8];同时由于人体工作或运动状态的限制,以能量转化为原理的积极产热式保暖服装更能满足人们对服装轻便、美观的需求。根据能量转化方式不同,常见的主动产热式服装有三种:通过导电发热元件消耗电能产生热量,通过铁粉氧化的化学能转化为热能,以及通过陶瓷等材料吸收太阳能转化为热能。其中化学能转化的方法较复杂且不能可持续利用,太阳能转化受环境光源的限制,故电能转化为热能的电加热技术是服装实现积极产热功能的常用有效方式。

二、电加热服装的发展

电加热服是目前国内外研究最多且技术相对比较成熟的一种功能性温控服装,研发此类服装的品牌较多,例如 Grebing、Tour、Masret、BMW、H-D 等,产品有电热夹克、背心、裤子、鞋、袜、手套等,可以为工人、士兵、户外徒步者等特种作业者提供热源,也可应用于热疗保健领域的服装服饰,以高效的电热转化率确保人体在热舒适的状态下能够更好地工作和生活。电加热技术主要体现在两个方面:一类是导电加热元件的研发,另一类是服装的设计。

(一) 导电加热元件的研发

电加热元件是产品实现加热功能的核心,目前制备方法主要分为两种:直接织造法和涂层法。

1. 直接织造法

直接织造法是将导电发热的金属丝或特种纱线(合金纤维、碳纤维或镀导电物质后的纤维与普通纤维混纺后的纱线)作为加热单元,以针织、梭织等方法将其嵌入纺织品从而制作电加热元件的方式。

针织法是导电发热纱线与普通纱线混合织造线圈结构的针织电加热织物。Hamdani 等[9]用镀银纱线和不锈钢丝分别织造了针织电加热织物,对比结果表明在相同电压下,不锈钢丝针织物的产热效率更高。但金属丝柔性较差,元件长时间使用后易断裂,存在安全隐患。故较多研究选择复合纱线研发电热织物,相比金属丝其制成的元件更加柔软灵活,服用性能更好[10]。有研究使用镀银纱线与涤纶纱线配合织造电热针织物:在 3V 电压下对比纬平针、罗纹、芝麻点提花三种组织的针织物,纬平针织物的平衡温度最高[11];而 Liu 等[12]得出平针、罗纹、互锁结构的针织物中,罗纹和互锁结构的织物电阻变化比平针织物更小。陈莉等[13][14]使用镀银纱线织造了平针、罗纹，四平和衬纬组织的电热针织物，实验发现等间距衬入 3 根镀银纱线的纬编织物加热效率和发热均匀性最好。

由经纬纱按一定的规律交织而成的梭织物表面结构相较于针织物更简单，结构更稳定，故也有研究选择此种方式制备电加热织物。镀银纱线除了适用于电热针织物，也多作为导电纱应用于梭织电热织物中。Liu 等[15]通过设计导电纬纱的间隔织造了不同阻值（10Ω、14Ω 和18Ω）的电热梭织物。在 0℃环境，7V 电压下 3 种织物在28℃的平衡状态下实际功率消耗为 4.9W、3.5W、2.72W。李雅芳[16]设计了导电纱间隔为 0.5cm 和 1cm（规格为 10cm× 10cm）的织物，电压为 3V 条件下最高温度可达 40.88℃和 45.03℃。Yuanfang 等[17]设计织造了平纹、斜纹和缎纹组织的发热织物，电源为 10V 时，20min 可达到最高稳定温度 61℃。此外，碳纤维作为导电纱也可以织造电热梭织物：史俊辉[18]经实验证明导电纱的间距为 2mm（4 根纱左右）时织物温度分布较均匀，且对比串联和并联两种排列形式，发现加热单元被并联时发热效率更高。

2. 涂层法

目前有较多研究通过原位聚合、浸渍涂覆、丝网印刷等后整理方式使发热材料在基底上形成导电发热层以制备电加热元件。

浸涂法是目前较为常用的一种简便方法。He 等[19]通过原位聚合法制备了 Ag/PPy 涂层的棉织物，经两次水洗后，其在 10 V 电压下仍可达到 43 ℃ 的稳定温度。Kim 等[20]将石墨烯/WPU 复合材料浸渍在芳纶织物上制备电加热元件。Chatter-jee 等[21]研究了 GO（氧化石墨烯）溶液的浓度和浸渍周期对电热织物的表面电阻率、厚度、透气性、孔隙率和水蒸气渗透率的影响。虞茹芳等[22]通过无转移液相浸涂沉积法在涤纶针织物上沉积了还原氧化石墨烯涂层（RGO）。Sadi. M. S 等[23]将碳纳米管（CNT）墨水以丝网方式印在纬编棉织物的一侧，制备了一种可加热的 CNT/棉复合织物；许冰等[24]将石墨烯与高聚物的混合浆料印刷在柔性基材上，电压为 9~10V 时发热片温度均匀稳定，使用寿命长。

综上所述，直接织造的电热元件由于导电纱线和普通纱线的合理分配具有轻便的优点，且加热功率规格的调整可以通过织物的组织结构、导热纱线密度、排列方式的改变来实现；但也有导电纱线异物感明显，织造成本较高的劣势。涂层法工艺简单，制备的元件更轻薄柔软，但发热层的结合力差等会影响元件的发热均匀度。

（二）电加热服装的设计

Marickt[25]早在 20 世纪 40 年代就开发了一款电加热服装，这款电加热服装几乎可以覆盖全部身体，其中电加热垫作为服装的加热元件，为防止加热元件被损坏，电加热垫被包含在面料和里料之间。进入 21 世纪，许多专家学者对电加热服不断研究，取得了一定的成果。2009 年，土耳其的 Ozan Kayacan 和 Ender Bulgun[26]设计出一件带有温度控制系统的电加热服装，加热板的制成具体为将导电纱线通过一定的方式织入针织物中，然后把加热板和电路连接，提供能量的电源是由 Ni-MH（镍金属氢化物）和 Li-Ion（锂离子）电池构成，整体组成一个比较完整的保暖加热系统。叶影[27]将加热元件的密度进行设计，主要加热部位密度高于其他区域密度，节约能源的同时能有效补充人体易受寒部位所需的热量。唐世君等[28]

研发了一款四档调温的电热马甲，发热时间不小于 3h（功率 9.8W），衣内温度可达 50℃。李冉[29]将温度传感器与发热元件结合的自动控温的装置应用于一款针对下肢障碍人群的防寒服，温度超过 45℃时可自启过热保护功能。苗钰等[30]在腰部嵌入碳纤维加热片，研发了一款用于保暖理疗的针织裤。沈雷等[31]用碳纤维发热膜结合智能温控器等装置研发了针对老年人的冬季保暖服装。除了碳纳米管和碳纤维，石墨烯加热片是目前热门应用的加热元件：张海棠[32]将加热片置于服装胸部、背部和大腿部位，研发了电加热医疗救援服。柯莹等[33]研发了一款电加热高空清洁作业服，其在 5V 电压下额定功率为 9W，服装表面温度可达 45±5℃。崔志英[34]通过将同等规格的石墨烯与碳纤维发热片置于服装背部，发现石墨烯发热片所对应服装的加热效率更高。

当前，电加热服装逐渐向智能化的方向发展，例如可将加热系统的设计与 AI 技术、传感技术的模块结合为产品增加智能调温、监测生理指标等功能。Malden Mills 公司研制的智能型加热服，除了具有基本加热保暖的功能外，同时还具有通信、数据传输等智能功能。Polanský. R[35]将温度传感器置入消防队员等专业人员的智能防护服中，可在 40~120℃范围快速响应避免烧伤。智裳科技公司和 The North Face 公司均开发了可以监测体温、心率等生理指标的智能调温服。

三、电加热服装的评价方法与标准

（一）电加热服装的评价方法

电加热服的性能评价包括热防护性评价和热舒适性评价[36]，目前常用暖体假人和人体穿着实验相结合的方式来测试；也有研究通过数值模拟来评价服装的性能。

由于电加热服装的适用环境可能包含极端条件，故可以在人工气候室中用出汗暖体假人模拟人的皮肤温度与出汗状态穿着服装，得到假人与服装和环境热湿交换时各个分区的功率数据。Wang 等人[37]采用暖体假人的方法，探究了 0~-10℃环境温度条件下电加热服的加热效率。Wang[38]等人采用暖体假人与红外热成像仪探测电加热服的内外表面温度，探究了服装组合和风速对电加热服加热效率的影响。以穿着实验获取真实人体的皮肤表面温湿度、体核温度、血流量等生理指标，同时可记录人穿着服装时静态与动态的热、湿、压力、触感、心理舒适性的主观评价的方法同样适用。研究过程中往往结合两种实验以及其他方法的结果，在主、客观方面综合评价服装的热防护性与热舒适性能。田苗等[39]结合两种实验获取服装热阻、皮肤温度和主观热感觉数据，再从加热前后人体各部位的温感变化等因素综合评价电加热冲锋衣。张妍[40]通过暖体假人的数据计算出不同环境温度所对应最合理的发热面积与功率，再根据人在静坐和步行时四点皮肤温度与衣下温度判断人在不同状态下对补偿加热的需求。

数值模拟法是通过模拟电加热服与人体之间的气流与热流交换来研究穿着舒适性。Wang 等[41]开发的三维模型系统可以获取在寒冷环境穿着电加热服装情境下的环境温度、衣物绝缘、加热功率、加热模式和人体代谢率数据，通过对数据进行参数化研究得到电加热服装舒适性的影响因素。

综上所述，暖体假人和数值模拟实验没有环境限制，重复性高，但精确度较低；人体穿着实验可以更直观地反映服装性能，缺点是无法在极端环境下进行，且个体差异等不确定因素对实验结果影响很大。

（二）相关评价标准

目前国内外均没有电加热服装的相关标准，随着此类产品逐渐成为智能可穿戴市场的关注热点，越来越多的研究协同企业基于产品研发阶段的测试方法，制定并完善电加热产品的性能评价标准。

基于此类产品的工作原理，有学者参考《GB 4706.1—2005 家用和类似用途电器的安全第一部分：通用要求》《GB 4706.8—2008 家用和类似用途电器的安全电热毯、电热垫及类似柔性发热器具的特殊要求》，以及《GB 31241—2014 便携式电子产品用锂离子电池和电池组安全要求》对服装进行检测[42][43]。上海市质量监督检验技术研究院[44]牵头制定了团体标准 T/CNTAC 24—2018《电加热服装》，规定产品除满足服装产品的标准要求外，还规定了使用说明、防触电保护、发热、耐潮湿、结构、耐热耐燃和电磁辐射 7 个方面对产品的电器安全和使用方面的技术要求。目前检测与评价的相关参考标准重点关注产品的安全性能，避免发生触电、烫伤甚至造成火灾的危险，未来更全面的标准制定应增加对服装舒适性的评价指标。

第二节　电加热服装的加热效率研究

根据调研结果，电加热服装在功能性服装市场上推广普及程度较高，此类服装加热效率的优化已成为研究热点。本节旨在通过建立电源加热功率与面料热阻的数学模型，研究人体穿多层服装或者电加热元件位于不同服装热阻层时，外加电源加热功率与服装热阻的关系。基于量化供热过程得出的结论进行服装设计，提高电加热的利用效率，节省供热成本，为实际生产提供理论依据。

一、理论模型的建立

（一）传热原理

在自然界中，有温度差必然会引起热量从温度较高的物体向温度较低的物体传递。按照传递过程，传热可分为热传导、热辐射和热对流三种类型：

1. 热传导

热传导指同一物体内部或者两个互相接触的物体之间无相对位移时，由于存在温度差，而依靠等微观粒子如原子、分子、自由电子等的热运动产生的热量传递过程。热传导现象在人们的日常工作和生活中经常可以看到和感觉到。如人体内部组织和皮肤之间的热传递，皮肤和服装及座椅或其他物体之间的热量交换，人体着装表面与其周围边界层的空气之间的热量交换等都是热传导。

2. 热对流

热对流指由于流体本身存在的宏观运动现象，流体的各部分之间互相产生相对位移、冷热流体相互混合所引起的热量传递过程。在工效学上流体流过一个物体表面时的热量传递过程称为对流换热。对流换热过程的热量传递由两种作用（热传导、对流）复合而成。

3. 热辐射

热辐射指物体表面发射可看见或者不可看见的电磁波或者光子来实现热量的传递，并被其他物体吸收转变为热的热量交换过程。

在实际的多层服装穿着状态下，衣内环境传热过程受到多因素影响，非常复杂，故设计多层服装简化模型：假设多层服装彼此相互贴紧，内层服装紧贴人体皮肤，衣下空气与周围环境没有直接的热交换，这时多层服装的传热主要还是服装材料本身的热传导。如图5-1所示为三层服装之间的传导传热过程。其中，R_{cl1}、R_{cl2}、R_{cl3} 为各层服装热阻，R_a 为边界层空气热阻，g_1、g_2、g_3、g_4 为通过各层向外传递的热量。

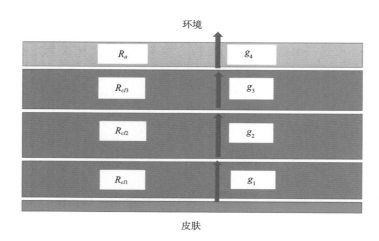

图5-1　三层服装间的传热过程

（二）传热模型建立

把人体穿电加热服的状态简化为平板保温仪热板通过面料向环境散热，把电热层放在多层面料层中的任意一层求解电源所提供的热量，在理想状态下实质是求电热层放在热阻不同的两层面料之间，外加电源所提供的热量，即求电热层上下面料热阻变化时，电热层电源加热功率与面料热阻的变化规律。

假设靠近平板保温仪热板的面料热阻为 R_1，另外一层面料的热阻为 R_2，即双层面料加入电热层后传导传热模型如图5-2所示。

根据传热学原理，在稳定传热状态下，通过各层服装的热流量相等，并等于人体皮肤表面通过各层服装向环境散失的干热量 g，即：$g_1=g_2=g_3=g_4=g$，已知热阻公式为：

$$R_{cl} = \frac{(t_s - t_a)}{g} - R_a \tag{5-1}$$

式中：R_{cl}——服装的热阻，$℃\cdot m^2/W$；

t_s——人体的平均皮肤温度，$℃$；

t_a——环境温度，$℃$；

R_a——边界层空气的热阻，$℃\cdot m^2/W$；

g——通过服装的导热量，m^2/W。

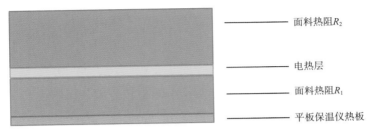

面料热阻R_2

电热层

面料热阻R_1

平板保温仪热板

图 5-2 双层面料加入电热层后传导传热模型

面料中加入电热层后，假设热板稳定时，从平板保温仪热板通过各层面料向环境散失的干热量为 g，电热层的供热量为 G，平板保温仪热板温度为 t_s，电热层温度为 t_1，环境温度为 t_a。

一般穿电加热服都适用于低温环境，人体向服装及环境的散热过程始终呈现由高温到低温的走向，人体舒适状态下的平均皮肤温度基本稳定在 $33℃$ 左右，故紧贴电热层的服装层温度不应高于人体的平均皮肤温度，即：$t_1 < t_s$ 始终成立，又根据传热原理得：

紧贴平板保温仪热板的面料热阻：

$$R_1 = \frac{t_s - t_1}{g} \tag{5-2}$$

电热层上层的面料热阻：

$$R_2 = \frac{t_1 - t_a}{g + G} - R_a \tag{5-3}$$

由式（5-2）得：

$$t_1 = t_s - R_1 \cdot g \tag{5-4}$$

由式（5-3）得：

$$g + G = \frac{t_1 - t_a}{R_2 + R_a} \tag{5-5}$$

把式（5-4）代入式（5-5）中得：

$$G = \frac{t_s - t_a - R_1 \cdot g}{R_2 + R_a} - g$$

即：

$$G = \frac{t_s - t_a}{R_2 + R_a} - \frac{R_2 + R_1 + R_a}{R_2 + R_a} \cdot g \tag{5-6}$$

式中：G——电热层的供热量，m^2/W；

g——平板保温仪热板通过面料向环境的传导散热量，m^2/W；

t_s——平板保温仪热板的温度，℃；

t_a——环境温度，℃；

R_1——紧贴平板保温仪热板的面料热阻，℃·m²/W；

R_2——电热层上层的面料热阻，℃·m²/W；

R_a——边界层空气的热阻，℃·m²/W。

二、实验设计

（一）实验仪器及材料

1. 实验仪器

PBBY-2型智能织物平板保温仪（北京赛斯瑞泰科技有限公司制造）和S-350单路输出开关电源（上海中科集团制造）。

2. 实验材料

针织三层保暖面料（热阻为0.0389℃·m²/W，面积为0.35×0.35m²，定义为面料a），电加热层（总面积为0.35m×0.35m，电热层有效面积为0.25m×0.25m，定义为面料b）。

（二）实验方法

利用织物平板保温仪测试不同面料层和不同面料组合状态下传热稳定后的平板保温仪加热功率。测试的面料组合包括单层（a），单层（b），双层（a+b），三层（a+a+b），四层（a+a+a+b），五层（a+a+a+a+b），六层（a+a+a+a+a+b），七层（a+a+a+a+a+a+b）等。每种组合中，面料b的位置也是不同的，例如五层面料时，定义面料b放在最上层为五层（1下），第二层为五层（2下），…，最下层为五层（5下），其他组合同理。

三、实验结果与讨论

（一）平板保温仪的加热功率

实验过程中空气层和面料层的热阻见表5-1，五层和七层面料的平板保温仪传热稳定后的加热功率计算值见表5-2。

表5-1 面料及空气层热阻

不同状态	热阻（℃·m²/W）	平板温度（℃）	空气温度（℃）
空气层	0.0721	35.6	23.7
面料a	0.0389	35.8	23.4
面料b	0.0712	35.9	23.4

表5-2 织物平板保温仪的加热功率及理论计算功率值

面料b位置	平板保温仪加热功率（W）	平板温度（℃）	空气温度（℃）
五层（1下）	2.15	36.3	23.2

面料 b 位置	平板保温仪加热功率（W）	平板温度（℃）	空气温度（℃）
五层（2下）	2.00	36.2	23.2
五层（3下）	1.79	36.2	23.3
五层（4下）	1.66	36.2	23.4
五层（5下）	1.50	36.2	23.4
七层（1下）	1.80	36.2	23.6
七层（2下）	1.53	36.1	23.5
七层（3下）	1.40	36.2	23.7
七层（4下）	1.24	36.2	23.8
七层（5下）	1.15	36.3	23.8
七层（6下）	1.01	36.3	23.4
七层（7下）	0.88	36.3	23.3

实验过程中加热层面料 b 加热的实际功率为 1.1375W，根据公式（5-6）及公式 $Q = G \cdot A_s$（注：式中 Q 表示外加电源加热功率，G 代表电热层的供热量，A_s 代表平板保温仪通过面料的有效面积，为 0.0625m^2），代入不同层状态时的热阻值（通过表 5-1 数据求得）、织物平板保温仪加热功率值及温度值，电源加热功率值 Q 的计算结果见表 5-3。

表 5-3　代入理论模型的电源加热功率值

面料 b 位置	代入理论模型的电源加热功率值 Q（W）	面料 b 位置	代入理论模型的电源加热功率值 Q（W）
五层（1下）	1.2290	七层（2下）	1.1589
五层（2下）	1.1784	七层（3下）	1.1482
五层（3下）	1.2267	七层（4下）	1.1842
五层（4下）	1.1686	七层（5下）	1.1644
五层（5下）	1.1765	七层（6下）	1.2505
七层（1下）	1.1658	七层（7下）	1.2469

实验过程中加热层面料 b 加热的实际功率为 1.1375W，表 5-2 中功率值都在 1.1482~1.2505 范围内。引起偏差的原因可能是测试过程中不同层的差异、叠加的状态、边缘效应等造成的。对表 5-2 中所有电源加热功率值 Q 取平均，得出代入理论模型的电源加热功率值 $Q = 1.1915\text{W}$，实验过程中电源加热的实际功率为 1.1375W，经计算误差为 5.4%。因此实验数据与理论模型计算结果是相符的，理论模型可以应用到电加热类面料或者服装的开发中。

（二）模型分析

已知理论模型 $G = \dfrac{t_s - t_a}{R_2 + R_a} - \dfrac{R_2 + R_1 + R_a}{R_2 + R_a} \cdot g$，从式中可看出变量 R_1、变量 R_2、变量 g 分别与 G 成正相关关系。本节只探讨变量 R_1、变量 R_2 与 G 的关系。假设变量 $t_s - t_a$、变量 g 是固定不变的，且总热阻不变时，只改变变量 R_1 和 R_2，则紧贴平板保温仪热板的面料热阻 R_1 与电热层的供热量 G 变化曲线见图 5-3，电热层上层面料热阻 R_2 与电热层的供热量 G 变化曲线见图 5-4。

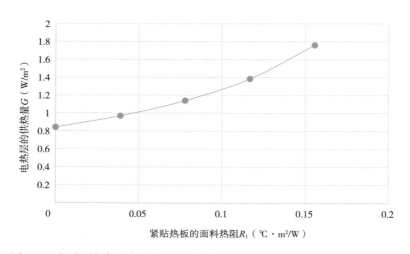

图 5-3　紧贴平板保温仪热板的面料热阻 R_1 与电热层的供热量 G 变化曲线

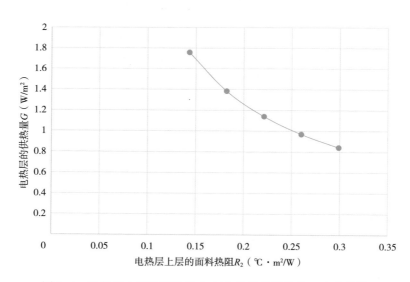

图 5-4　电热层上层面料热阻 R_2 与电热层的供热量 G 变化曲线

从图 5-3 可以看出，随着热阻 R_1 的增大，供热量 G 随之增大。说明在人体所穿衣服热阻一定的情况下，保持舒适状态时，电加热服离人体皮肤越远，需要电加热服供热越多。从

图 5-4可以看出，随着热阻 R_2 的增大，供热量 G 随之减小，且减小趋势明显。说明在人体所穿衣服热阻一定的情况下，电加热服外层所穿衣服越多，需要服装的供热量越小。

综上所述，从图 5-3、图 5-4 可得出紧贴织物平板保温仪热板的面料热阻 R_1，电热层上层面料热阻 R_2，电热层的供热量 G 三者存在一定的关系，在总热阻不变的条件下，变量 R_1 减小时，变量 R_1 与 R_2，G 的变化曲线见图 5-5。从图 5-5 可以看出，随着热阻 R_1 的增大，热阻 R_2 减小，供热量 G 随之增大。即在人体所穿衣服总热阻一定的情况下，电加热服越靠近人体皮肤，加热效率越高，发挥的作用越明显，电加热服起到的保暖效果就越好。

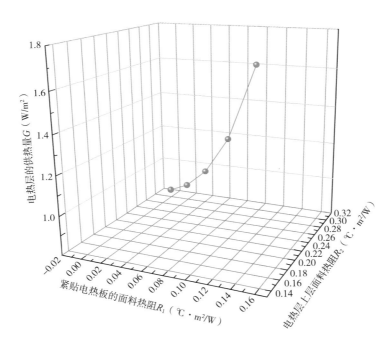

图 5-5 紧贴平板保温仪热板的面料热阻 R_1、电热层上层面料热阻 R_2，电热层的供热量 G 变化曲线

四、本节小结

（1）通过实验验证理论模型，得出模型 $G = \dfrac{t_s - t_a}{R_2 + R_a} - \dfrac{R_2 + R_1 + R_a}{R_2 + R_a} \cdot g$，此公式可用于研究电源加热功率与多层面料热阻的关系。

（2）面料总热阻不变，紧贴织物平板保温仪热板的面料热阻 R_1 增大时，电热层供热量 G 随之增大。

（3）面料总热阻不变，电热层上层面料热阻 R_2 增大时，电热层供热量 G 随之明显减小。

（4）在人体穿着服装的总热阻一定的条件下，电加热服越靠近人体皮肤穿着，电加热效率越高，发挥的作用越明显，电加热服的保暖效果越好。

第三节 电加热服装设计

目前电加热服装的设计大多数采用局部加热模式，即将电加热片（电热丝、碳纤维、碳纳米管、石墨烯等）分别安置在前胸、前腹、后腰、后背等人体热敏感部位[19]，希望对皮肤表面的小面积区域加热，再通过对流、传导与辐射方式提高人体在寒冷条件下的热感受。北京服装学院从 2015 年开始研究电加热服装的相关技术，从传热模型、加热单元密度与舒适性、局部加热对邻近区域皮肤温度的影响等多个方面进行探讨。我们研究发现，电加热服装仅通过相对面积比较小的电加热片进行局部加热的方式存在着很大的不足。我们在进行冬奥制服的评测中，同样得到了不能令人满意的反馈意见。

为了设计出更符合生理热舒适性的电加热服装，本研究不采用电加热片局部加热方案，而是设计了一款全区加热的电加热服装。首先选择技术已成熟且便于控制与操作的电热丝为加热单元，通过理论模型的推导及计算，建立电源提供的加热功率与环境温度变化的关系模型，最后得出服装各部位电热丝的长度与密度分布，保证加热效率的同时尽可能减少功率损耗。在此研究成果上，也可以根据需要，更换其他电加热元件。

一、电加热服装的款式说明

根据第二节研究结果，电加热层越贴近皮肤加热效率越高，因此本节选择针织三层保暖面料，基于合体保暖内衣的款式设计服装，规格尺寸见表 5-4，款式图见图 5-6 和图 5-7，成衣纸样图见图 5-8 和图 5-9。

表 5-4 电加热服装（165/88A）成品规格参考表   单位：cm

部　位	胸围	臀围	背长	衣长	袖长	裤长
尺寸	96	95	38	56	58	96

图 5-6 电加热服上衣款式图   图 5-7 电加热服裤子款式图

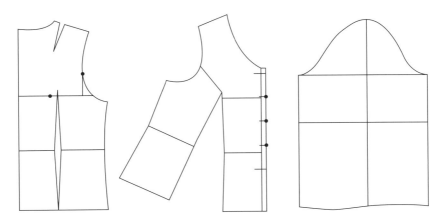

图 5-8　电加热服上衣纸样结构图

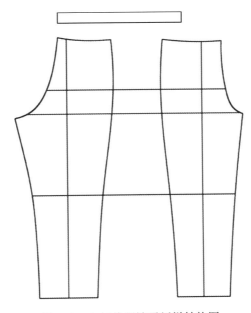

图 5-9　电加热服裤子纸样结构图

二、电加热服装的加热功率分配

(一)服装各部位所需功率

人体穿着电加热服时,为了最大程度地发挥电加热服的效率,电加热服应尽可能贴近人体穿着。在这种情况下,干热散热量、平均皮肤温度、环境温度等近似满足如下公式:

$$R_{总} = R_{cl} + R_a = \frac{t_s - t_a}{H_d + g_{补}} \qquad (5-7)$$

式中:R_{cl}——服装的总热阻,$℃ \cdot m^2 / W$;

　　　R_a——边界层空气的热阻,$℃ \cdot m^2 / W$;

t_s——平均皮肤温度，℃；

t_a——环境温度，℃；

H_d——通过服装的干热传热量，W/m^2；

$g_{补}$——电加热功率，W/m^2。

现只考虑通过服装的干热传热量 H_d 与环境温度 t_a 之间的关系。当服装没有电加热的情况下，人体保持舒适状态时，平均皮肤温度 t_s 基本稳定在33℃左右，通过服装的干热散热量 H_d 可由下式计算：

$$H_d = \frac{33 - t_a}{R_{总}}$$

本研究主要针对人体在坐位和行走两种代谢状态下进行探讨。为使电加热服的使用效率尽可能高，在穿着时应尽可能位于整体服装的最内层。人在安静坐位状态下，代谢产热量为 58.18W/m^2。在环境温度 t_a =21℃，相对湿度50%左右，风速小于0.1m/s的条件下，坐姿人体感觉舒适时，所穿服装约为1clo。此时服装与边界层空气的总热阻 $R_{总}$ =0.275℃·m^2/W。通过服装的导热量约为 g_1 =43.612W/m^2。当环境温度 t_a 降低时，在不增加服装的情况下，为保持人体的热舒适，需要通过电加热服给人体补充的热量 $g_{补} = H_d - g_1 = 76.388 - 3.64 \cdot t_a$。当人平地步行时，人体的新陈代谢量约为 116.3W/m^2。在环境温度 t_a =5℃，相对湿度50%左右，风速小于0.1m/s的条件下，人平地步行并感觉舒适，身体没有显汗产生，此时所穿服装约为1clo，通过服装的干热散热量 g_2 =101.82℃·m^2/W。当环境温度 t_a 降低时，在不增加服装的情况下，为保持人体的热舒适，需要通过电加热服给人体补充的热量 $g_{补} = H_d - g_2 = 18.18 - 3.64 \cdot t_a$。当人体穿着不同热阻的服装时，电加热服所需要的加热功率可以同理推导计算求解。

在服装设计中，服装各部位所需的电加热功率分配，可根据人体各部位占身体面积百分比及服装对应部位的面积计算求得。人体各部位占身体面积百分比数据见表5-5。

表5-5　人体各部位占身体面积百分比

编号	人体部位	占身体面积百分比（%）	编号	人体部位	占身体面积百分比（%）
1	头和颈	8.7	10	右手	2.5
2	胸	10.2	11	左手	2.5
3	背	9.2	12	右大腿	9.2
4	下腹	6.1	13	左大腿	9.2
5	臀部	6.6	14	右小腿	6.2
6	右上臂	4.9	15	左小腿	6.2
7	左上臂	4.9	16	右脚	3.7
8	右下臂	3.1	17	左脚	3.7
9	左下臂	3.1		合计	100

设计电加热服内胆时，头和颈、手、脚这几个部位所需热量在整个人体中占的比例较小，因此不考虑在内。其他的身体部位主要划分为三个区域，即上身、胳膊、腿部。因为上衣与长裤在腰腹及臀部有所重叠，所以该区域不需要上衣和长裤同时提供加热，只需上衣在该部位加热即可。经计算可得各部位的加热面积所占比例：上身约为 40.68%，胳膊约为 20.28%，腿部约为 39.04%。

采用称重法求样衣各部位的表面积，其中上衣大身的面积约为 0.58m²，上衣袖子的面积约为 0.39m²，裤子的面积约为 1.09m²，电热丝加热面积约为 0.56m²。根据服装的传导散热量公式 $Q = g \cdot A_s$，计算求解即可。

（二）电热丝分布长度及密度计算

1. 电热丝在服装各部位的长度

根据人体接触安全电压要求，服装加热电压要低于 36V，为保证实验过程中电压稳定，实验选择用电压可调开关电源控制电压（0~24V）；电热丝电阻参数为 5 Ω/m。加热功率通过调节电压控制。

经前期的预实验与分析计算，确定上装衣身前后片各 2 个区域、袖片为 2 个区域、下装左右裤片各有 2 个区域。电阻均为并联关系，简化为电路模型见图 5-10、图 5-11。图中 R_1、R_2、R_3、R_4 为衣身中各部分电热丝电阻，R_5、R_6 为袖子中各部分电热丝电阻，R_7、R_8、R_9、R_{10} 为裤子中各部分电热丝电阻。其中，衣身中电热丝每一份长度 $L = 4.5m$，电阻约为 22.5Ω，袖子中每一份电热丝长度为 5.6m，电阻约为 28Ω。裤子中每一份长度为 3.6m，电阻约为 18Ω。最终上衣电阻 4Ω，裤子电阻 4.5Ω。

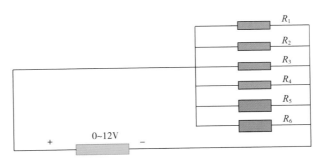

图 5-10　上衣电热丝简化电路模型

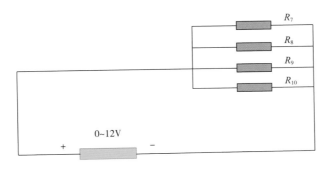

图 5-11　裤子电热丝简化电路模型

2. 电热丝在服装各部位的分布密度

根据分析计算所求的电热丝长度，在电加热内胆中布置，综合实验后，线与线之间的间隔前片大约为2.3cm，后片大约为2.6cm，袖子大约为2.6cm，裤子大约为2.5cm。

三、加热电路设计

通过第三节的理论模型推导，得出衣身、袖片与裤片中的电热丝的长度与间隔密度，将电热丝均匀排布在衣片的示意图分别见图5-12~图5-14。

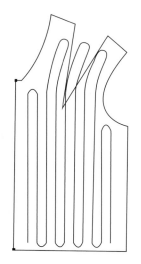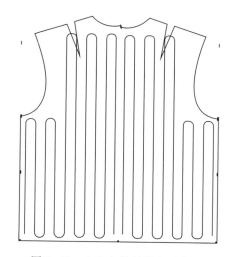

图5-12　上衣电热丝排布示意图

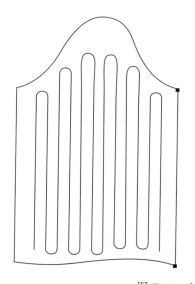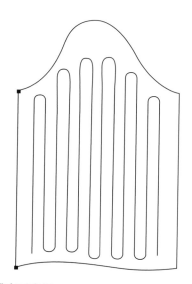

图5-13　袖子电热丝排布示意图

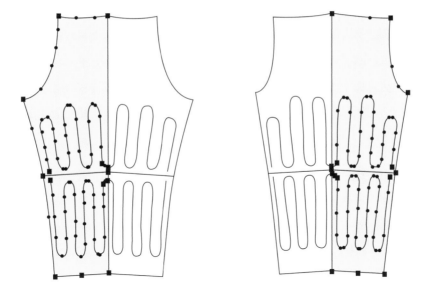

图5-14 裤子电热丝排布示意图

第四节 电加热服装的热湿舒适性评价

电加热服的性能评价通常可以利用暖体假人实验和人体着装实验两种方法进行。本节采用人体穿着实验，受试者穿着电加热服装，测量受试者在不加热状态和加热状态下的衣内温度、衣内湿度、平均皮肤温度以及主观感受等级变化，探讨电加热服的热湿舒适性。

一、实验部分

（一）实验准备

（1）实验环境：环境温度为10℃（安静状态时）和0℃（步行状态时），风速小于0.1m/s，相对湿度为45%。

（2）受试者：6名受试者，年龄为24±3岁，身高为169±6cm，体重为62±8kg。

（3）着装：受试者内穿统一的薄棉针织内衣、电加热服装及外衣裤，服装总热阻值约为1.06clo。

（4）实验仪器：多通道生理参数测试仪、温湿度记录仪。

（二）实验原理

本实验选择静坐安静和平地步行两种状态。

1. 静坐安静状态

经计算求得在实验环境条件下，受试者静坐时通过电热方式需要补充的能量约为40W/m²，其中上衣约为24W/m²，裤子约为16W/m²。结合上衣及裤子的有效加热面积，上衣及裤子的最终加热功率分别约为23.28W、8.96W。上衣和裤子分别单独供电，求得上衣及裤子的供电电压分别约为 10V、7V。

2. 平地步行状态

经计算求得在实验环境条件下，受试者步行时通过电热方式需要补充的能量约为 $20W/m^2$，其中上衣约为 $12W/m^2$，裤子约为 $8W/m^2$。结合上衣及裤子的有效加热面积，上衣及裤子的最终加热功率分别约为 12W、5W。上衣和裤子分别单独供电，求得上衣及裤子的供电电压分别约为 7V、4.8V。

3. 生理指标

衣内湿度、衣内温度、平均皮肤温度。平均皮肤温度采用 ISO 平均皮肤温度测量方法中的 8 点法。

4. 衣内微气候指标

测量受试者衣内温度、衣内湿度。

5. 主观感觉等级

采用 5 级感觉等级表来评价主观感觉，即 1—2—3—4—5，其中，1 表示完全没有，5 表示全部，主观感觉指标包括凉感、热感、黏感、闷感、湿感等。

（三）实验步骤

（1）受试者穿着电加热服，不供电加热。安装多通道生理测试仪，开始测量受试者的皮肤温度，测量的时间间隔为 30s。安装温湿度记录仪记录受试者的衣内温度和衣内湿度，记录的时间间隔 1min。安装完成，进入低温的实验环境，并记录受试者在不加热时的主观感觉等级；

（2）根据计算结果设置电压，接通电源，电加热服开始加热，持续 50min，记录受试者的皮肤温度、衣内温度和衣内湿度。人体感觉平衡稳定后，记录主观感觉等级。

二、结果与讨论

（一）生理指标测试结果

1. 平均皮肤温度

在静坐及平地步行状态下，6 名受试者穿上电加热服经过多次实验后，在安静状态下平均皮肤温度数据见表 5-6。由表 5-6 的数据可知，在未加热状态下，受试者平均皮肤温度相对比较低。在加热状态下，受试者的平均皮肤温度在人体感觉舒适的范围，说明在加热状态下受试者感觉是比较舒适的。电加热的能量比较有效地补偿了由于温度降低而增加的干热损失。

表 5-6 受试者平均皮肤温度　　　　单位：℃

状态	未加热状态	加热状态
静坐安静状态	31.65±0.20	33.15±0.16
平地步行状态	31.64±0.05	33.17±0.02

2. 衣内微环境温度、湿度

人体在着装过程中会在服装、人体两者之间形成与外界环境不同的局部微小气候，即衣内微气候，衣内微气候的温度、湿度以及气流速度均会影响穿着者的舒适感。在静坐及平地步行状态下，6名受试者穿上电加热服经过多次实验，衣内温度、湿度数据见表5-7、表5-8。由表5-7的数据可知，在未加热状态下，受试者平均衣内温度相对比较低。而在加热状态下，受试者的衣内温度有显著提升。衣内温度无论在安静还是在运动状态下，均在人体感觉舒适的范围之内，说明本研究的电加热服装在附加加热功能后，并没有对服装的透湿性有影响，服装整体的热湿舒适比较好。

表5-7　受试者衣内温度　　　　　　　　　　　　单位：℃

状态	未加热状态	加热状态
静坐安静状态	27.82±0.80	29.82±0.97
平地步行状态	27.97±0.11	30.02±0.26

表5-8　受试者衣内湿度　　　　　　　　　　　　单位：%

状态	未加热状态	加热状态
静坐安静状态	55.70±1.05	53.61±1.62
平地步行状态	54.73±0.14	58.27±0.20

（二）主观感觉评价结果

通过多次测试，受试者在静坐和平地步行状态时，主观感觉评价数据分别见表5-9、表5-10。

表5-9　受试者静坐时主观感觉评价数据

评价等级数值	凉感	热感	闷感	湿感	黏感
未加热状态	4.5±0.58	1.0±0.0	1.0±0.0	1.0±0.0	1.0±0.0
加热状态	1.1±0.20	1.0±0.0	1.0±0.0	1.0±0.0	1.0±0.0

表5-10　受试者平地步行时主观感觉评价数据

评价等级数值	凉感	热感	闷感	湿感	黏感
未加热状态	3.5±0.50	1.0±0.0	1.0±0.0	1.0±0.0	1.0±0.0
加热状态	1.1±0.20	1.0±0.0	1.57±0.37	1.0±0.0	1.0±0.0

由表5-9和表5-10可以看出，在没有电加热时，受试者均有非常严重的冷感，极其不舒适，无法长时间坚持。而在加热状态下，主观感觉评价数据反映出受试者没有显著的热感，个别受试者有很轻微凉感，但仍然感觉舒适，说明服装以及电加热功率的计算基本合理。很轻微凉感应该是服装没有完全服帖人体，加热能量稍有损失造成的。作为功能性加热服装，

在稳定状态下，其所提供的热舒适应该是一种无凉感且无热感的中性状态。相对目前市场上的局部加热的电加热服，本研究所设计制作的电加热服的舒适感才是最为理想的。

三、本节小结

本节通过人体穿着实验，在静坐和平地行走两个活动水平下，分别测试服装在加热状态和不加热状态下的热湿舒适性能，测试受试者的生理指标和主观感觉等级。测试结果表明，受试者穿着1clo左右的服装，在静坐（环境温度为10℃）及平地步行（环境温度为0℃）状态下，当电加热服未开启加热时，人体会感觉到比较严重的冷感。开启加热功能后无明显的凉感，且在加热状态人体感觉是不冷不热的中性状态，基本不会有闷感、湿感、黏感等感觉，说明电加热服的电热丝排布及电加热功率计算模型基本合理，电加热服的设计比较合理。

◆ 本章参考文献 ◆

[1] 王艺霈．李俊．防寒服的研究现状与性能评价［J］．中国个体防护装备，2011（2）：17-19.

[2] 周永凯，张建春．服装舒适性与评价［M］．北京：北京工艺美术出版社，2006.

[3] 张渭源．服装舒适性与功能［M］．北京：中国纺织出版社，2005.

[4] 谌玉红．姜志华．曾长松．暖体假人测试原理与应用［J］．中国个体防护装备，2000（4）：30-36.

[5] 顾心清．李荣杰．李亿光，等．92海军舰艇艇员防寒服保暖性能人体试验评价［J］．海军医学，2000，21（1）：4.

[6] 顾心清．李荣杰．李亿光，等．02舰艇防寒服保暖性能人体评价试验［J］．海军医学，2003，24（3）：210.

[7] 庄梅玲，刘静伟．从劳动防护谈电热服［J］．中国个体防护装备：原《中国劳动防护用品》，2001，（2）：36-37.

[8] 庄梅铃，张晓枫．电热服的热性能评价［J］．青岛大学学报：工程技术版，2004，19（2）：55-58.

[9] Hamdani，Syed，Fernando，et al．Thermo-mechanical behavior of stainless steel knitted structures［J］．Heat & Mass Transfer，2016，52（9）：1861-1870.

[10] Bharti M，Singh A，Samanta S，et al．Conductive polymers：Creating their niche in thermoelectric domain［J］．Progress in Materials Science，2018，93：270-310.

[11] 卢俊宇．柔性加热织物、薄膜的结构设计与热学性能研究［D］．天津：天津工业大学，2017.

[12] Liu H，Li J，Chen L，et al．Thermal-electronicbehaviors investigation of knitted heating fabrics basedon silver plating compound yarns［J］．Textile Research Journal，2016，86（13）：1-15.

[13] 陈莉，刘皓，周丽．镀银长丝针织物的结构及其导电发热性能［J］．纺织学报，2013，34（10）：52-56.

[14] 陈莉，刘皓．可加热纬编针织物的电热性能［J］．纺织学报，2015，36（4）：5.

[15] Liu H，Zhang Y，Chen L，et al．Development and characterization of flexible heating fabric based on conductive filaments［J］．Measurement，2012，45（7）：1855-1865.

[16] 李雅芳．基于镀银纱线的加热织物制备及其热力学性能研究与仿真［D］．天津：天津工业大学，2017.

[17] Yuanfang，Zhao，Li，et al．Novel design of integrated thermal functional garment for primary dysmenorrhea re-

lief：The study and customizable application development of thermal conductive woven fabric ［J］. Textile Research Journal，2019，90（9-10）：1002-1023.

［18］史俊辉. 电加热碳纤维机织物电热性能预测及设计［D］. 上海：东华大学，2020.

［19］He S，Chen Z，Xin B，et al. Surface functionalization of Ag/polypyrrole-coated cotton fabric by in situ polymerization and magnetron sputtering［J］. Textile Research Journal，2019.

［20］Kim H，Lee S，Kim H. Electrical Heating Performance of Electro-Conductive Para-aramid Knit Manufactured by Dip-Coating in a Graphene/Waterborne Polyurethane Composite［J］. Scientific Reports，2019，9（1）：1511.

［21］CHATTERJEE A，KUMAR M N，MAITY S. Influence of graphene oxideconcentration and dipping cycles on elec-trical conductivity of coated cotton tex-tiles［J］. Text Inst，2017，108（11）：1910-1916.

［22］虞茹芳，洪兴华，祝成炎，等. 还原氧化石墨烯涂层织物的电加热性能［J］. 纺织学报，2021，42（10）：6.

［23］Sadi M S，Yang M，Luo L，et al. Direct screen printing of single-faced conductivecotton fabrics for strain sensing，electrical heating and color changing［J］. Cellulose，2019，26（10）：6179-6188.

［24］许冰，钟冬根，龚夒，等. 基于石墨烯加热膜片的自动控温运动服［J］. 粘接，2021，45（3）：5.

［25］Marick L，Farms GP. Electrically Hemed wearing apparel. U. S. Patent. No. 2277772，1942.

［26］Ozan Kayacan，Ender Bulgun，Ozge Sahin. Implementation of Steel-based Fabric Panels in a Heated Garment Design［J］. Textile Research Journal，2009，79：1427-1437.

［27］叶影. 一种电热服装：中国，CN201830924U［P］. 2010-09-14.

［28］唐世君，郭诗珧. 电加热服装的研制［J］. 中国个体防护装备，2013（6）：4.

［29］李冉. 下肢障碍者用电加热户外防寒服设计与评价［D］. 上海：东华大学，2020.

［30］苗钰，洪文进，沈雷. 基于柔性纳米增强远红外的保暖理疗针织休闲裤设计与开发［J］. 纺织导报，2018（5）：95-97.

［31］沈雷，任祥放，刘皆希，等. 保暖充电老年服装的设计与开发［J］. 纺织学报，2017，38（4）：6.

［32］张海棠. 电加热医疗救援服的研制与舒适性评价［D］. 无锡：江南大学，2021.

［33］柯莹，张海棠，朱晓涵，等. 电加热高空清洁作业服研制与性能评价［J］. 纺织学报，2021，42（8）：7.

［34］崔志英，杨诗慧，张妍，等. 石墨烯电加热服装的服用性能研究［J］. 毛纺科技，2018，46（8）：5.

［35］Polansky R，Soukup R，Reboun J，et al. A novel large-area embroidered temperaturesensor based on an innovative hybrid resistive thread［J］. Sensors & Actuators：A. Physical，2017，265：111-119.

［36］柯莹，张向辉. 电加热服结构及其性能评价方法［J］. 纺织导报，2016（11）：2.

［37］Wang F，Lee H. Evaluation of an electrically heated vest（EHV）on thermal manikin under two different cold environments［J］. The Annals of Occupational Hygiene，2010，54（1）：117-124.

［38］Wang F，Gao C，Kuklane K，Holmer I. Effects of air velocity and clothing combination on heating efficiency of an electrically heated vest（EHV）：a pilot study［J］. Journal of Occupational and Environmental Hygiene，2010，7（9）：501-505.

［39］田苗，张向辉，沈翀翌. 电加热服装的研究进展及热舒适性能评价［J］. 上海纺织科技，2018（8）：6.

［40］张妍. 电加热服装的服用性能研究［D］. 上海：东华大学，2017.

［41］Wang F，Kang Z，Zhou J. Model validation and parametric study on a personal heating clothing system（PHCS） to help occupants attain thermal comfort in unheated buildings［J］. Building and Environment，2019，162：106308.

［42］沈悦明，张雪青，李璇. 电加热服装质量风险调查分析［J］. 中国纤检，2019（2）：4.

［43］郑兆和，伍伟新. 电加热服装的电学安全性和发热功能性评价方法［J］. 山东纺织科技，2017，58（4）：4.

［44］王小兰. 电加热服装不合格率居高促相关标准提速［J］. 中国纤检，2019（6）：3.

第六章　瑜伽服结构设计与工艺

第一节　瑜伽服概述

在科技发达的今天，人类的寿命逐渐延长，越来越多的人开始重视自身健康，注重身体锻炼，纷纷加入养生大军。面对职场人群的"亚健康"状态日益严重，健康生活已不再是老年人关注的话题，更是现在年轻人生活的风潮。而在众多健康养生方式中，运动被普遍认为是最有效的方式。

丰富的健身运动项目中，瑜伽因其倡导"身心合一"的生命哲理，既有助于身体各方面机能的协调和健康，又可以培养人们专注平和、冷静客观的良好心态，使人修身养性的特点，从众多项目中脱颖而出。它不仅保留了运动属性，更因受年轻时尚人士的追捧，成为时尚运动项目的代表[1]。

一、瑜伽运动

现代人所称的"瑜伽"起源于印度，距今有五千多年的历史文化。"瑜伽"其涵意为"一致""结合"或"和谐"，是古印度六大哲学派别中的一系，又被人们称为"世界的瑰宝"。

瑜伽运动是一系列修身养性的方法，通过提升意识，帮助人类充分发挥潜能的体系。瑜伽运用古老而易于掌握的技巧，改善人们生理、心理、情感和精神方面的能力，是一种达到身体、心灵与精神和谐统一的运动方式，包括调身的体位法、调息的呼吸法、调心的冥想法等，以达到身心的合一。

瑜伽发展到了今天，已经成为世界广泛传播的一项身心锻炼修习法。同时不断演变出了各种各样的瑜伽分支方法，比如热瑜伽、哈他瑜伽、高温瑜伽、养生瑜伽、双人瑜伽等。

二、瑜伽服现状及发展趋势

随着时代的发展，消费者对服饰的美观性与实用性需求日渐加强，服饰轻运动风崛起，运动装与日常服装的界限感在明显减弱。严格地说，瑜伽运动服装应属于休闲运动服，它既可以运动时穿着，也可以平时休闲穿着，此外瑜伽服在健身操、慢跑等轻运动中也都适用。

瑜伽服不仅需要满足穿着的功能性，也需同时兼顾服装的时尚性，它已不仅仅是专业运动服饰，更是具有时尚性的单品，不论是瑜伽裤还是紧身背心，都已经成为潮流人士的宠儿。

因此在瑜伽服结构设计中，除了满足瑜伽运动的机能属性，还需更多地考虑到穿着时是否可以达到塑形、从视觉上改善体态、促进体循环等的美观及功能作用。

随着瑜伽运动的广泛普及，现如今我们能够看到种类繁多的瑜伽服品牌。其中就包括目前瑜伽服品牌中的知名品牌 Lululemon。此外，还有一些传统运动品牌也大步进军瑜伽运动服装产业，例如耐克、阿迪达斯等。

服装的视觉效果和多功能性越来越受到人们的重视。新一代瑜伽服的设计应该兼具高科技功能与外观视觉，既要满足功能性还要具有流行时尚性。瑜伽服的服装种类在增加，品类越来越齐全：从以前单一的背心和长裤，到渐渐搭配外套甚至服饰品；从单一的针织面料到添加更具美感的装饰性辅料，使服装越来越具有美感；从简单的拼合工艺到无缝热压缩技术带来的裸感穿着体验；从满足运动机能性到修正体型、促进循环达到体态的改善，使瑜伽服越来越具有功能性。未来瑜伽服的发展将会更多地关注高性能面料与结构、工艺的完美契合，并在多功能性设计上不断创新[2]。

三、瑜伽服材料

目前市场上瑜伽服的面料主要有以下几种：锦纶、氨纶、聚酯纤维、聚酰胺纤维、棉、莫代尔以及竹纤维等面料，部分瑜伽服会在局部采用网布面料。其中锦纶加氨纶面料、锦纶加氨纶加聚酯纤维面料、棉加氨纶面料的市场占有率较高。国产品牌中，锦纶加氨纶的弹性针织面料应用最为广泛，通常是 20% 的氨纶加 80% 锦纶。而国际品牌像 Lululemon，在基础聚酯纤维、锦纶以及氨纶的组织中，又加入了科技因素。例如 Wicking 一款高科技的聚酯纤维，比全棉的吸水性更好，并且全棉吸水后，水分停留在面料上，使得面料湿重，降低舒适度，而高科技聚酯纤维面料有独特的横截面，可以吸收身体的水分，分散到面料外表面，使身体保持干燥凉爽，所以又被称为会呼吸的面料。

材料在瑜伽服的设计中起到至关重要的作用，也是科技含量的展示点，利用独特的材质，最容易研发出具有核心竞争力的产品。因此专业瑜伽服品牌会建立自己的实验室，开发属于自己的材料。

1. Luon®

如全棉般的柔软舒适，具有超强恢复力，能够确保在进行瑜伽动作时不上滑，保持原位并且透气排汗，无拘无束。

运动服太紧绷会束缚动作，太宽松又没有承托力。Luon 面料让一切恰到好处，在宽松无拘的基础上提供一定的承托力，适合动作很大的运动项目，比如瑜伽、健美操、室内攀岩。

2. Lycra

Lycra（莱卡）是杜邦公司独家发明生产的一种人造弹力纤维，可自由拉长 4~7 倍，并在外力释放后迅速恢复原有长度。它不可单独使用，但能与任何其他人造或天然纤维交织使用；使用时不改变织物的外观，是一种看不见的纤维，能极大改善织物的性能。

3. Luxtreme®

这是一款快干面料，研发初衷主要是针对跑步这种大量流汗的运动，但因高温瑜伽等新型瑜伽方式的出现，这种质地轻薄、能够快速排汗的材质深受瑜伽爱好者的欢迎。此外拥有高弹力的它承托效果也很好。但因较 Luon 薄，所以在运动过程中会产生移位的问题，因此需要在结构与工艺上给予辅助处理。

4. 保健功能微胶囊

利用微胶囊技术开发能缓解压力、增加能量、美容、透湿和调节温度的针织面料。日本健康福利研究院的测试表明，穿着含钛的织物可以促进血液流通，降低乳酸浓度，从而缓解肌肉疼痛，降低肌肉硬度。如将这些技术应用到瑜伽服上，可大大提高瑜伽服的保健功能。

5. Coolmax

Coolmax 纤维由杜邦公司研发设计，已大量应用于运动服饰中。这种纤维的横切面呈独特扁十字形，形成四槽形结构，能更加迅速地将汗水排出挥发，被称为拥有先进降温系统的纤维。值得一提的是，中国乒乓球兵团悉尼夺金，穿的就是由 Coolmax 纤维制成的衣物。与 Luxtreme 一样，更适合瑜伽运动方式中流汗较多强度较大的种类。

6. 硅酮树脂

诸如"鲨鱼皮泳衣""快速皮肤"之类运动服，它们的主体便是由硅酮树脂膜构成，主要在瑜伽服用于局部塑型定型使用。

7. Silverescent

独家专利技术 X-STATIC，可以抑制细菌生成，大量出汗无异味。准确来说，Silverescent 不是一款面料，而是一项黑科技，采用专利技能 X-STATIC 将纯度为 99.99% 的银附着在每一根纤维表面，穿 Silverescent 等于是穿了一件银丝甲。

8. 竹纤维

竹纤维面料被称为会呼吸的生态面料，它以优质的天然竹子为原料，具有抗菌防臭，防紫外线，吸湿透气等天然功效。面料凉爽舒适，亲肤性好，很适合家用纺织品，瑜伽服等运动服饰。竹炭纤维素有"黑钻石"的美誉，是将竹子经过高温煅烧，与具有蜂窝状微孔结构的聚酯改性切片熔融纺丝制成，具有超强的吸附力，抑菌抗菌，柔滑软暖，吸湿透气，抗紫外线，主要用于内衣产品及运动休闲服饰等。

9. 牛奶纤维

牛奶纤维是用生物方法将牛奶酪蛋白与丙烯腈接枝共聚反应而成，具有丝般光泽、柔滑手感，保留的氨基酸有 17 种之多，能保持肌肤滑嫩，极具润肤养颜功效。

10. 麻棉系列面料

棉麻系列面料绿色环保，具有优秀的吸湿、透湿、透气、舒爽等特性，结构紧密的棉麻面料可屏蔽 95% 以上的紫外线，具有很好的耐热、耐晒性能。棉麻系列面料穿着舒适，被称为"人类至今以来发现的最完美纤维面料"。

11. 莫代尔

莫代尔 Modal 纤维是来自纯天然的素材，最初从榉木中提炼，光洁亮丽，柔软贴肤，是贴身内衣、家居休闲类织物的理想原料。

12. 天丝

天丝 Tencel 纤维提炼于木浆，100%可自然降解。柔软如丝绸，强韧如涤纶，凉爽如麻，温软如羊绒，纤维表面圆滑饱满，吸湿功能极佳，穿着倍感舒适。

面料还有护肤保湿整理、各种芳香整理、易去污整理、维生素整理、天然抗菌除臭整理、丝素整理、甲壳素整理、热感整理、凉感整理等。

第二节　影响瑜伽服规格设计的因素

一、材质因素

（一）面料的弹性属性对于规格设计的影响

上一节讲述了瑜伽服常用面料的特性以及种类。就针织物而言，因其具有弹性特征，所以在结构设计中，必须考虑面料的弹性属性对于规格设计的影响。针对不同材质的厚度、密度、弹性伸拉系数及复原系数，需要相应地调整结构与部位尺寸的设计及数据。在正式进行结构设计之前，用简单的方式确定与判断面料的弹性属性是非常必要且关键的步骤，这会使你的数据更合理，做出的纸样也更符合人体的舒适性及美观性需求。下面就如何进行简单的面料弹性属性测试进行说明。

1. 测试项目及定义

（1）弹性运用率。弹性运用率是指针织面料在拉伸到其最大长度和宽度时，平均每厘米面料被拉伸的长度和宽度的数值。一般针织面料的弹性运用率为18%～100%或更多。对制作瑜伽服的面料而言，弹性运用率很关键。在同样的板型数据下，系数过大的面料，运动者在穿着过程中会感觉缺乏紧致感，不够塑身。而运用率过小的面料则会感觉绷紧，无法呼吸，缺乏舒适感。目前企业中常使用的面料，横向弹性运用率通常为50%～100%或更多，纵向弹性运用率通常为40%～90%。

（2）复原系数。复原系数是指针织面料在拉伸作用力失去后恢复到原始形状的程度。具有良好复原特性的针织面料，在拉力消失后能恢复到原有长度和宽度。如果针织面料不能恢复其原有尺寸，或只是恢复到近似于原有尺寸，服装穿在身上就会显得比较松垮，并失去部分原来的形状。瑜伽服因其着装者通常会做一些身体极限延伸类的动作，拉伸变形比较大，因此对于面料的复原系数有非常高的要求。不达标的面料，随着穿着的次数增加，常伸拉或弯曲的部位例如臀部、膝盖等会产生鼓包及形变。

（3）拉伸度。不同的针织面料其拉伸度不同，同一针织面料在横向及纵向方向的拉伸度也不同。在横、纵两个方向均可拉伸的面料称为双向拉伸，也常叫"四面弹"。制作瑜伽服的面料通常要求"四面弹"，除横向能够适应人体围度尺寸在运动过程中的变化外，由于瑜伽运动姿势的特殊性，例如"臀桥""仰卧交替抬腿式"等，纵向尺寸也相应会有变化，因此常选用"四面弹"的材质。

2. 测试方法[3]

材料的弹性性能及弹性率理论上可选择弹性模量去评价，而实际应用中，可以通过手力感受的简便方式对面料的弹性分方向进行评估。通过手感受力的程度大小来体现适体的程度大小，利用面料拉开的难易程度反映面料的弹性性能。本书采用手感拉伸法获取弹性运用率，可常备一把测量用尺，以确定所需面料的弹性运用量。此外，为了满足身体各个部位样板尺寸，能够具有运用面料弹性的统一性、合理性，本书中的面料弹性运用率指标按照下列公式数据表达：

$$弹性运用率 = （拉开后尺寸-拉开前尺寸）/拉开前尺寸×100\%$$

例如一块面料拉开前尺寸为 10cm，拉伸后尺寸为 12cm，那么它的弹性运用率为 20%。

（二）根据面料弹性属性测试结果及号型要求设计规格尺寸

例如，面料在进行测试后结果如下：

（1）横向弹性伸拉系数为 50%、纵向弹性运用率为 48%。

（2）复原系数为 99.2%。

（3）纵向及横向均可拉伸且弹性运用率接近。

由于瑜伽服款式多种多样，如廓型比较宽松，那么材质的弹性属性因素相对影响不大，因此根据当今潮流与市场常见款式，这里以制作紧身瑜伽裤为实例，所需尺寸见表 6-1。

表 6-1　瑜伽裤部位尺寸与弹性属性的相关性

部位	裤长	立裆	臀围	腰围	膝围	脚口
相关性	与纵向弹性运用率相关		与横向弹性运用率相关			

1. 裤长与立裆

针对裤长、立裆而言，这类尺寸设计与面料的纵向弹性运用率有很大关系，如果不能发挥拉伸能力或拉伸太饱和都会对穿着感产生影响。由于手工测量多少会有所偏差，以文化式裤原型为基准（立裆=27.5cm），根据纵向每增加 10% 的弹性运用率，立裆尺寸可相应减小0.5cm 的大致规律，纵向弹性运用率在 48% 的情况下，立裆的成品尺寸可先定在 25~25.5cm这个区间，根据首件成品的效果再进行调整。

2. 臀围、腰围

对于臀围、腰围，这类尺寸设计与面料的横向弹性运用率有很大关系，拉伸不足或拉伸太满都会影响穿着体验。通常情况弹性运用率发挥到中等程度，舒适度及紧致感能够同时满足。如横向弹性运用率为 50% 的情况下，人穿着时，拉伸率实现 25%~28% 的程度是比较好的状态，既不会感觉到紧绷，同时又具有承托力。如果满足臀围净尺寸在 88~92cm 的人群穿着为最佳状态，那么臀围在 75~105cm 极限区间的人群都可以穿。

假设成品臀围=X，则 X+0.5X=105，成品臀围为 70cm，并且满足拉伸率 25%~28% 时，可达到核心目标穿着人群的净体尺寸。在设定规格后，还需要检测一下，做瑜伽运动时，如臀部、腰部等体表变形率比较大的部位，该尺寸是否可以满足运动需求。当然，影响规格设计的因素并不只是材料的弹力运用率，综合因素的影响后面会具体展开说明。

3. 膝围

膝盖部位在瑜伽运动过程中，围度并不像臀围一样，需要很大的拉伸空间，相反需要尺寸相对稳定、易于穿脱且不容易变形。因此在制定成品尺寸过程中，要考虑适当减少缩小的尺寸。而中膝位置虽然是下肢活动中拉伸、弯曲较大的部位，但考虑到拉伸过大面料难恢复易起鼓包以及人体膝盖位置脂肪组织较少，体表尺寸变化空间不大的因素，制定成品尺寸时，也需适当减少缩小的尺寸。

4. 脚口

由于脚口在运动过程中受到作用力比较小，相对运动舒适度来说，更需要注意穿脱性、保型性以及稳定性，故设计尺寸以人体脚踝围净尺寸为基准，适当减少 1~2cm 即可，以便穿脱容易，并且在运动过程中不易上蹿。

综合上述，瑜伽裤的成品尺寸规格范围标准可见表 6-2。

表 6-2　瑜伽裤成品尺寸规格范围表　　　　　　　　单位：cm

尺码	裤长	立裆	腰围	臀围	膝盖	脚口
S	80~85	21~25.5	51~51	55~75	28~31.5	18.5~21.5
M	81~85	22~25.5	53~53	58~78	30~32.5	19~22
L	82~87	23~27.5	55~55	70~80	32~34.5	20~23

二、造型因素

就目前市场所销售的瑜伽服款式来看，瑜伽裤的热销造型相对比较固定，由早期的宽松长裤、灯笼裤发展到当今既可满足多种运动需求，又可搭配时尚单品的紧身裤型，在款式设计上造型要素比较固定，款式设计主要体现在色彩、材质以及修正身型等方面。一般来说瑜伽裤需要合身：一方面突出人体曲线，在外观上看起来更加美观；另一方面便于教练判断练习者的体位是否标准以做出相应的指导。

因此，这里以相对而言造型变化比较丰富的瑜伽服上装为实例。

在极简风潮的主导下，瑜伽服的上装款式比较简洁，造型上分为紧身、常规和宽松；领口的设计多为大领口及无领结构。根据天气变化，从无袖背心到短袖到秋冬季长袖造型，但通常是合体袖型，无复杂款式。

另有研究表明，在瑜伽运动中，上肢主要活动部位有肩部、颈部及双臂。结合胸部的运动特点，综合考虑款式与运动特征，上装的主要控制尺寸部位为胸围、腰围、肩宽、衣长以及袖长。

上装因其款式变化多样，紧身或宽松的造型对规格制定影响较大，因此在设计规格时分为紧身造型以及宽松造型来说明。瑜伽上衣部位尺寸与造型属性的相关性见表6-3。

表6-3　瑜伽上衣部位尺寸与造型属性的相关性

部位	衣长	袖长	腰围	胸围	肩宽
造型相关性	长度方向的放松量		围度方向的放松量		

（一）宽松造型

瑜伽是一项强调身心舒适的运动，在瑜伽上装的造型中，带有一定宽松度的服饰可以让人感受无拘束、轻松自在的感觉。离开人体的服装也不会对动作产生任何牵拉与压力。因此成为瑜伽服上衣款式中比较经典的造型。

同样是应用弹性材质，宽松造型的情况下，更多的是考虑款式的特征。因胸部以下呈现散摆，因此最重要的规格尺寸是胸围的设计，与之相关的各个围度尺寸都可以相应地制定。一般而言，虽然是宽松造型，但胸围过大也会对动作产生拖拉、累赘的影响。

因此，胸围的尺寸放松量可以在15～25cm这个范围。具体放松量还要以实际款式需求为准。

除了围度的考量，也要考虑到，由于宽松的造型与人体分离，在进行一些大幅度的延伸动作如轮式、深度后弯姿势时，服装会随动作一起移动，如果衣长长度不够，可能会造成错位等问题，因此在宽松造型的设计过程中，衣身的平衡架构与前衣长度尺寸的适当增加是保证服装穿着效果的关键。

（二）紧身造型

紧身造型在思考设计过程中，面料的弹性属性是关键的尺寸设计依据。为保证穿着者既有紧致的包裹感受又不会有勒紧的不舒适感，根据号型尺寸标准以及服装的着装评价总结的经验，一般弹性利用率在24%～50%都是比较适合的穿着状态。例如在为M160/84A的人群制作一款紧身瑜伽服，面料的四面弹性拉伸系数为100%的情况下，则：

成品胸围=最佳穿着胸围净尺寸-最佳穿着胸围净尺寸×良好弹性利用率+2～5cm的松量

最佳穿着净尺寸为84cm、弹性利用率达到24%即为穿着最佳状态的情况下，成品胸围的数值应该在54～70cm这个区间。值得提醒的是，表格中总结的数值是常规的一般规律，它可以帮助我们先快速地提出一个解决方案。根据款式的不同，例如露背、带有塑型目的等，最佳穿着的弹性利用率要有所改变，因此基础样衣制作完成后，试衣后的着装评价可以帮助我们进行细节的调整，从而确定准确的尺寸设计方案。

另外，人体在进行瑜伽运动过程中，不同姿势，人体的体表拉伸变化状态是不同的，除了材质、款式因素外，运动因素也是非常重要的参考指标，在设计成品规格时已考虑过此因素，具体设计方式见下文。

综上所述，瑜伽服上装的尺寸规格设计见表6-4、表6-5。不同造型瑜伽服的衣长、袖长、肩宽、腰围等尺寸都可根据款式的变化相应地进行区间的调整，尺寸表只做常规参考。

表6-4　瑜伽服上衣宽松造型的成品尺寸范围　　　　　单位：cm

尺码	衣长	袖长	胸围	肩宽
S	39～49	14～55	90 以上	37 以上
M	40～50	15～55	94 以上	38 以上
L	41～51	15～57	98 以上	39 以上

表6-5　瑜伽服上衣紧身造型的成品尺寸范围　　　　　单位：cm

尺码	衣长	袖长	腰围	胸围	肩宽
S	34～54	14～57	54～70	54～75	31～37
M	35～55	15～58	55～58	55～78	32～38
L	35～55	15～59	58～70	58～80	33～39

三、瑜伽运动因素

1. 瑜伽运动的特点[1]

瑜伽运动是一项将姿势、呼吸及心理三融为一，以达到身心合一的运动。它重视强调呼吸法、配合冥想，在舒缓的音乐中，悠缓地进行拉伸、旋转等姿势。瑜伽姿势有完善的体系，并以精准的方式调整身体、舒展紧张的肌肉和僵硬的关节，可增强柔韧性和力量，改善平衡与协调，增强耐力，培养力量和柔韧性。

瑜伽的姿势虽然有上万种，但归纳起来主要都是围绕着脊柱、髋部、四肢部位的训练。以下是排除类似于敬礼式、鹰式、站立式呼吸等运动幅度相对舒缓、拉伸效果不明显的姿势，总结出的瑜伽运动中最具拉伸特征的八大基本姿势。

（1）坐立单腿侧面拉伸。坐立单腿侧面拉伸见图6-1，做动作时，一侧身体侧面，大腿内部，小腿延伸拉伸，另一侧则收缩。

图6-1　坐立单腿侧面拉伸

（2）半鸽子式抓腿。半鸽子式抓腿见图6-2，此动作的主要拉伸区域为，胸腔、上臂内侧以及髋部。

（3）半鸽子式。半鸽子式见图6-3，此动作主要是拉伸前侧大腿外侧，打开髋部，腹肌等身体前侧的延展，背部肌肉延展脊柱。

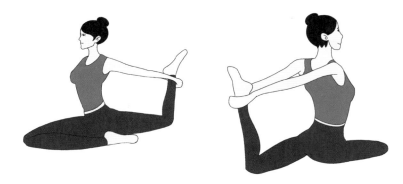

图 6-2　半鸽子式抓腿

图 6-3　半鸽子式

（4）战士一式。战士一式见图 6-4，此动作主要拉伸腿部外侧、髋部、脊柱以及手臂，整体延展向上。

图 6-4　战士一式

（5）瑜伽蹲。瑜伽蹲见图6-5，此姿势拉伸髋部延展脊柱，使得人体后侧极度拉伸，同时拉伸大腿内侧肌肉。

图6-5　瑜伽蹲

（6）坐角式。坐角式见图6-6，此姿势极度拉伸大腿内侧，背部脊柱配合向前延伸。

图6-6　坐角式

（7）英雄坐牛面式。英雄坐牛面式见图6-7，此姿势拉伸肩膀与大腿内侧，同时延展手臂、打开腋下。

图6-7　英雄坐牛面式

（8）战士二式。战士二式见图6-8，此姿势主要是打开身体前侧，拉伸手臂、大腿内侧及外侧。使身体有一个横向的延展。

图 6-8　战士二式

综合上述姿势不难发现，虽然姿势变化多种多样，名称也不尽相同，但是主要拉伸及活动的部位，相对来说比较集中。上半身主要围绕在胸部躯干、背部躯干、侧部躯干及手臂。集中的拉伸区域主要是腰部到腋下、腰部到胸部、手臂内外侧及颈部。服装结构中与之相关联的控制尺寸主要有背长、前后腰节、臂长、胸围、腰围以及臂根围。下半身主要以臀部、胯部及腿部运动为主。集中拉伸区域主要是腰部到臀部区间、大腿内外侧、小腿内外侧、膝盖骨区间。服装结构中与之相关联的控制尺寸主要有臀高、下裆长、立裆、膝长、腰围、臀围。因此在上装结构设计中，应更多地考虑胸部、腰部、手臂的运动特点，而在下装结构设计中则更多地要考虑到下肢的运动特点[4]。

2. 瑜伽运动中人体体表变化与瑜伽服的关系

（1）前后腰节。瑜伽的很多经典姿势如半鸽子式抓腿、战士一式等，人体的前后腰节都有所延展，所关联的控制点主要有颈侧点、BP点、肩胛骨突出点以及腰部。在尺寸规格设计中，需配合面料的弹性属性制定合理的衣长尺寸，避免出现运动中衣摆上卷、服装整体向上错位等问题。虽然通常制作瑜伽服的面料都具有良好的弹性属性，但不同造型的款式也要考虑是否需要增加长度方向的松量，例如宽松造型下，就要考虑因运动需要，向上拉伸后，衣服会跟随身体整体上移的因素，在衣长规格设计时，需要在满足静止状态下衣长的同时，增加 2~3cm 的拉伸量。

（2）胸部。在瑜伽运动中，伸展区域主要围绕在胸部躯干位置，从前屈到后伸，胸部的伸展幅度都是所有动作中最大的，横向与纵向同时都有较大的拉伸形变。个别动作横向拉伸率可达 20%，纵向拉伸率可达 40%。因此在设计瑜伽服上装的尺寸规格时，服装的放松量是否会束缚瑜伽运动是需要考虑的因素[4]。

167

（3）腰围。腰围受瑜伽动作的影响，主要产生了比较大的纵向形变，横向形变相对稳定。纵向的腰部最大拉伸率达到了 10.71%。相比较而言，对于瑜伽上装腰部的尺寸影响不大，对于下装纵向尺寸影响比较大[5]。

（4）臀围。人体在进行瑜伽运动时，后身腰胯区域的拉伸程度要远远大于前身腰胯区域的拉伸，并且人体下身纵向长度的拉伸程度远大于上半身。臀部处于腰胯之间，是动作重心，在做一些瑜伽动作如站立前弯式时，臀部区域拉伸可达到 14% 左右。

除纵向变化外，人体后身腰臀部位的横向围度拉伸变化程度大于前身，后身横向围度拉伸较大区域分别是腰节区域和臀围区域。

因此在设计瑜伽下装结构时，臀围的尺寸直接影响穿着者的运动舒适感。通常在设计瑜伽裤的规格尺寸时，会按照运动过程中最大拉伸率来进行尺寸的设计，这样能够确保在人体臀部横、纵拉伸率最大的状态下，穿着者依然能够自如地进行运动并且有良好的穿着体验。除此之外，如果做材质的拼接款式，我们也需要考虑将弹性运用率及恢复率较高的材质用于腰臀区域，确保运动的舒适性。在制作工艺上，也要特别保证腰臀区域缝制的耐磨及坚固，线距需调密，线的松紧程度要与材质高度配合，保证穿着不出现拼接处撕裂、断开的问题[6]。

（5）膝关节运动。瑜伽的动作中，涉及膝关节的活动动作比较多，对瑜伽裤在设计膝盖尺寸时，影响比较大。需要充分考虑到膝盖骨因其脂肪组织较少，以骨骼为主，本身拉伸形变的空间不足的问题，需要依靠材质的弹性与合理的放松量的设计来达到运动的舒适感。并且膝盖骨也是易于磨损的部位，如果放松量较小，膝盖部位产生较大束缚，影响瑜伽动作的完成，并且会使膝盖部位负重增加造成膝盖损伤，膝盖部位面料的磨损也会加大。因此膝盖部位的活动量应为 3~5cm。但如果面料属于高弹性，则可以不在纸样中增加放松量，甚至可以缩小尺寸。

四、缝制工艺因素

（一）针织产品缝制工艺的特点

瑜伽服所采用的面料基本为针织织物。而针织产品在缝纫过程中有一定的自然回缩，称为坯布的自然回缩率（也可称为缝纫工艺回缩率），设计纸样时应适当考虑加放尺寸。其计算公式：

$$坯布自然回缩率 = 缝制后自然回缩量（cm）÷（裁片长度-缝纫损耗）×100\%$$

瑜伽服常用面料中，常规的坯布自然回缩率在 3.0% 左右。应对不同的面料，最佳的方式是提前进行回缩率实验，以保证结构尺寸设计的准确性。本书以自然回缩率为 3% 来统一说明。

（二）瑜伽服缝制的特殊工艺

1. 无缝技术[7]

（1）无缝编织技术。目前市场上的瑜伽服多为有缝服装，是用大圆机织成针织布料，经过剪裁衣片之后，再缝制成服装。而瑜伽的动作都比较柔软，而且幅度都比较大，有很多全身伸展的大动作，而不是只有某几个角度的动作，所以对瑜伽服的弹性要求非常严格。而有缝瑜伽服虽然采用了弹性面料，但是侧缝、裆底等部位因为缝合而使弹性降低，不能很好地满足瑜伽大幅度动作对服装弹性的高要求。另外，练瑜伽会出很多汗，现有的瑜伽短裤虽然采用纯棉面料吸湿性较好，但排汗功能不佳，使瑜伽练习者在穿着过程中感到不适。

采用无缝技术，是由机器通过特定的编程生产出来的完整针织产品，从而不需要任何裁剪和缝合，并在产品的不同部位加织不同的组织结构，设计随人体变化而变化，对身体的不同部位产生不同的挤压效果，全身舒适，贴身无痕，穿上会产生美体塑身、功能性保健的作用。

无缝立体针织运动装是依据人体三维扫描数据而设计制成的一种符合人体形态的针织运动装，这种运动装能够帮助人们更舒适自如地进行运动。无缝立体针织技术与人体扫描数据的结合使得服装更加贴合人体，适应人体动态的需求，广泛应用在瑜伽、健身、跑步及滑雪服的基础层等服装上。在提升运动效率的同时，这种无缝立体技术还能避免缝合部位对人体产生摩擦和压痕。

（2）无缝热压技术。传统的服装皆为手工或机械缝制，面料拼接处留有缝头和缝纫线。面料接口不平整，易与皮肤直接摩擦，穿着不舒适；在各种恶劣的气候下，如高海拔的严寒、风雪、暴雨情况下，因为服装有针孔，所以会有风雨渗透的空隙，不能有效地防风、保暖和防雨（水）。因此，为满足市场需求，无缝拼接服装应运而生，这种技术更接近平面的形状，结构比较平整，因此贴身穿时不易摩擦皮肤，穿着更加舒适，又具有牢固、不易脱线的优点。

然而，现在市场上大多数无缝拼接服装都是利用固体胶条，经加热熔化并渗透服装面料来进行面料间的黏合制成。这种制作工艺极易出现固体胶条融化不均匀，从而进一步导致黏合不牢固、拼接处平整度差等问题，严重影响产品品质，在使用过程中需要经验与前期的实验。

2. 四针六线

四针六线源于日本奥玲公司引进并开发的一种曲背拼缝机，主要用于缝件的拼合与并接。该机缝制的是国际公认的 ISO507 线迹，动感性极强，由四根面线、一根底线和一根哈疏线组成，具有高弹性、平坦且高强度的拼缝效果。

四针六线具有美观、平直、类似无缝的优点，常用于内衣和运动装的生产。该设备在实际运用中节省了平缝和包缝等环节，且质量和加工的外观是普通针车无法比拟的。

四针六线缝制过程中，需要注意调节线的张力，使其缝制完成后能够保持平整的外观。此外还要特别注意，在纸样制作的过程中，应考虑针织物缝制的自然回缩率，避免尺寸亏损。图6-9为四针六线的缝制效果。

3. 激光镂空

"镂空"原本是一种雕刻技术，即在物体上雕刻出穿透物体的花纹或文字，外面看起来

图6-9　四针六线缝制效果

是完整的图案，但里面是空的或者里面又镶嵌小的镂空物体。镂空服装是现代时尚界常用的一种的表现方式，常用此表现针织或裁剪技术，深受时尚人士喜爱。现有一种专门针对服装行业的镂空设备，除可大批量进行镂空外，还能在服装布料的表面烧花、切割。

纺织服装行业面辅料激光打孔镂空是运用高能量密度的激光束在服装面料或辅料上照射，依据计算机设定的图形进行切穿，形成精致细腻的镂空图案或排列整齐的透气孔洞。适用于服装面辅料的图案镂空、户外运动服透气孔打孔、瑜伽服健身服激光打孔、镂空等。

第三节　瑜伽服规格设计方法

在设计一款服装的成品规格时，通常需要综合考虑很多因素及在工业生产中可参考的标准号型，最终依据款式合理地设计出一款瑜伽服所需要增加的空间量（即放松量）。可以用以下公式计算：

$$成品规格=标准号型（人体净尺寸）+放松量$$

一、我国服装号型标准及人体测量数据[8]

服装号型国家标准是批量生产服装时规格设定的依据，也是消费者选购合体服装的标识。号型标准提供了科学的人体结构部位参考尺寸及规格系列设置，是服装设计和生产的重要技术依据。

（一）号型定义

"号"指人体身高，是确定服装长度部位尺寸的依据。

"型"指人体净胸围或净腰围，是确定服装围度和宽度部位尺寸的依据。在制板时，人体围度、宽度方向的部位尺寸如臀围、颈围、肩宽等都与人体净腰围或净臀围有关。

号型有统一的标识方法，号与型之间用斜线分开，斜线前为号，斜线后为型，后接体型分类代号，例如：160/84A。

（二）体型分类

使用身高和胸围还不能够很好地反映人体形态差异，具有相同身高和胸围的人，其胖瘦形态可能会有较大差异。比如胖人腹部一般较丰满，胸腰的落差较小。我国新的号型标准增加了胸腰差这一指标，并根据胸腰差的大小把人体体型分为四种，分别标记为：Y、A、B、C体型，见表6-6。

表 6-6　体型分类　　　　　　　　　　　　　　　　　　单位：cm

体型分类代号	Y	A	B	C
女体胸腰差	24~19	18~14	13~9	8~4

中国人口众多，南北方人体态特征差异较大，号型标准的设定除可以参照国标 GB/T 1335.2—2008《服装号型　女子》外，在实际生产中，更多的是依据消费人群特点、销售经验等制定的企业内部号型标准，去设计带有品牌特点的结构板型。为方便统一数据，本书以国标 GB/T 1335.2—2008《服装号型　女子》为依据展开后续内容。详情见女子 5.4 号型系列控制部位数值表 6-7。

表 6-7　女子 5.4 号型系列控制部位数值表　　　　　　　单位：cm

Y

部位	数值												
身高	145		150		155		160		165		170		175
颈椎点高	124.0		128.0		132.0		136.0		140.0		144.0		148.0
坐姿颈高点	56.5		58.5		60.5		62.5		64.5		66.6		68.5
全骨长	46.0		47.5		49.0		50.5		52.0		53.5		55.0
腰围高	89.0		92.0		95.0		98.0		101.0		104.0		107.0
胸围	72.0		76.0		80.0		84.0		88.0		92.0		96.0
颈围	31.0		31.8		32.6		33.4		34.2		35.0		35.8
总肩宽	37.0		38.0		39.0		40.0		41.0		42.0		43.0
腰围	50	52	54	56	58	60	62	64	66	68	70	72	74	76
臀围	77.4	79.2	81	82.8	84.6	86.4	88.2	90.0	91.8	93.6	95.4	97.2	99.0	100.8

A

部位	数值																			
身高	145			150			155			160			165			170			175	
颈椎点高	124.0			128.0			132.0			136.0			140.0			144.0			148.0	
坐姿颈高点	56.5			58.5			60.5			62.5			64.5			66.6			68.5	
全骨长	46.0			47.5			49.0			50.5			52.0			53.5			55.0	
腰围高	89.0			92.0			95.0			98.0			101.0			104.0			107.0	
胸围	72.0			76.0			80.0			84.0			88.0			92.0			96.0	
颈围	31.2			32.0			32.8			33.6			34.4			35.2			36.0	
总肩宽	36.4			37.4			38.4			39.4			40.4			41.4			42.4	
腰围	54	56	58	58	60	62	62	64	66	66	68	70	70	72	74	74	76	78	78	80	82
臀围	77.4	79.2	81	81	82.8	84.6	84.6	86.4	88.2	88.2	90.0	91.8	91.8	93.6	95.4	95.4	97.2	99.0	99.0	100.8	102.6

B

部位	数值						
身高	145	150	155	160	165	170	175
颈椎点高	124.5	128.5	132.5	136.5	140.5	144.5	148.5
坐姿颈高点	57.0	59.0	61.0	63.0	65.0	67.0	69.0
全骨长	46.0	47.5	49.0	50.5	52.0	53.5	55.0
腰围高	89.0	92.0	95.0	98.0	101.0	104.0	107.0

胸围	68.0	72.0	76.0	80.0	84.0	88.0	92.0	96.0	100.0	104.0
颈围	30.8	31.4	32.2	33	33.8	34.6	35.4	36.2	37.0	37.8
总肩宽	34.8	35.8	36.8	37.8	38.8	39.8	40.8	41.8	42.8	43.8

腰围	56	58	60	62	64	66	68	70	72	74	76	78	80	82	84	86	88	90	92	94
臀围	78.4	80.0	81.6	83.2	84.8	86.4	88.0	89.6	91.2	92.8	94.4	96.0	97.6	99.2	100.8	102.4	104.0	105.6	107.2	108.8

C

部位	数值						
身高	145	150	155	160	165	170	175
颈椎点高	124.5	128.5	132.5	136.5	140.5	144.5	148.5
坐姿颈高点	56.5	58.5	60.5	62.5	64.5	66.6	68.5
全骨长	46.0	47.5	49.0	50.5	52.0	53.5	55.0
腰围高	89.0	92.0	95.0	98.0	101.0	104.0	107.0

胸围	68.0	72.0	76.0	80.0	84.0	88.0	92.0	96.0	100.0	104.0	108.0
颈围	30.8	31.6	32.4	33.2	34.0	34.8	35.6	36.4	37.2	38.0	38.8
总肩宽	34.2	35.2	36.2	37.2	38.2	39.2	40.2	41.2	42.2	43.2	44.2

腰围	60	62	64	66	68	70	72	74	76	78	80	82	84	86	88	90	92	94	96	98	100	102
臀围	78.4	80.0	81.6	83.2	84.8	86.4	88.0	89.6	91.2	92.8	94.4	96.0	97.6	99.2	100.8	102.4	104.0	105.6	107.2	108.8	110.4	112.0

　　因每款瑜伽服的款式、结构、所选择的材质以及针对的目标人群、研发公司各不相同，很难有统一的标准及涵盖全部可能性。因此，选择 160/84A（上装）及 160/70A（下装）为

下一节中瑜伽服结构纸样和实例的号型，方便在统一的人体静态尺寸下说明不同结构纸样的形成原理及特征。

表 6-8 所示为 160/84A 及 160/70A 中间号型女性控制部位数值表。

表 6-8　中间号型女性控制部位数值表　　　　　　　　　　单位：cm

高度/围度	部位	160/84A 160/70A	最小松量	测　量　方　式
高度	身高	160	—	从头顶到地面的垂直高度
	颈椎点高	136	—	后颈点到地面的垂直高度
	头高	22	—	从头顶到下颚的高度
	袖窿深（最小）	21.5	—	肩点至腋窝点的垂直距离
	胸高	24.5	—	从侧颈点到 BP 点的实长
	背长	38	—	从后颈点到腰部的实长
	前腰节	42	—	经过侧颈点、BP 点、腰围基础线的实长
	后腰节	40	—	经过侧颈点、肩胛骨突点、腰围基础线的实长
	臀高	19	—	腰部到臀突点的实长
	膝高	44	—	膝盖骨中点到地面的垂直高度
	立裆	25	—	腰围线到大腿根部的实长
	下裆高	75	—	下裆位到地面的垂直高度
围度	头围	56	—	两耳上方水平测量的头部最大围度
	颈根围	34	—	经过后颈点、侧颈点及前颈点的围度
	胸围	84	3	经过 BP 点的水平围度
	腰围	70	2	经过人体最细处的水平围度
	腹围	84	3	经过腹突点的水平围度
	臀围	90	2	经过臀突点的水平围度
	臂根围	38	2	经过肩点、前、后腋点及腋窝点的围度
	臂围	28	2	前臂最大围度
	肘围	24	2	经前后肘点的上肢肘部水平围度
	腕围	16	—	经前后手腕点的腕部水平围度

续表

高度/ 围度	部位	160/84A 160/70A	最小 松量	测 量 方 式
	膝围	34	1.5	经过膝盖骨中点的水平围度
围度	大腿根围	54	2	经过大腿根部的水平围度
	周裆	63	4	从前腰中点到裆底至后腰中点的围长

二、放松量设计

在进行瑜伽服结构设计时，各个部位的放松量是直接影响瑜伽服穿着外观及舒适程度的主要因素。放松量一般受到面料的弹性属性、缝制属性、款式风格以及运动需求的影响。因此一款瑜伽服的放松量的设定不可以只考虑单一因素，而是要综合考虑全面判断，最终设定出较合理的尺寸。

不管是依据实验数据还是根据经验的总结，弹性运用率、自然回缩率，人体运动体表拉伸率与服装的放松量之间存在线性关系。即面料弹性越小且人体运动体表拉伸率越大，服装的放松量就越大。并且因为面料的缝制回缩率主要与缝纫手法及材质的性能相关，而缝纫设备与手法会跟随材质的弹性属性而改变，使自然回缩率稳定在一个区间，相对而言比较固定，因此可变空间比较大的主要是面料的弹性运动率与人体运动体表拉伸率这两个因素。根据研究可得，已知面料的弹性运用率与人体运动体表最大拉伸率的情况下，可以预估服装的放松量。假设：

运动体表最大拉伸率 $k=40\%$；

160/70A 的女性臀围 $H=90$cm；

面料的弹性运用率 $y=80\%$；

则服装的放松率 $x=(k+1)/(y+1)-1$

$$X = (0.4 + 1)/(0.8 + 1) - 1 = -22\%$$

那么放松量＝人体净尺寸×－22%＝－19.8（cm），因此放松量在－19.8cm 以上都是允许范围，不会影响运动舒适度。

综上所述，瑜伽服在进行规格设计时需要考虑到多方面因素。因其所使用的材质大多为针织物，因此针织物在进行规格设计时应注意的问题，瑜伽服同样也需要注意。另外，瑜伽服因其动作的特殊性，又区别于常规的针织休闲服饰，带有运动属性特点，在进行规格设计时也需要考虑到瑜伽动作对规格尺寸的影响。

确定了面料的弹性运用率后就可以先估计成品规格的范围与界限，再综合考虑款式、工艺等因素，最终获得比较合理的规格尺寸。表6-9是影响瑜伽服规格设计因素的总结[2]。

表 6-9　影响瑜伽服规格设计的因素

影响因素		影响规格部位	获得方式及影响程度
面料	弹性运用率	围度与长度	面料弹性测试获得，对规格设计的影响较大
款式风格	宽松	总体放松量	离开人体，受人体运动拉伸的影响比较小，款式影响大，考虑款式设计规格
	常规	总体放松量	接近人体，受人体运动拉伸的影响常规
	紧身	总体放松量	紧贴人体，受人体运动拉伸的影响较大。考虑运动需求设计规格
瑜伽动作	肩、胸、臂	肩宽、胸围、臂根围	人体上半身的最大纵向拉伸率为40%，横向拉伸率15%
	腰、臀、膝	腰围、立裆、臀围、膝围	人体下半身的最大纵向拉伸率为40%，横向拉伸率20%
缝制工艺	自然回缩	围度与长度	根据自然回缩率，适当增加围度、长度尺寸以保证缝制完成后状态
	无缝技术	工业纸样的放缝	对规格尺寸影响不大，但需要注意纸样形成时考虑常规针织物的亏损量

第四节　瑜伽服的结构设计与工艺

对于瑜伽服来说，造型呈现非紧即宽的特点。紧身需要包裹以及承托性，是更能体现瑜伽服功能性的造型，可用内衣、泳衣的结构角度切入。宽松式则可用休闲针织运动服的角度去设计纸样。因此在尺寸规格设计时，款式风格、面料的弹性属性以及工艺处理方式都是至关重要的参考因素。

瑜伽服的分类方式很多，例如按照面料的弹性属性，可以分为四面高弹、常规弹性以及低弹；按照服装与人体之间空间量的大小，可以分为紧身式、常规式以及宽松式等。

服装制板方法多种多样，大体可分为加减法、比例法、立体裁剪、胸度式、短寸式、原型法以及基础样板法等。对于瑜伽服来说，富有经验的行业板型师经常采用比例法直接进行款式绘制。由于这种方式需要大量实践经验，比例的数值需要根据款式的不同、工艺的不同相应调整，因此为方便系统地说明瑜伽服的结构设计原理，本书主要以基础样板法来讲述。通过对于基础样板的学习，运用结构变化原理，例如改变结构线设计，增加或减少放松量，加长或减小衣长等的款式变化方法，从而简单快速地完成结构设计。

瑜伽服的结构设计在我国起步较晚，号型资料、设定成品尺寸的方式以及纸样开发体系都不成熟，最初大部分是由内衣、泳装及家居服的板型师来进行瑜伽服的纸样设计，或者应用针织服装纸样的开发原理去进行等比例的缩小处理，并无专业的瑜伽服板型师。

但随着产业的发展，人们越来越意识到瑜伽服并非内衣或泳衣的改板，配合瑜伽运动需求，瑜伽服需要专业的技术人员去进行研发，板型也有其独特的特点。通过学习与搜集国外品牌的技术资料，在模仿与不断改进中，瑜伽服的技术开发越来越成熟。但若想赶上世界顶尖水平，还需要更多的人投身于专业瑜伽服的技术研发工作中。

一、瑜伽裤基础样板的设计过程

（一）紧身瑜伽裤原型的设计过程

紧身瑜伽裤的造型是目前市场上热销的造型之一。从功能角度来讲，配合高弹性的面料以及无缝工艺，在运动过程中更舒适，有承托以及包裹感，并且可以比较准确地看到运动中体表的变化，方便运动者及老师发现不正确的姿态及时调整，使动作更准确，提高运动效率。从心理上讲，紧身造型更能凸显运动所带来的好身材，流畅的曲线让人赏心悦目，从而增强运动者的自信心。因此，区别于富有禅意的宽松造型，紧身造型更获得时下年轻一代的青睐。

由于制作瑜伽裤的面料大部分为四面高弹针织材质，因此瑜伽裤紧身造型的设计，在最初被认为可以用推板的原理进行。以机织裤装原型为基础，利用推板缩码的原理，使其相同比例的缩小，利用面料的弹性，从而达到穿着时紧身的状态。在推演过程中发现穿着的问题，并逐一进行改善，得到相对较合理的瑜伽裤紧身基础型。从推演的过程中，我们可以比较清楚地体验到在没有完备技术资料的前提下设计一款紧身瑜伽裤的结构全过程，从而学习到对未知领域的纸样开发的思考方式及操作，为未来适应款式多样化打下基础。

1. 绘制机织型裤原型

以 160/70A 体为基础 M 号型进行机织型裤原型的绘制，成品尺寸见表 6-10。

人体净尺寸：腰围 = 70cm、臀围 = 90cm。

表 6-10　机织型裤原型成品尺寸（M）　　　　　　　　单位：cm

项目	裤长	立裆	腰围	臀围	脚口
成品尺寸	100	27.5	70	94	44
放松量	设计量	1.5	+2	+4	设计量

按照成品尺寸，绘制裤原型，纸样的绘制方式如图 6-10 所示。

2. 以缩码的思维缩小板型

我们选取一款市场上售卖的瑜伽裤的成品尺寸为参照。成品尺寸见表 6-11。选取常规针织弹性面料，弹性运用率为 30% 左右。将梭织裤原型纸样缩小得到瑜伽裤纸样。

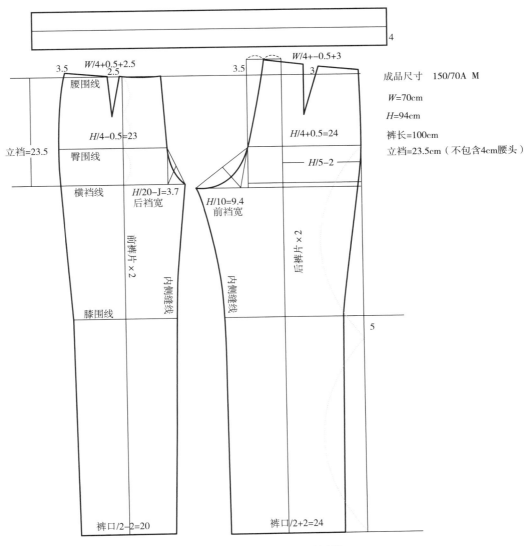

图 6-10　机织裤原型纸样

成品尺寸　150/70A　M

$W=70$cm

$H=94$cm

裤长=100cm

立档=23.5cm（不包含4cm腰头）

表 6-11　紧身针织瑜伽裤成品尺寸（M）　　　　单位：cm

项目	裤长	立档	腰围	臀围	脚口
成品尺寸	85.5	25	58	70	21
放松量	九分	-0.5	-10	-20	设计量

纸样缩放方式如图6-11所示。

3. 试穿弊端

用上述方式进行缩放，相当于缩小版直筒裤状态，试穿并进行瑜伽运动，然后进行穿着评价。静止状态形态较好，但略感紧绷不适；运动过程中腰部承托力不够容易下滑，档底运

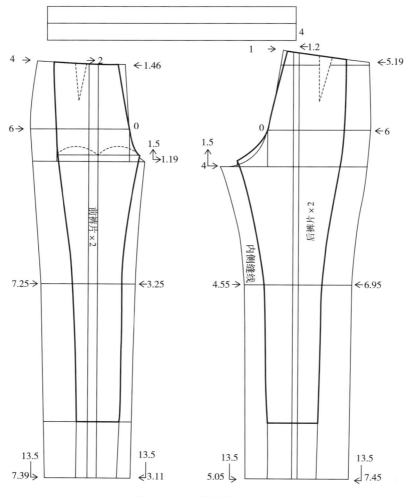

图 6-11　纸样缩放示意图

动量不足，人体厚度无法满足，膝盖附近压迫感比较大，裤腿在运动过程中有上蹿等问题。因此可以确定，以缩板的思考方式进行结构处理的思路正确，但如果想要获得更合理的基础形态，需要进行局部的细节调整，并且需要弹性运用率更高且恢复性更好的材质相配合。

（二）瑜伽裤经典基础型

在不断地试衣调整以及各种实验与研究中，学者们发现了面料弹性利用率、服装的放松率与人体运动拉伸率三者之间的关联性。利用上文所讲述的三关联公式，如果依然按照相同的成品尺寸来制作，我们可以比较清晰地估计出所应用的面料四面弹性运用率最低需要80%。如果面料的弹性性能不佳，则应该增加放松量，以免产生运动不适感。

另外，工艺缝制因素也是影响成品尺寸设计的因素，但因其相对比较稳定，并且与人体运动拉伸关联不紧密，因此在初始放松率计算出后，只需要另外增加缝制的自然回缩率即可，确保缝制后损耗量不影响整体尺寸设计。

1. 两片式紧身瑜伽裤基础型

选取面料的四面弹性运用率在 80% 左右，工艺缝制的自然回缩率为 3%。成品尺寸见表 6-12。

表 6-12　两片式紧身瑜伽裤基础型成品尺寸（M）　　　　　单位：cm

项目	裤长	立裆	腰围	臀围	膝盖	脚口
尺寸	85+自然回缩	27+自然回缩	58	70+自然回缩	30	21

纸样绘制方式如图 6-12 所示。

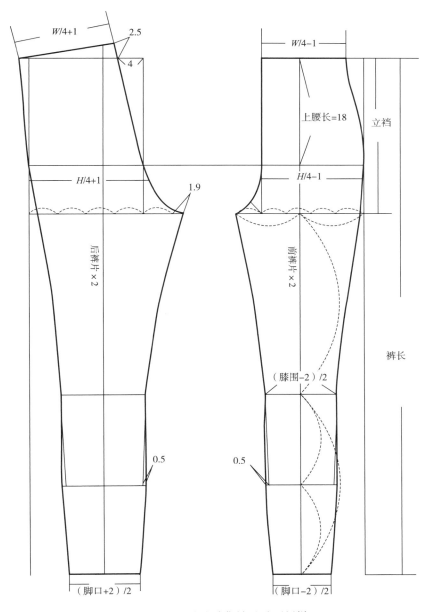

图 6-12　两片式瑜伽裤基础型纸样

（1）按照裤原型绘制的顺序，先进行裤长、腰围、立裆、臀围、膝盖以及脚口长度方向位置的绘制。

（2）分别依据图上的计算比例，在腰围、臀围、膝盖以及脚口绘制围度尺寸。

（3）完成圆顺轮廓线的绘制。

2. 无侧缝一片式紧身瑜伽裤基础型[9]

为满足瑜伽裤更好的贴合人体，在最初经常选用设计造型分割线来进行廓型塑造，这种方式可以合理地进行量的处理，并且对面料本身的弹性属性依赖性比较小，是通过结构设计的方式使瑜伽裤穿着合体舒适。但拼接缝过多也容易造成像拼接处的线迹摩擦人体产生不适感；或因为拼接处的弹性被破坏而使弹性运用率下降，运动受限；或拼接缝多增加缝制工艺的难度等弊端，让瑜伽裤在造型上"减负"成为潮流。随着"无缝""裸感"等设计点的诞生，瑜伽裤的板型也朝着尽量减少造型结构线的方向发展。

无侧缝紧身瑜伽裤是目前市场上最常见的款式之一。因裤片整体呈现一片，拼接缝减少，从而使穿着者更舒适，服装也更加耐穿。选取面料的四面弹性运用率在80%左右，工艺缝制的自然回缩率为3%，成品尺寸见表6-13。

表6-13　无侧缝一片式紧身瑜伽裤基础型成品尺寸（M）　　　　单位：cm

项目	裤长	立裆	腰围	臀围	膝盖	脚口
尺寸	85+自然回缩	27+自然回缩	58	70+自然回缩	30	21

纸样绘制方式如图6-13所示。

（1）按照图6-13先进行裤长、腰围、立裆、臀围、膝盖以及脚口长度方向位置的绘制。

（2）在位置线上，按照成品尺寸，分别计算出腰围、臀围、膝盖以及脚口的围度。

（3）后中心裆的倾斜角度如图所示，起翘2~2.5cm。后腰省量为4cm。

（4）进行圆顺轮廓线的绘制，注意前中心腰腹区域及膝盖到脚踝区域，都需要充分考虑腹部及小腿肚的量，避免画直线，利用曲线补出相应的量，穿着会更加舒适。

基础形态是满足人体运动需求、款式需求的基本框架。在实际生产应用中，会综合考虑面料性能、款式需求、穿着喜好等。例如基础型中前裆宽与后裆宽的比例关系，在实际操作时，为了避免裆部十字交叉所带来的不适感以及追求更好的外形，会减少前裆宽的比例，加大后裆宽，甚至用拆解的方式增加裆底结构，避免前后裆在底部交叉缝合形成十字，既不舒适也容易因缝制降低面料的耐牢性造成运动中绷裂等问题。

3. 无Y线紧身瑜伽裤基础型

瑜伽裤结构不断完善的过程中，满足运动舒适性已成为最基础的要求。除此以外，年轻的瑜伽运动爱好者们更希望瑜伽裤带来的不仅是运动上的基础需要，还有外形与细节等视觉上的需要。尤其是女性，在穿着紧身瑜伽裤时，裆底"Y"字褶皱的出现会使人尴尬，影响视觉效果。为了避免尴尬线的产生，开发了无"Y"线的结构。选取面料的四面弹性利用率在80%左右，工艺缝制的自然回缩率为3%。成品尺寸见表6-14。

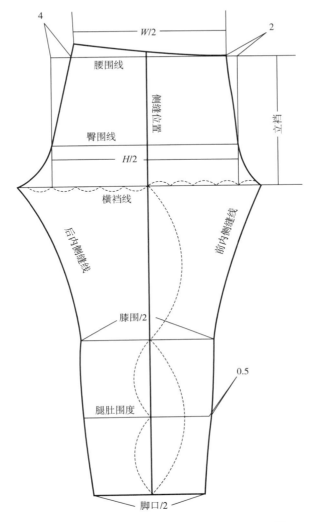

图 6-13 无侧缝一片式紧身瑜伽裤基础型纸样

表 6-14 无 Y 线紧身瑜伽裤基础型成品尺寸（M） 单位：cm

项目	裤长	立裆	腰围	臀围	膝盖	脚口
尺寸	85+自然回缩	27+自然回缩	58	70+自然回缩	30	21

纸样绘制方式如图 6-14 所示。

（1）按照图 6-14 先进行裤长、腰围、立裆、臀围、膝盖以及脚口长度方向位置的绘制。

（2）在位置线上，按照成品尺寸，分别计算出腰围、臀围、膝盖以及脚口的围度。

（3）前中心改为连裁一片式，为弥补前裆弯取消后前裆宽的减少，增加裆插脚进行量的弥补以保证能够满足人体的厚度需求。

（4）因传统两片式结构裆线与内侧缝线拼合后会产生十字交叉点，此点因拼接缝变得厚

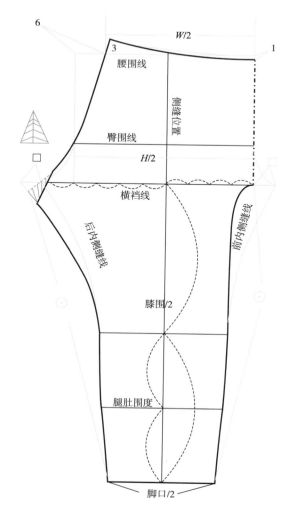

图 6-14　无 Y 线紧身瑜伽裤基础型纸样

重；在瑜伽的运动过程中，裆底的形变比较大，缝合会造成面料弹性的破坏以及使缝合位置相对脆弱，容易造成拼合撕裂的问题。因此后裆采用插角的形式，将拼合点转移，不集中于一点，避开人体拉伸较大的位置，使其增加耐损与耐磨性。

（5）画出圆顺的外轮廓线，拆开裆底插角。

二、瑜伽服上衣基础样板的设计过程

瑜伽服上衣较瑜伽裤而言，款式变化多样，相对瑜伽裤更强调功能性来说，上衣则更注重外形与风格的塑造：从富有禅意的宽松造型到时尚紧身造型，从长衣长袖到无袖背心，从基础上衣到运动文胸，跨度较大，加之像抽绳、镂空、交叉扭结等设计细节点非常丰富，因此成品规格设计也更需要考虑款式风格的因素。

为方便概括总结瑜伽服上衣的造型特征，我们选取宽松与紧身两个比较极端的造型来说明带有瑜伽服鲜明特色的结构设计。常规款式的结构设计，参考针织、内衣的纸样开发原理即可。

（一）宽松瑜伽上衣的基础样板

一般宽松型的胸围放松量在 15cm 以上，由于造型多脱离人体曲线，有一种舒适以及休闲感，所以围度尺寸的把握相对比较简单。值得注意的是前后衣身的平衡以及因瑜伽动作而产生的体表纵向形变对板型长度尺寸的影响，避免出现前、后衣摆起吊或长度不足等问题。

1. 面料弹性

四面弹性在 30% 左右。

2. 宽松瑜伽上衣基础样板成品尺寸规格

以 160/84A 体为人体号型标准，设置宽松上衣基础型成品尺寸，见表 6-15。

人体净尺寸：胸围 = 84cm、肩宽 = 38cm、背长 = 38cm、领围 = 34cm。

表 6-15　宽松瑜伽上衣基础型成品尺寸（M）　　　　　　　　单位：cm

项目	衣长	胸围（B）	肩宽（S）	领围（N）
尺寸	背长+臀高+自然回缩	84+22+3=109	38+2=40	$N=34+2=35$

3. 制图

按照图 6-15 所示，进行基础型的绘制。此图中 B^* 为人体胸围净尺寸 84cm。

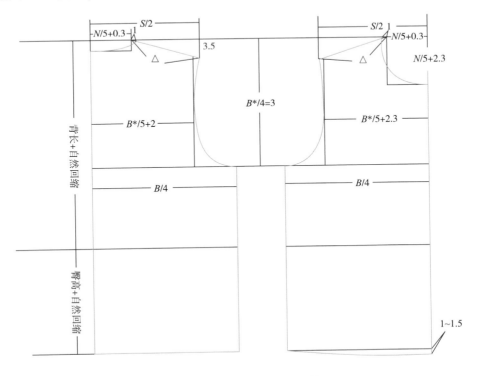

图 6-15　宽松瑜伽上衣基础样板

（1）按照图6-15首先确定后背长及臀高。确定后颈点基准线后，向下量取$B^*/4-3cm$确定袖窿深。然后量取背长+自然回缩确定腰围线。从腰围线向下量取臀高+自然回缩确定臀围线。

（2）按照图中比例公式分别在围度基准上确定前后横开领、后背宽、前胸宽、前后胸围大以及后肩宽。

（3）确定肩宽位置后，取3.5cm作为落肩量，从而找到后肩斜线。用相同的方式找到前肩斜线，并使后小肩宽△等于前小肩宽。

（4）画出圆顺的轮廓线。

（二）紧身瑜伽上衣的基础样板

紧身型的尺寸设计除款式特征外，主要需参考面料的弹性运用率。放松量设计的方式与瑜伽裤紧身造型思路相同。

（1）以160/84A体为基础号型。

（2）面料弹性：四面弹力80%。

（3）人体最大拉伸系数：40%。

（4）服装放松量的计算：服装放松率$X=(k+1)/(y+1)-1=(0.4+1)/(0.8+1)-1=-22\%$，那么胸围的放松量在-18以上都是比较合理的范围。在此基础上考虑缝制的自然回缩率，增加2.5cm的缝制耗损。综合考虑，紧身瑜伽上衣基础型的成品尺寸见表6-16。

表6-16　紧身瑜伽上衣基础型成品尺寸（M）　　　　　　　　　　单位：cm

项目	衣长	胸围（B）	肩宽（S）	领围（N）
尺寸	59.74	84-12=72	35	35

（5）制图方式见图6-16。

①按照图6-16确定后颈点基准线后，向下量取$B^*/4-2cm$确定袖窿深。然后量取背长+自然回缩确定腰围线。从腰围线向下量14~15cm确定衣摆线。

②按照图中比例公式分别在围度基准上确定前后横开领、后背宽、前胸宽、前后胸围大以及后肩宽。

③确定肩宽位置后，取4cm作为落肩量，从而找到后肩斜线。用相同的方式找到前肩斜线，并使后小肩宽△等于前小肩宽。

④将腰线提高2cm，确保造型的美感以及避免腰围区域起空。从侧缝腰围处量取腰省2.5cm。

⑤将前中线下落2cm左右，来弥补前长缺失的问题，避免穿着后前衣片中心上翘。

⑥画出圆顺的轮廓曲线。

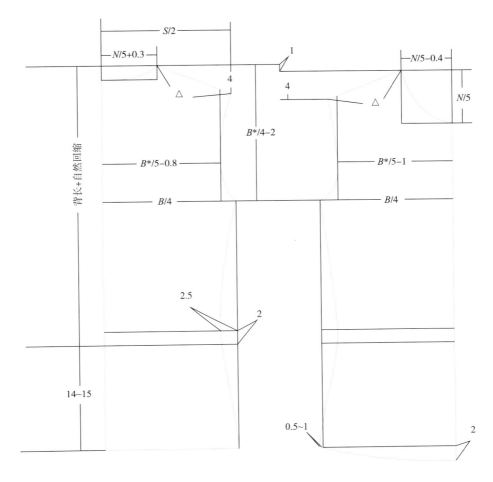

图 6-16 紧身瑜伽上衣基础样板

第五节 经典瑜伽服款式实例

一、绑带瑜伽紧身上衣

绑带造型是瑜伽服上装款式中比较经典的实例，通过绑带更能收紧腰部使其不容易在运动过程上滑。此外也能起到很好的装饰作用。在进行绑带款式纸样设计时，需注意绑带的尺寸可以比衣身略紧一些，一方面可以起到稳定尺寸的作用，另一方面也可以使胸围获得更多的松量，满足运动中人体拉伸需要。

袖型基本上属于高袖山合体袖型，因材质为针织，因此可适当减少袖山高，减少袖山吃量，降低缝制难度。通常 M 码定在 10～12cm。具体数值需要根据款式及时调整。

下文实例上装以 160/84A、下装以 160/70A 为标准号型进行纸样绘制。款式效果图见图 6-17。绑带瑜伽紧身上衣成品尺寸见表 6-17。基础样板和纸样完成图见图 6-18、图 6-19。

图 6-17　绑带瑜伽紧身上衣款式效果图

表 6-17　绑带瑜伽紧身上衣成品尺寸（M）　　　　　　　单位：cm

项目	衣长	肩宽	胸围	腰围	袖长	袖口	领围
尺寸	39	32	76	59	53	19.7	49

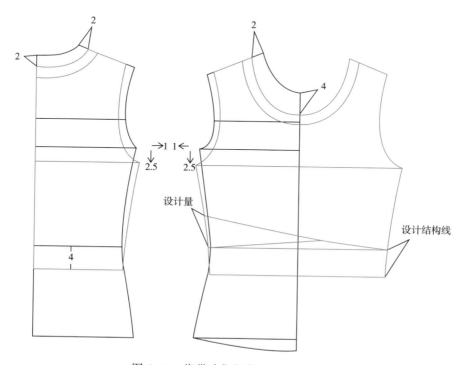

图 6-18　绑带瑜伽紧身上衣基础样板

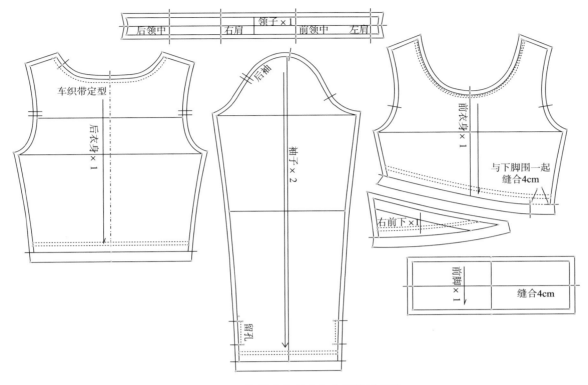

图 6-19　绑带瑜伽紧身上衣纸样完成图

二、裸感夹胸垫上衣（无须内衣）

裸感夹胸垫款式是夏季瑜伽服运动必备的经典款式之一，因其穿着无感、无束缚而深受人们喜爱。

裸感夹胸垫款式的结构细节点主要在于通过分割塑造胸型，并且面布与里布之间会夹入可拆卸胸垫，这样既可以塑造胸部造型，又避免女性穿着时因无内衣而尴尬。

裸感夹胸垫上衣款式效果图见图 6-20。成品尺寸见表 6-18。

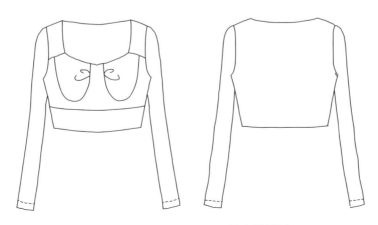

图 6-20　裸感夹胸垫上衣款式效果图

<table>
<tr><td colspan="7" align="center">表 6-18　　裸感夹胸垫上衣成品尺寸（M）　　　　　　　　　　单位：cm</td></tr>
</table>

项目	衣长	肩宽	胸围	腰围	袖长	袖口
尺寸	41	32	68	59	53	20

以紧身瑜伽上衣为基础型，根据成品尺寸，绘制裸感夹胸垫上衣的基础样板，如图 6-21 所示。

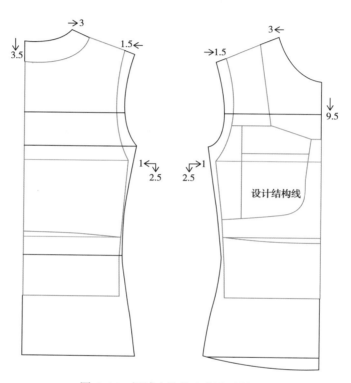

图 6-21　裸感夹胸垫上衣基础样板

胸部分割片单独拆开，做褶量的展开，见图 6-22。

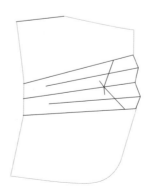

图 6-22　褶量展开图

制作工业纸样时，要注意标清工艺细节，胸部分割片里布需要留侧口，方便拆换胸垫。纸样完成图见图6-23。

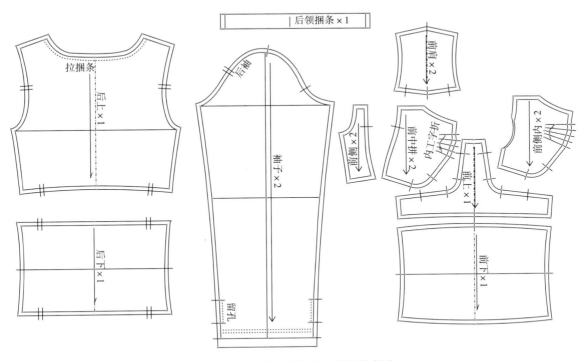

图6-23　裸感夹胸垫上衣纸样完成图

三、瑜伽运动背心

瑜伽运动背心是夏季瑜伽上装中经典的款式，因其承托力与塑形效果好，深受青年一代的喜爱。运动时直接穿着，生活中也可以做内搭使用，兼具舒适性与时尚性。款式效果图见图6-24，成品尺寸见表6-19。

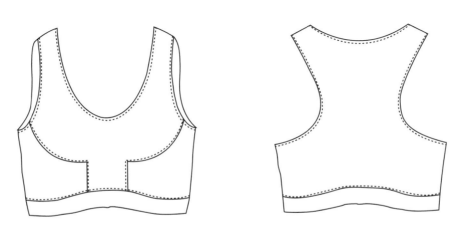

图6-24　瑜伽运动背心款式效果图

表 6-19　瑜伽运动背心成品尺寸（M）　　　　　　　　　　　　　单位：cm

项目	衣长	肩宽	胸围	腰围
尺寸	33	24	68	54

瑜伽运动背心在搭建基础结构时，选取紧身瑜伽上衣为基础型，根据款式需要绘制相应的结构线，见图 6-25。图中浅灰色为紧身瑜伽上衣基础型，红色为背心前片，绿色为背心后片，前后片中心重合，并且为了达到前片胸部塑形更好，包裹性更强的目的，调整前后片胸围大的比例，增加前胸围大，减小后胸围大，从而将侧缝线转移到后片。

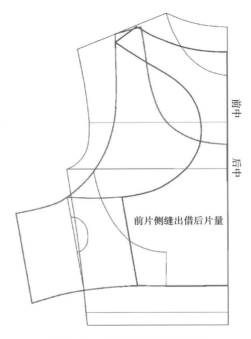

图 6-25　瑜伽运动背心结构图

将画好的结构图进行前后片拆分，如图 6-26 所示。

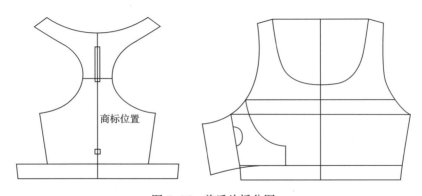

图 6-26　前后片拆分图

拆分后，进一步拆分细节构造，标注缝制工艺，放缝，完成工业纸样，如图 6-27 所示。

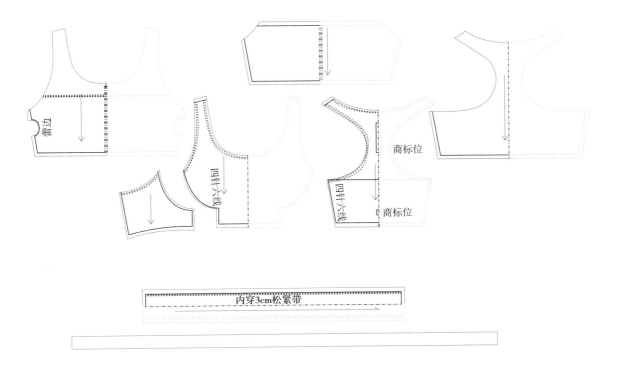

图 6-27　瑜伽运动背心纸样完成图

四、一片式瑜伽裤

一片式瑜伽裤是最常见的经典瑜伽裤造型之一。其具备瑜伽裤结构设计的特点，即双层固定防滑腰封，既可防止运动过程中腰部下滑，又可以起到收腹的视觉效果；裆底错位拼接，保证裆部的运动牢固度，保持裆底弹性良好，不易产生撕裂现象。一片式瑜伽裤的成品尺寸规格见表 6-20。

表 6-20　一片式瑜伽裤成品尺寸（M）　　　　　　　　　　单位：cm

项目	腰围（W）	臀围（H）	立裆	裤长	膝围	脚口
尺寸	58	74	27	90	25	21

一片式瑜伽裤款式效果图见图 6-28。以无侧缝瑜伽裤基础型为基础，根据成品尺寸规格绘制结构线，见图 6-29。

在后裆弯至膝盖下 5cm 左右进行分割，使后裆无拼合，增加穿着的舒适性，增强裆底的牢固度。拆分结构，最终纸样完成见图 6-30。

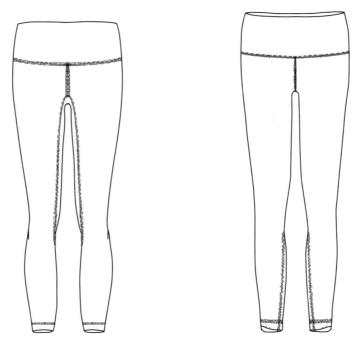

图 6-28　一片式瑜伽裤款式效果图

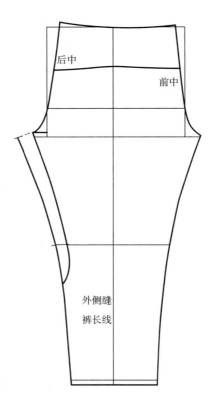

图 6-29　一片式瑜伽裤基础结构线

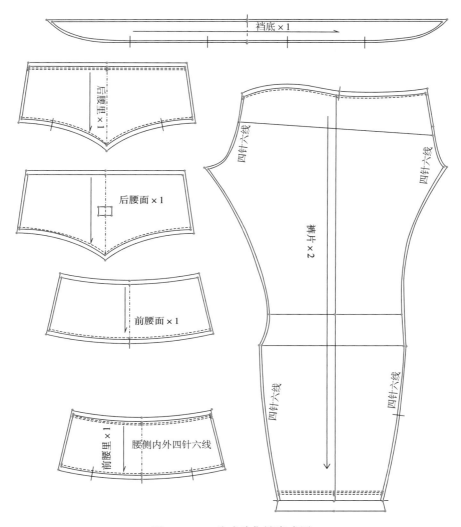

图 6-30　一片式瑜伽裤完成图

五、提臀瑜伽裤

具有修饰体型作用的瑜伽裤是近年来重点开发的产品系列。在满足基础运动需求以外，运动者们也希望穿着的视觉效果良好。因此修饰体型、改善体态等视觉功能也是瑜伽裤板型开发时重要的考虑因素。

提臀型瑜伽裤利用板型结构的设计，使其在穿着时视觉上有提臀的效果，相类似的还有收腹型、修饰腿型等。

提臀型瑜伽裤的成品尺寸见表 6-21。款式效果图见图 6-31。提臀型瑜伽裤多利用具有提臀效果的结构线，实现视觉提臀的效果。如图 6-32 所示，在一片式瑜伽裤基础型上，在后中心设计了心形结构线，在臀部区域增加吃量，圆弧状的结构线使之在视觉上有提臀翘臀的作用。完成纸样见图 6-33。

表 6-21　提臀瑜伽裤成品尺寸（M）　　　　　　单位：cm

项目	腰围（W）	臀围（H）	立裆	裤长	膝围	脚口
尺寸	62	74	26.5	94	25	18

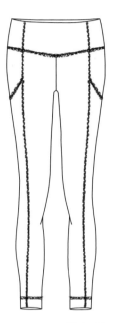

图 6-31　提臀瑜伽裤款式效果图

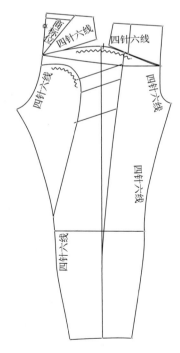

图 6-32　提臀瑜伽裤结构线设计

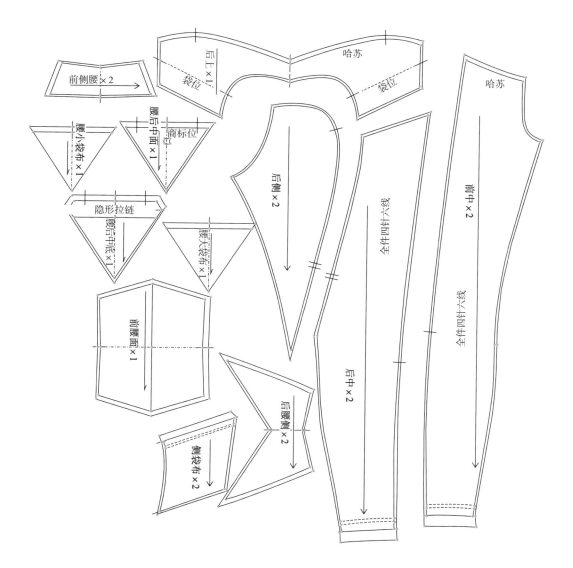

图 6-33　提臀瑜伽裤纸样完成图

六、无 Y 线提臀紧身瑜伽裤

无 Y 线的结构设计有效地解决了女性瑜伽爱好者穿着紧身瑜伽裤时出现裆部三角区的尴尬，前中心连裁减少了前中的破缝线，使前裤片看上去简洁大方。

无缝热压 U 型提臀带的设计，使之在不进行结构线分割的情况下也能实现提臀的视觉效果，避免了因过度分割所产生的弊端。值得注意的是，热压条尺寸可略小于裤体，这样可以有效地固定臀部脂肪，使臀部线条看上去更美观。

无 Y 线提臀紧身瑜伽裤的成品尺寸见表 6-22。款式效果图见图 6-34。结构线绘制见图 6-35。纸样完成图见图 6-36。

表 6-22　无 Y 线提臀紧身瑜伽裤成品尺寸（M）　　　　单位：cm

项目	腰围（W）	臀围（H）	立裆	裤长	膝围	脚口
尺寸	62	70	26	89	25	20

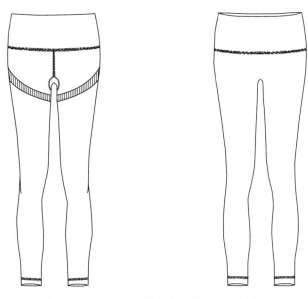

图 6-34　无 Y 线提臀紧身瑜伽裤款式效果图

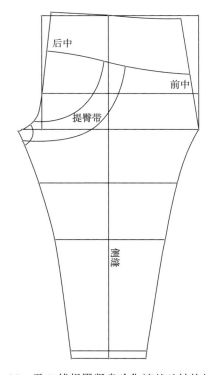

图 6-35　无 Y 线提臀紧身瑜伽裤基础结构线绘制

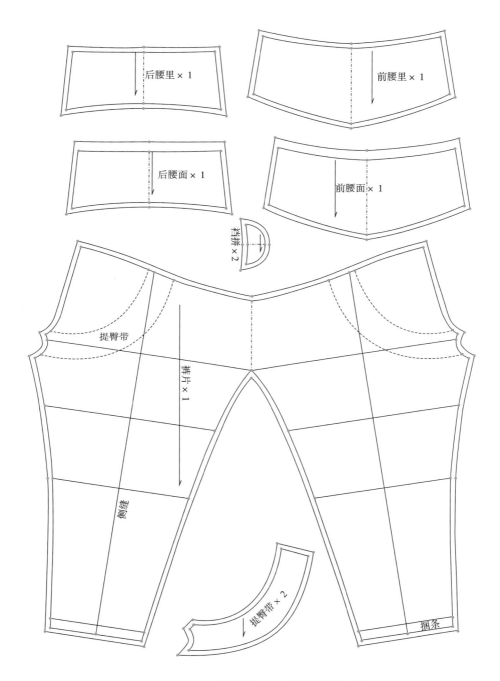

图 6-36　无 Y 线提臀紧身瑜伽裤纸样完成图

七、芭比短裤

短裤是夏季瑜伽裤中常见的款式，与长裤的基础结构无太大差别。在放松量上，因其不受膝盖的限制，可比长裤略小。裤长一般在膝盖上 10cm 左右。芭比短裤成品尺寸见表 6-23。款式效果图见图 6-37。结构设计图与完成图见图 6-38、图 6-39。

197

表 6-23 芭比短裤成品尺寸（M） 单位：cm

项目	腰围（W）	臀围（H）	立裆	裤长	膝围	脚口
尺寸	60	69	27.5	50	28	31

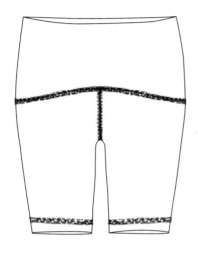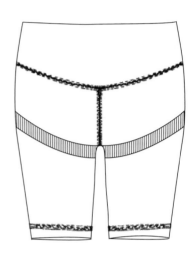

图 6-37 芭比短裤款式效果图

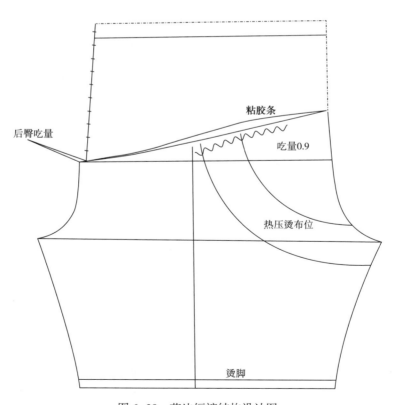

图 6-38 芭比短裤结构设计图

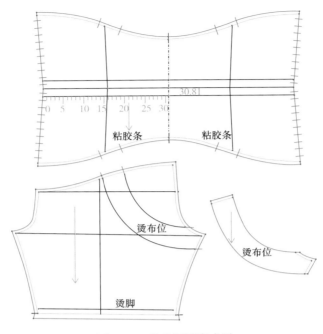

图 6-39　芭比短裤完成图

八、鲨鱼短裤

鲨鱼短裤是瑜伽裤大军中的新型裤型，主体结构类似塑形裤的构造，裤长在大腿根部附近，无基础裤型中的裆的构造，利用插片来满足人体的厚度。比较特别的是，通过夹里的构造，增加了经常运动拉伸区域的耐磨性与承托力，并且通过分割线与 U 型提臀条的双重作用，体现提臀收腰的良好着装状态。

腰部加入隐形鱼骨，可收腹以外，还可以有效地减少运用过程中腰部卷边的问题。强调功能性的鲨鱼裤会在后腰、前腹加入磁力芯片或者遇热变色的红外离子等，起到护腰、感知温度等作用，但与主体结构无太大关联。鲨鱼短裤成品尺寸见表 6-24，内部款式结构图见图 6-40、结构设计图与完成图见图 6-41、图 6-42。

表 6-24　鲨鱼短裤成品尺寸（M）　　　　　　　　单位：cm

项目	腰围（W）	臀围（H）	立裆	裤长	横裆	脚口
成品尺寸	60	70	27.5	40	75	31

图 6-40　鲨鱼短裤内部款式结构图

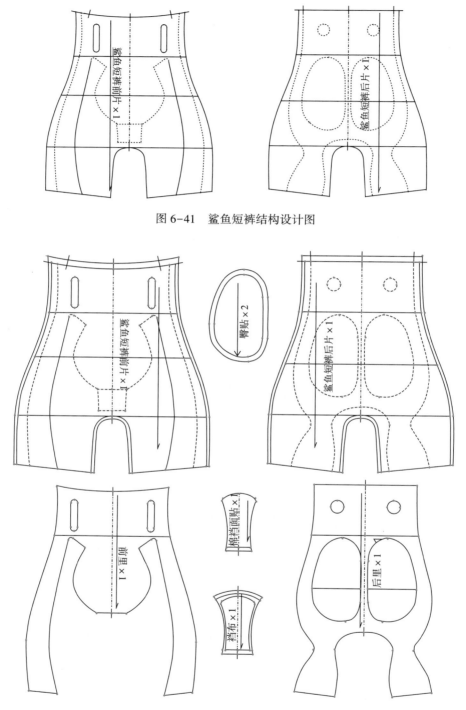

图 6-41　鲨鱼短裤结构设计图

图 6-42　鲨鱼短裤完成图

随着人们越来越重视自身的健康与心性的提升，瑜伽作为二者兼具的运动项目，未来的市场前景与发展会更加广阔。然而国内在制作专业瑜伽服方向还处在学习阶段，无论是科技型面料的开发、功能性结构设计，还是载入多功能性的挖掘，都需要在不断地学习总结中更加完善与成熟。

◆ 本章参考文献 ◆

［1］彭立云，季菊萍．瑜伽服的功能性设计［J］．针织工业，2011（5）：63-65．

［2］钟敏维．女性瑜伽服创新设计研究［J］．纺织科技进展，2018（1）：18-20．

［3］海伦·约瑟夫-阿姆斯特朗．美国时装样板设计与制作教程（下）［M］．裘海索，译．北京：中国纺织出版社，2010．

［4］刘睿．瑜伽服功能性与时尚性的设计研究［J］．山东纺织经济，2017（6）：46-47，41．

［5］郭梦可，钟安华．女性瑜伽裤的结构设计研究［J］．服饰导刊，2021，10（3）：118-122．

［6］高雪梅．女子贴体瑜伽运动裤结构的研究与优化设计［D］．上海：东华大学，2011．

［7］厉松俊．一种无缝服装面料的拼接装置．CN213604701U［P］．2021.07.06．

［8］易城．运动装应用设计［M］．北京：中国纺织出版社有限公司，2019：11．

［9］阎玉秀，金子敏，陶建伟．无缝瑜伽短裤．CN20160912U［P］．2010.10.20．

第七章　警用防弹背心的舒适性改进研究

　　防护服是一种重要的功能性服装，其可以有效弥补人体自身生理机制调节功能的不足，提高人体在极端环境的适应能力，减缓与避免生活和工作中的危险[1]。根据人对服装多元化的需求，防护服在满足防护性的同时也应该满足舒适性。

　　防护服衣内复杂的热湿传递过程中，功能和舒适性的矛盾总是很难调和。由于特种功能的防护需求，此类服装材料的透湿透气性往往较差，在热湿（汗水吸附或外界气候影响）环境下，衣内热湿舒适环境会受到很大影响，导致人体不舒适。比如应用在南方湿热地区的警用防弹背心、医护人员在夏季穿着的防护服。因此防护服装功能性和舒适性之间的平衡点是防护服未来发展的重点。防护服在满足其工作环境需求外，理应使衣内热蓄积减少，达到热湿平衡，保证人的生理舒适性，提高作业人员的工作效率[2]。基于此，近年来国内外学者在防护服如何兼具舒适性与功能性方面开展研究工作，主要从面料创新方面、附加装备的开发、舒适性测试及评价等方面加以探索[3]。

　　无论是防弹背心还是防护服，在满足其防护性能的同时，如何提高防护服装的舒适性能，同样是功能性服装设计领域必须研究的重要内容。本章通过对防护服的热湿舒适性调研发现，目前国内外学者在改善防弹背心热湿舒适性能方面开展了一定的研究，但针对松量、相变材料及通风装置对防弹背心内部微气候产生的影响所开展的研究较少，故本章设计相关方案，探讨改善警用防弹背心的热湿舒适性的有效方法。

第一节　防护服热湿舒适性研究概况

　　防护服是保证人员在极端环境下的健康与安全，保护人体免受化学、物理和生物等外界因素侵害而穿着的功能性服装。防护服既要保证工作安全，又要促进人体热湿舒适状态的平衡[4]。防护服可根据不同工作类型细分，例如军用要求防刺、防弹，消防用要求阻燃，医疗用要求具备良好的卫生性能（防尘、拒水、防油等），工业用要求防静电、防电弧，健康型防护服要求隔热、防寒、防辐射和抗菌等[5]。本节通过对国内外防护服的舒适性研究加以梳理，总结防护服舒适性改进方面的研究成果的同时，重点总结警用防弹背心的热湿舒适性改进方法。

一、防护服热湿舒适性研究

　　目前研发的防护服普遍存在的热湿舒适性问题主要表现为热负荷过大，超出了适穿舒适范围，不具备良好透气透湿性能。因此，防护服需要朝着减重、减少热蓄积、促进透湿、透气等方向发展[6]。影响防护服热湿舒适性的因素包括心理因素、生理因素、环境因素（空气温度、辐射平均温度、水汽压、空气流动速度）、服装自身因素（服装材料、服装结构及附加装置）等[7]。本节从防护服装材料、服装衣内空间以及个人冷却系统三个方面讨论防护服的热湿舒适性，见图7-1。

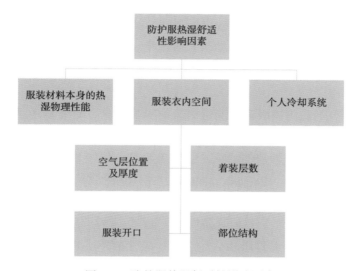

图7-1 防护服热湿舒适性影响因素

（一）服装材料本身的热湿物理性能

织物的材料及其结构最大程度影响着服装特性，因此服装材料的物理性质主导着服装本身的热湿传递能力。织物热湿传递的渠道主要有：传导、对流和热辐射以及相变过程中的潜热；纤维间隙内水蒸气的扩散和对流、液态水通过面料毛细管孔隙的扩散以及纤维对水分的吸附和解吸等[8]。目前防护服提升服装材料本身的热湿舒适性主要从纤维选择、纱线设计、织物的结构（纱线结构、经纬密度和织物组织）等几个角度出发。

有学者提出防护服采用仿蜘蛛丝生物材料，因为其纤维有着较好的强度和弹性，可以极大程度促进防护服的功能性和舒适性[9]。学者 Mensing T[10]采用变形纱，将利用此材料制成的隔热层用于消防防护服，简化了加工，提高了生产率，也改善了服装的舒适性。Fu-Juan LIU[11]等人研究茧蛹并以此为出发点，发现其具备良好的力学性能，可以有效屏蔽恶劣环境的伤害；将茧蛹多层次和多孔介质的结构借鉴到隔热服中，改善了服装的热湿舒适性。这对仿生设计的启发产生了积极的影响。Hirota M[12]等人将聚氨基甲酸乙酯树脂应用到复合材料中，可减轻织物的重量，具备良好的透湿性能，穿着更舒适。

（二）服装衣内空间

目前国内外众多学者针对防护服装材料（从材料热阻、湿阻角度出发）改善服装热湿舒适性的研究有很多，并取得了一定成果。众多学者研究发现优化服装结构对改善服装热湿舒适性起着积极作用[13][14]。衣内空间是结构优化需要考虑的重点，如何降低衣内温湿度，满足穿着者的适穿舒适性是关键。

1. 空气层位置及厚度

周永凯[15]等人通过假人实验研究服装松量与热阻的关系，发现热阻会随着服装覆盖度的增加小范围变化。Kim[16]等人通过三维扫描和假人实验将衣下空气量化，研究了衣内空间与体表烧伤等级的关系。Song[17]等人通过分析不同空气层厚度下的织物热防护性能，研究服装热蓄积与空气层厚度的关系，发现服装的隔热性能和空气层厚度成正比，空气层厚度越大，服装的热防护性能越好；空气层厚度过大时，有可能因热量过度释放灼伤皮肤，造成伤害。Chitrphiromsri[18]等人的研究得到了类似结果，通过建立热湿耦合模型证实了空气层厚度越大，烧伤时间越长。

2. 着装层数

Keiser[19]等人研究消防防护服某一层透湿量的影响因素，研究发现某层透湿量会受那一层材料性质以及相近层和织物整体透湿性能的影响。Ozgur Atalay[20]等人研究消防防护服的热湿传递性能与不同层材料热湿性能的关系，结果表明最外层织物和防水透气层织物对消防防护服阻挡湿气的能力影响显著。Povilas Algimantas Sirvydas[21]等人通过数学建模，计算不同层数和厚度下的热阻值，判断在不同热湿环境下人体是否穿着舒适，进而提升不同环境下人体的适应能力。Akin Esref[22]设计了一款具备防核、防化、防生物性能的三层织物防护服，中间层为连接在一起的支撑层、黏着层和活性炭织物层，最外层是缝合式织物层，赋予了该防护服柔软、灵活、透气性好等特点。

3. 服装开口

服装开口等设计可以极大程度促进服装通风，促进衣内空气与外界环境的气流交换，尤其是在运动或存在较大风速时，人体衣内的热量和湿气被及时带出，衣内微气候因充分的气流交换得到较大改善[23]。周永凯[15]等人通过假人实验分析了服装开口大小和热阻的关系，研究结果表明，开口大小≥1.5cm时开口度越增加，热阻越小，反之亦然，热阻值逐渐向边界空气层热阻值0.78clo靠拢。Holmer[24]等人在服装不同部位开口，发现可以通过自然和强迫对流提升服装的通风性能，提升人体的热湿舒适性。有研究人员针对电力工人作业服设计了一款防电弧衬衫，给服装不同部位设计通风口，在衬衫后背部设计开口式披肩[25]，这样的开口设计极大促进了电弧衬衫的热湿散失，衬衫通风性能良好。

4. 部位结构

服装良好的通透性离不开部位结构的合理设计。考虑到人生理松量的需求、不同活动状态下的松量需求以及特定款式的设计松量需求，不同部位结构的松量有着明显的区别。不同的部位结构配上合适的松量，可以保证运动者有足够的活动便利性和穿着舒适性[26]。防护服的合身程度、部位款式结构（增加工效学功能设计）与舒适度之间存在重要的关联。

Mullet[27]等人测量了一组服装的隔热性能，研究发现服装存在较大结构差别的部位有着差异较大的隔热性能，反之亦然。Huck[28]等人在后腰、前后衣身等部位加插片，从而给予某些部位以适当活动松量，提高其活动灵活性。该种结构处理方法增大了运动者的活动范围，进而提高了防护服的运动舒适性。Karlsson[29]等人考虑了不同部位的设计点，优化了传统捕鱼工作服的结构。衣领为了阻挡冷风和污染物，采用了立领结构；外置背带裤肩带加长，便于分散肩部压力，改善了传统肩带不能调节长度的缺点，肩带插扣连接裤身，穿脱更加方便，从而改善了该款新型捕鱼工作服的热湿及适穿舒适性。

（三）个人冷却系统

极端高温条件下，个人冷却系统是缓解热不适的常用方法[30]。个人冷却系统通过在作业服上附加冷却装置，可以极大改善防护服不透气的问题。冷却系统根据不同的降温原理（气体降温、液体降温和相变降温）包括三种不同类型：气体降温服利用对流和蒸发散热，液体降温服依据热传导的性质冷却服装，相变降温服利用相变潜热的原理自动调节温度[31]。

以色列 Rabintex 公司[32]以工作时间长达 12h 的微型风扇作为冷源，研发的军用气冷服配备了两个该款风扇，制冷效果较好。Zhengkun Qi[33]研发的一款新型消防防护服，是将气凝胶置入服装隔热层，该款新型消防服与普通消防服相比，质量减轻，温度可以降低 100℃，热湿舒适性能更好。美国明尼苏达州大学针对人体散热多的部位，将冷却管排列在该散热区，开发的新型液冷服较传统液冷服质轻，制冷效果更显著[34]。美国 TRDC 公司研制的智能服装利用相变微胶囊的调温优势，热适应能力更好[35]。Chuansi Gao[36]等人研发了一款为消防员设计的冷却服，相变材料采用了十水硫酸钠及其添加物。Lennart[37]等人做了类似的研究，相变材料采用了丙烯酸树脂高吸水性聚合物。

二、防弹服热湿舒适性研究

防弹背心作为安全型防护服装的一种，可以在危险环境中保护人身安全。防弹背心可以防止子弹穿透身体重要器官，避免对生命安全造成杀伤，达到保护生命安全目的。由于软、硬材质的不同及防护部位的不同，可将防弹服细分为不同种类。现今防弹服主要是指防弹背心[38]，本书主要针对的是应用于南方比较湿热地区的贴身穿着的警用防弹背心。

国内外学者对提升防弹服的热湿舒适性给予了高度关注。波兰[39]曾通过减轻防弹背心的重量、穿贴身内衣吸湿这两种方式提升防弹背心的服用舒适性。学者 Kunz，Eva[40]等人提出了一种应用到防弹背心上的三维中空编织结构。以流体动力学作为理论支持，用计算机模拟控制通过不同几何横截面管道的流体，实验结果得出，三维中空编织结构是最优支持通风的结构；采用此种方式有利于提升防弹服的通风性能，使其具有更好的热舒适性。

美国 Point Blank 机构[41]致力于防弹背心的穿着舒适，将衣内微气候的热湿平衡列为重点。公司采用的一系列方法，包括 CCI 系统和 Transpor® 系统的研发以及 Coolmax 纤维的应用，都可以很好地平衡服装系统中的湿热传递。K. C. Lee[42]等人研究外部环境条件对人体主观感觉的影响，测试指标主要有心率、皮肤表面温度等，获取的生理指标数据反映出人体的真实感受。应用先进的基于神经算法的分析仪，采集心动周期的时间变化，对其分析得出变化规律，进而得到着装者应对外部环境的主观感受。研究结果表明，将 57% 涤纶和 43% Coolmax 纤维复合的吸湿快干面料应用在防弹背心外衬，可将皮肤表层产生的汗水快速排出到服装表面蒸发。K. C. Lee[43]等人为防弹背心外层添加了 Gore-Tex 防水透气薄膜，研究结果表明，在潜汗和显汗两种状态下有助于散失热量，保证防弹背心材料相对干燥和织物内部的湿度平衡。龚小舟[44]等人以新型的间隔织物来代替普通的防弹服面料，用红外热成像仪观测改良后人体表面温度和防弹衣表面温度，并标定面料的热传导效率，研究发现，经编间隔织物会提升防弹衣的散热透气性能，较改良前具有更好的热湿传递。

第二节　宽松度对衣内湿度的影响

本节的研究对象为警用防弹背心，借助男式和女式出汗假人模型研究显汗和潜汗两种条件下，不同松量和风速对完全不透湿的背心款服装衣内湿度的影响。研究从以下 3 个方面展开。

（1）比较同一面料和风速，不同松量衣内水汽压的变化。
（2）比较同一面料和松量，不同风速衣内水汽压的变化。
（3）比较男、女出汗假人模型之间的差异。

一、实验部分

（一）实验设备及材料

1. 实验设备

便携式温湿度记录仪，暖体假人模型和 AVM05 风速仪。

2. 实验材料

用完全不透湿涂层面料制作不同松量（4cm、8cm、12cm、16cm、20cm）的男、女背心款式服装，款式图见图 7-2 和图 7-3。

图 7-2　男式背心款式服装

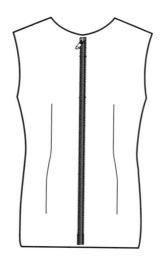

图 7-3　女式背心款式服装

暖体假人模型装置的主要尺寸参数见表 7-1。

表 7-1　假人模型装置参数

单位：cm

主要尺寸	胸围	肩宽	腰围
男式假人模型	92	44	82
女式假人模型	86	39	64

（二）实验步骤

（1）实验准备：假人模型预热 2 个小时，确保表面温度稳定。

（2）安置测头：前胸、腹部、腰侧和后肩胛是人体较容易出汗的部位，将便携式温湿度记录仪的 4 个测头分别置于这 4 个位置，见图 7-4 和图 7-5，温湿度记录仪数据采集的时间间隔为 1min。

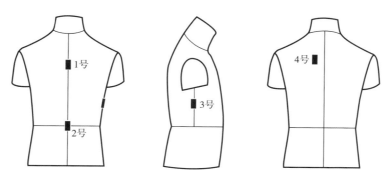

图 7-4　男式假人模型测头位置

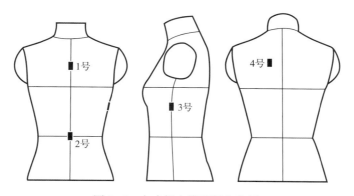

图 7-5　女式假人模型测头位置

（3）设定风速：考虑到防弹背心穿着于内层，不会过多受到风速的影响，本实验所设定的风速分别为 0m/s、0.5m/s 和 1m/s。

（4）出汗状态：本研究中，假人的出汗状态分潜汗、显汗两种方式。

（5）在环境温度 17℃、相对湿度 53% 的环境下，在不同风速条件下，针对潜汗和显汗实验状态需要男式、女式出汗假人模型依次穿上不同松量的实验服装，待温湿度记录仪数据稳定后（20min 左右），读取 4 个测头的衣内温度、湿度。实验重复 6 次，取平均值。

二、实验结果与讨论

（一）女式出汗假人模型实验结果

1. 潜汗条件下衣内水汽压的变化

（1）风速为 0m/s 的条件下，4 个部位的衣内水汽压随松量变化的关系曲线见图 7-6。

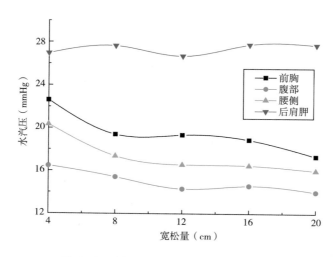

图 7-6　0m/s 风速下 4 个部位的衣内水汽压与服装宽松量的关系曲线

由图 7-6 可知，风速为 0m/s 时，后肩胛的水汽压较其他部位高，波动不明显，是由于不同松量的服装在该位置贴合度都较好，水汽蓄积致水汽压较大。前胸和腰侧水汽压在松量为 8cm 时下降幅度较大，是由于衣内空间增大，腰侧的水汽流通性较好，易在袖窿处扩散。腰侧和腹部的水汽压均先下降后趋于平稳。4 个部位的水汽压在松量为 12cm 时普遍较小。

（2）风速为 0.5m/s 的条件下，4 个部位的衣内水汽压随松量变化的关系曲线见图 7-7。

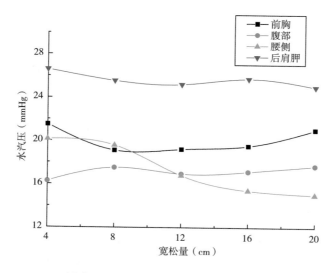

图 7-7　0.5m/s 风速下 4 个部位的衣内水汽压与服装宽松量的关系曲线

由图 7-7 可知，前胸和腹部的水汽压受风力的影响有波动，是由于服装与假人之间的贴服不稳定，有一定程度的抖动现象。腹部水汽压随着松量的增加呈小幅度增大的趋势，是由于该部位下的服装受风力影响更易贴近假人躯体。风速为 0.5m/s 时，腹部水汽压比静止时的水汽压有所增大。腰侧水汽压先下降后趋于平稳。4 个部位的水汽压在松量为 12cm 时普遍较小。

（3）风速为 1m/s 的条件下，4 个部位的衣内水汽压随松量变化的关系曲线见图 7-8。

由图 7-8 可知，风速为 1m/s 时，腹部的水汽压受到风力的影响不稳定波动，松量在 8cm 左右时，风力作用使服装与人体贴合面积增大导致水汽蓄积，故衣内水汽压增大，随着松量的进一步增大，风力作用逐渐减弱，衣内空间的增大促进对流扩散导致衣内水汽压下降。不同松量下的前胸水汽压小幅度波动，无明显变化，说明前胸部位受风力影响较小。腰侧水汽压先减小，松量为 12cm 时降到最小，这是由于此时腰侧的衣内空间增大，水汽易从袖窿处扩散；而后随着风力的影响水汽压先上升后下降。4 个部位的水汽压在松量为 12cm 时普遍较小。

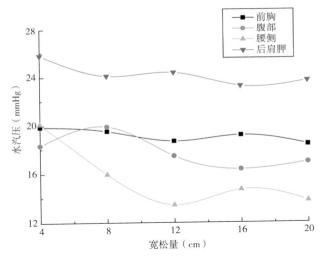

图 7-8　1m/s 风速下 4 个部位的衣内水汽压与服装宽松量的关系曲线

2. 显汗条件下衣内水汽压的变化

（1）风速为 0m/s 的条件下，4 个部位的衣内水汽压随松量变化的关系曲线见图 7-9。

由图 7-9 可知，风速为 0m/s 时，后肩胛的水汽压较其他部位高，且无明显波动，是由于不同松量的服装贴合度都较好，水汽蓄积致水汽压较大。腰侧水汽压整体呈下降趋势，这是由于腰侧的衣内空间增大，水汽易从袖窿处扩散，松量为 12cm 后变化更为平缓。4 个部位的衣内水汽压随着松量增加，整体均呈下降趋势。4 个部位的水汽压在松量为 12cm 时普遍较小。

（2）风速为 0.5m/s 的条件下，4 个部位的衣内水汽压随松量变化的关系曲线见图 7-10。

由图 7-10 可知，风速为 0.5m/s 时，不同松量下的前胸水汽压值受环境的影响而变化；

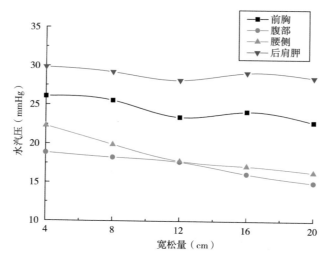

图 7-9　0m/s 风速下 4 个部位的衣内水汽压与服装宽松量的关系曲线

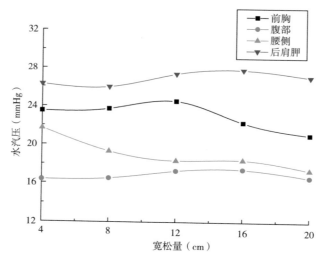

图 7-10　0.5m/s 风速下 4 个部位的衣内水汽压与服装宽松量的关系曲线

在松量为 12cm 时水汽压最大，是由于汗湿作用下此时服装贴合度最好，服帖面积的增大导致松量增大，随着松量进一步加大，由于风力的影响可能通过领口产生少量对流，从而宽松量较大时水汽压降低。腰侧水汽压随着松量的增加整体呈下降趋势，这是由于腰侧的衣内空间增大，水汽逐渐从袖窿处扩散。腹部水汽压呈小幅度上升趋势，在松量为 12cm 后由于与服装贴合程度较好趋于平稳。4 个部位的水汽压在松量为 12cm 时普遍较小。

（3）风速为 1m/s 的条件下，4 个部位的衣内水汽压随松量变化的关系曲线见图 7-11。

由图 7-11 可知，风速为 1m/s 时，4 个部位的水汽压值因风力作用上下波动较明显。后肩胛水汽压受环境风速影响出现波动，整体呈下降趋势。前胸水汽压在松量为 8cm 后呈上升

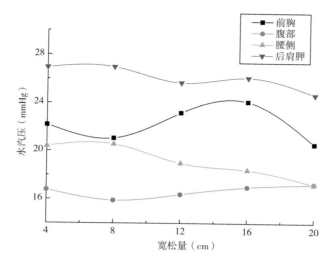

图 7-11　1m/s 风速下 4 个部位的衣内水汽压与服装宽松量的关系曲线

趋势，这是由于汗湿和风力的影响致服装与人体贴合面积增大，水汽逐渐蓄积，而后受风力的影响降低。腰侧水汽压由于接近服装开口部位（袖窿），整体呈下降趋势。腹部水汽压一直呈上升状态。4 个部位的水汽压在松量为 12cm 时普遍较小。

（二）男式出汗假人模型实验结果

1. 潜汗条件下衣内水汽压的变化

（1）风速为 0m/s 的条件下，4 个部位的衣内水汽压随松量变化的关系曲线见图 7-12。

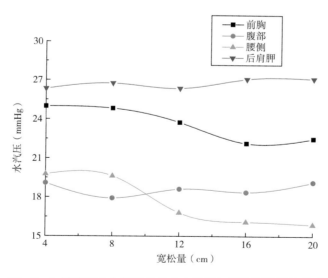

图 7-12　0m/s 风速下 4 个部位的衣内水汽压与服装宽松量的关系曲线

由图 7-12 可知，在静止条件下，衣内不同部位的水汽压高低存在一定差异。前胸和后中缝部位位于湿度较大的区域，通常后肩胛处温度较高，且汗液易在后中缝处堆积、凝结，故后肩胛处的温度及湿度均大于其他部位；同时后肩胛处的服装与人体更服帖，此处的衣内水汽不易向外扩散。后肩胛部位在不同的服装松量下，水汽压变化不明显，这是由于后肩胛处在不同松量下，服装都能较好地贴合背部。显汗条件下，前胸水汽压值随着围度松量的增加有逐渐减小的趋势，水汽可以自由对流向外，且随着领围的增大，水汽更易扩散；腰侧的水汽压随服装松量的增加变化较明显，是由于随着松量的增大，腰部的服装与人体之间的空间逐渐增大，此处的水汽有较好的流通性，并且容易在袖窿处向外扩散，水汽呈现下降趋势。腹部水汽压随服装松量的增加呈小幅度波动趋势。对比4条曲线，松量为12~16cm时，4个部位的水汽压普遍较小，是因为此松量范围内服装更为挺括，与人体间的空间感好，空气得以流通，水汽从袖窿处和服装底边向外扩散。

（2）风速为0.5m/s的条件下，4个部位的衣内水汽压随松量变化的关系曲线见图7-13。

由图7-13可知，在风速为0.5m/s时，后肩胛处服装由于贴合人体，此处的衣内水汽不易向外扩散，故后肩胛处湿度较大。前胸水汽压在松量为12cm时最小，在松量为16cm时上升，是由于风的存在，此时服装在腹部出现波曲，更易与人体贴合，衣内水汽蓄积；松量为20cm时水汽压小幅度下降，是因为服装在松量较大时，衣内空间整体增大，水汽流通较好，更易向外扩散。

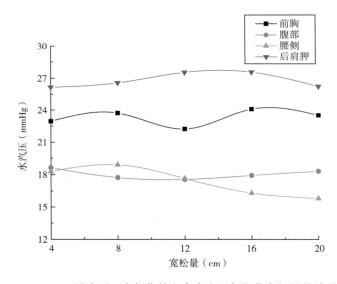

图7-13　0.5m/s风速下4个部位的衣内水汽压与服装宽松量的关系曲线

腰侧的水汽压在松量为8cm后下降趋势明显，是由于该部位的服装随着松量的增大逐渐远离人体，此处的水汽流通性较大，易在袖窿处扩散。腹部水汽压随着松量的变化轻微波动，变化不明显。4个部位在松量为12~16cm时水汽压普遍较低。

（3）风速为1m/s的条件下，4个部位的衣内水汽压随松量变化的关系曲线见图7-14。

由图7-14可知，在风速为1m/s时，各部位水汽压值整体呈下降趋势，是由于外界的风力加速了衣内水汽的流通，水汽更易在服装袖窿和底边处向外扩散。前胸在松量为16cm时

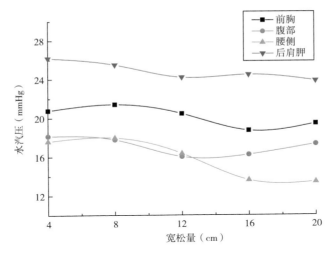

图 7-14 1m/s 风速下 4 个部位的衣内水汽压与服装宽松量的关系曲线

水汽压最小，而后小幅度上升，是由于此风速下，服装在前胸的服贴性较好，此处水汽蓄积。腹部在松量为 12cm 后水汽压平稳上升，是由于此风速下，服装在腹部的服贴性较好，此处水汽蓄积。前胸和腹部的水汽压在松量为 8cm 时上升，是由于此时服装围度增大，周围水汽易扩散。腰侧在松量为 8cm 后水汽压下降，是由于此时的水汽流通性较好，易在服装开口处向外扩散，松量超过 16cm 后水汽压值逐渐趋于平稳。后肩胛随松量的增大水汽压逐渐降低，且变化较明显，是由于衣内空间增大，外界的风力加速了衣内水汽的流通。4 个部位在松量为 12~16cm 时水汽压普遍较低。

2. 显汗条件下衣内水汽压的变化

（1）风速为 0m/s 的条件下，4 个部位的衣内水汽压随松量变化的关系曲线见图 7-15。

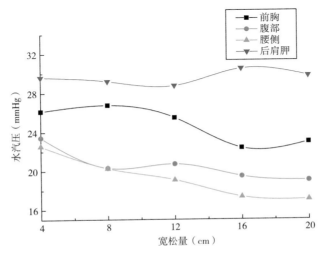

图 7-15 0m/s 风速下 4 个部位的衣内水汽压与服装宽松量的关系曲线

如图 7-15 所示，风速在 0m/s 时，后肩胛处水汽压值始终高于其他部位，且变化不明显，是由于不同松量的服装在此处贴合度都较好，水汽蓄积造成。腹部水汽压值随着松量的增大整体呈下降趋势，且松量大于 12cm 后没有明显变化；前胸水汽压变化较明显，在松量为 12cm 后水汽压下降，是由于此时衣内空间增大；松量为 16cm 后水汽压小幅度上升，是由于服装此时在前胸的服贴性较好，此处水汽蓄积。腰侧水汽压整体呈下降趋势，是由于随着宽松量的增大腰侧的水汽流通性较好，易在袖窿处扩散。4 个部位在松量为 12~16cm 时水汽压普遍较低。

（2）风速为 0.5m/s 的条件下，4 个部位的衣内水汽压随松量变化的关系曲线见图 7-16。

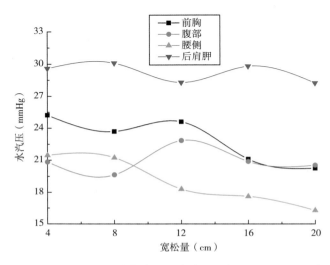

图 7-16　0.5m/s 风速下 4 个部位的衣内水汽压与服装宽松量的关系曲线

由图 7-16 可知，风速在 0.5m/s 时，后肩胛处水汽压值始终高于其他部位。由于风速的存在，各部位的水汽压呈不稳定波动。前胸及腹部水汽压在松量为 8cm 后增加，是因为服装受风影响波动并与躯干接触，空间减小致水汽增加；在松量为 12cm 后水汽压降低，在松量为 16cm 后水汽压基本趋于稳定。腰侧水汽压呈整体下降趋势，是由于宽松量的增大使腰侧的水汽流通性较好，易在袖窿处扩散。松量为 12cm 时各部位水汽压普遍较低。4 个部位在松量为 12~16cm 时水汽压普遍较低。

（3）风速为 1m/s 的条件下，4 个部位的衣内水汽压随松量变化的关系曲线见图 7-17。

由图 7-17 可知，风速为 1m/s 时，后肩胛的水汽压较其他部位高，下降趋势明显，是由于外界的风力加速了此处水汽的流通，水汽更易在服装袖窿处往外扩散。前胸水汽压先平缓降低，松量为 12cm 后变化平稳，松量为 16cm 后因服装接触人体小幅度增大。腹部水汽压整体呈小幅度上升趋势，是由于汗湿和风力作用致服装贴合人体面积增大引起的。腰侧水汽压值在松量值超过 8cm 后逐渐下降，松量值大于 16cm 后趋于稳定。4 个部位在松量为 12~16cm 时水汽压普遍较低。

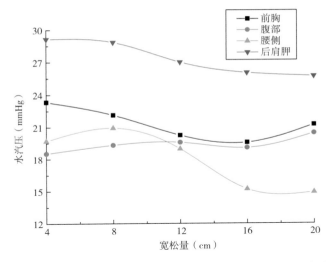

图 7-17　1m/s 风速下 4 个部位的衣内水汽压与服装宽松量的关系曲线

三、本节小结

（一）男式出汗假人模型实验结果

（1）潜汗条件下，在同一风速、不同松量情况下，前胸水汽压受风速影响较大，更易受服装波动程度的影响；腹部水汽压变化不明显。同一松量、不同风速时，各部位水汽压随着风速的增加有轻微波动，整体呈下降趋势。

（2）显汗条件下，在同一风速、不同松量情况下，前胸和腹部水汽压随松量变化较不稳定。前胸水汽压随着风速增加整体呈下降趋势；腹部水汽压在风速较小时（≤0.5m/s），波动无规律，变化相对较明显；风速较大（≥1m/s）时，腹部水汽压会在汗湿及风力作用下随松量的增大呈上升趋势。同一松量、不同风速时，各部位水汽压随着风速的增加出现波动，整体呈下降趋势，前胸波动更为明显。

（3）潜汗和显汗条件下，后肩胛水汽压相对较大，后肩胛水汽压在风速≤0.5m/s 时随着松量的增大出现轻微波动，在风速≥1m/s 时随着松量的增大而降低。腰侧水汽压由于衣内较好的空气流通及袖窿开口，随着松量的加大，整体呈下降趋势，在松量和风速同时较大时水汽压值趋于平稳。显汗条件下的各部位水汽压值均高于潜汗条件下的水汽压值。

（4）前胸、腹部、腰侧和后肩胛 4 个部位的水汽压值在松量为 12~16cm 时普遍较低。

（二）女式出汗假人模型实验结果

（1）潜汗条件下，服装静止时，前胸、腹部及腰侧水汽压随着松量的增加稳定下降；在同一风速、不同松量情况下，腰侧水汽压随松量的增加整体呈下降趋势。前胸受风力影响上下波动较小。腹部受风力影响随松量变化较显著；同一松量、不同风速情况下，腹部、腰侧及后肩胛前后波动较明显。

（2）显汗条件下，服装静止时，前胸、腹部及腰侧水汽压随着松量的增加稳定下降；在同一风速、不同松量情况下，腹部水汽压受汗湿及风力影响，水汽压值随松量的增加而增大。

前胸水汽压易受风力的作用，会因服装的波动发生变化。同一松量、不同风速时，各部位水汽压随着风速的增加出现波动，整体呈下降趋势，前胸、腹部及腰侧波动更为明显。

（3）潜汗和显汗条件下，后肩胛水汽压相对较大，腰侧水汽压由于衣内较好的空气流通及袖窿处开口会随着松量的增大，逐渐降低至平稳。显汗条件下的各部位水汽压值均高于潜汗条件下的水汽压值。

（4）前胸、腹部、腰侧和后肩胛4个部位的水汽压值在围度放松量为12cm时普遍较低。

第三节　内层材料对衣内湿度的影响

根据第一节的概述，影响热湿舒适性的服装因素包括材料与衣下空间，故本节实验设计同时考虑服装松量和内层材料的搭配，探讨衣内湿度的变化规律。

服装松量需要满足人体日常穿着和正常活动，应综合考虑生物最低允许量、运动余量、结构及款式需求等[45]。服装松量描述的是服装和人体之间的距离大小，通过图7-18和图7-19的直观观察可得到，服装内部与人体皮肤之间的距离关系并不是等距的，其距离大小会随着截面处和角度的变化而变化。本书研究对象是背心款式服装，呈箱型结构，面料较挺括，空间分布大致均匀，因此可按照松量一般分布规律加以分析。由圆周长 $C = 2\pi r$ 公式计算可得，针对男式背心款式服装，当 $C = 12$ 时，$d = 1.91$；$C = 16$ 时，$d = 2.55$，即围度放松量范围为12~16cm，平均孔隙量处于 1.91~2.55cm 时，是维持水汽压值普遍较低且较为合体的理想状态。同理，女式背心款式服装在松量为12cm时水汽压值普遍较低。

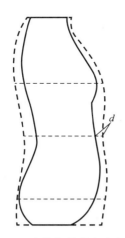

图7-18　净体与着装衣身侧视图

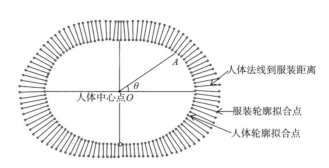

图7-19　净体与着装横截面示意图

为了简化实验且使数据更具有普遍意义，本实验借助男式和女式出汗假人模型研究显汗和潜汗两种条件下，松量分别为12cm和16cm时，加入一定的吸湿内层材料（高吸水性树脂和棉/丙针织物）对完全不透湿的背心款服装衣内湿度的影响。比较静止状态、不同松量

（12cm、16cm）的情况下，添加内层材料对衣内水汽压的变化与男女出汗假人模型衣内湿度之间的差异。

一、实验部分

（一）实验设备及材料

1. 实验设备

便携式温湿度记录仪和男式、女式出汗暖体假人模型。

2. 实验服装

（1）涂层面料（高密完全不透湿）制作的男式、女式背心款式服装，松量分别为 12cm 和 16cm。

（2）具有一定吸湿能力的高吸水性树脂材料（以下简称材料 N）。

（3）棉/丙针织面料（以下简称材料 M）。用材料 N 和材料 M 按 12cm 和 16cm 这两个松量分别制作男式、女式假人的内层服装。

（二）实验步骤

（1）实验准备 假人模型预热 2h，确保表面温度稳定。

（2）安置测头。将便携式温湿度记录仪的测头置于假人前胸、腹部、腰侧和后肩胛 4 个部位。

（3）出汗状态：本研究中，假人的出汗状态分潜汗、显汗两种方式。给假人穿上不同松量（12cm、16cm）的内层服装，再穿上对应松量（12cm、16cm）的完全不透湿实验服装。

（4）记录 4 个测头的衣内温湿度。实验重复 3 次，求均值。

二、实验结果与讨论

（一）女式出汗假人模型实验结果

1. 潜汗条件下衣内水汽压的变化（添加内层材料 N）

（1）松量为 12cm 时，在潜汗状态下，添加内层材料 N 前后，4 个测头的衣内水汽压变化见图 7-20。

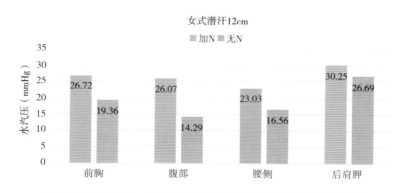

图 7-20 松量 12cm 时添加 N 前后各测头的衣内水汽压变化图

由图 7-20 可知，潜汗条件下，松量为 12cm 时，给完全不透湿的女式背心款服装内层添加高吸水性树脂材料制成的服装后，4 个部位的水汽压均有升高的趋势。这是因为高吸水性树脂材料较厚且硬挺，加入此内层材料后衣内空间减小，水汽不易扩散，且高吸水性树脂材料的吸湿作用不够明显。

（2）松量为 16cm 时，在潜汗状态下，添加内层材料 N 前后，4 个测头的衣内水汽压变化见图 7-21。

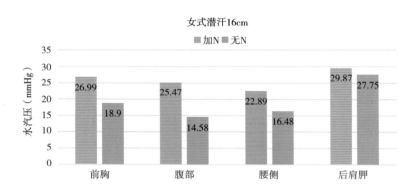

图 7-21　松量 16cm 时添加 N 前后各测头的衣内水汽压变化图

由图 7-21 可知，潜汗条件下，松量为 16cm 时，各测头水汽压的变化趋势和松量为 12cm 时变化趋势相似。添加高吸水性树脂材料制成的女式内层服装后，4 个部位的水汽压均有升高。两种松量下，添加内层材料后，腹部水汽压蓄积明显，说明腹部服装更为服帖，衣内空间更小，水汽蓄积不易扩散。后肩胛水汽压上升并不明显。

2. 显汗条件下衣内水汽压的变化（添加内层材料 N）

（1）松量为 12cm 时，在显汗状态下，添加内层材料 N 前后，4 个测头的衣内水汽压变化见图 7-22。

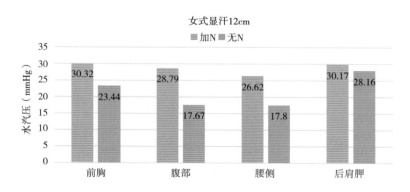

图 7-22　松量 12cm 时添加 N 前后各测头的衣内水汽压变化图

由图 7-22 可知，显汗条件下，松量为 12cm 时，给完全不透湿的女式背心款服装内层添加高吸水性树脂材料制成的服装后，4 个部位的水汽压值较添加内层材料前均有升高，且增大幅度明显高于潜汗。

（2）松量为 16cm 时，在显汗状态下，添加内层材料 N 前后，4 个测头的衣内水汽压变化见图 7-23。

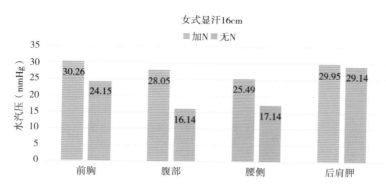

图 7-23　松量 16cm 时添加 N 前后各测头的衣内水汽压变化图

由图 7-23 可知，显汗条件下，松量为 16cm 时，添加高吸水性树脂材料制成的女式内层服装后，4 个部位的水汽压均有升高，且前胸、腹部和腰侧的水汽压上升较潜汗更为明显。

3. 潜汗条件下衣内水汽压的变化（添加内层材料 M）

（1）松量为 12cm 时，在潜汗状态下，添加内层材料 M 前后，4 个测头的衣内水汽压变化见图 7-24。

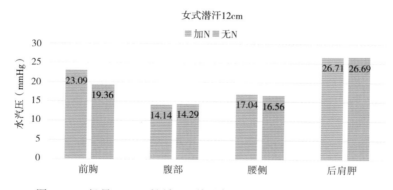

图 7-24　松量 12cm 时添加 M 前后各测头的衣内水汽压变化图

由图 7-24 可知，潜汗条件下，松量为 12cm 时，给完全不透湿的女式背心款服装内层添加棉/丙材料制成的针织服装后，前胸水汽压略有增大，其他 3 个部位的水汽压变化不明显。这是因为棉/丙材料较薄且柔软，相对高吸水性树脂材料而言衣内空间减小程度有限，且棉/丙材料有相对更良好的吸湿能力。

（2）松量为 16cm 时，在潜汗状态下，添加内层材料 M 前后，4 个测头的衣内水汽压变化见图 7-25。

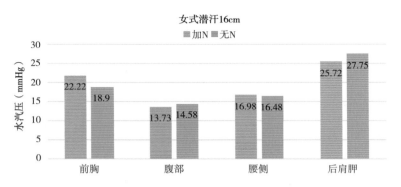

图 7-25　松量 16cm 时添加 M 前后各测头的衣内水汽压变化图

由图 7-25 可知，潜汗条件下，松量为 16cm 时，添加棉/丙材料制成的女式内层针织服装后，前胸水汽压略有升高，腰侧水汽压变化不明显，腹部的水汽压有轻微降低，这说明在松量较大时（松量≥16cm），棉/丙材料的吸湿能力对于减小的衣内空间来说，仍具备一定的降湿效果。

4. 显汗条件下衣内水汽压的变化（添加内层材料 M）

（1）松量为 12cm 时，在显汗状态下，添加内层材料 M 前后，4 个测头的衣内水汽压变化见图 7-26。

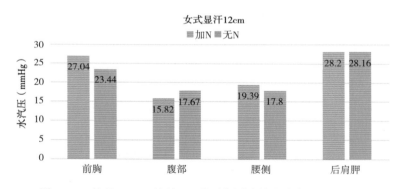

图 7-26　松量 12cm 时添加 M 前后各测头的衣内水汽压变化图

由图 7-26 可知，显汗条件下，松量为 12cm 时，给完全不透湿的背心款服装内层添加棉/丙材料制成的女式针织服装后，各测头水汽压的变化趋势和潜汗条件下的变化趋势相似，变化幅度较潜汗时更明显。

（2）松量为 16cm 时，在显汗状态下，添加内层材料 M 前后，4 个测头的衣内水汽压变化见图 7-27。

由图 7-27 可知，显汗条件下，松量为 16cm 时，添加棉/丙材料制成的女式内层针织服装后，前胸和腰侧水汽压略有升高，腹部的水汽压略有降低，这说明在松量较大时（松量≥16cm），服装内层加入棉/丙材料在一定程度上可以降低腹部的衣内水汽压。

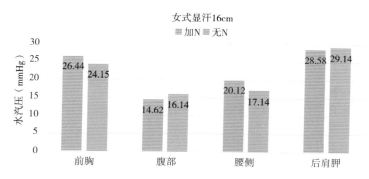

图 7-27　松量 16cm 时添加 M 前后各测头的衣内水汽压变化图

（二）男式出汗假人模型实验结果

1. 潜汗条件下衣内水汽压的变化（添加内层材料 N）

（1）松量为 12cm 时，在潜汗状态下，添加内层材料 N 前后，4 个测头的衣内水汽压变化见图 7-28。

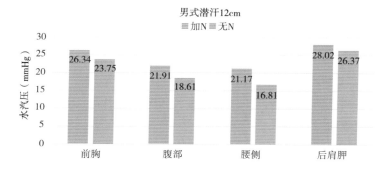

图 7-28　松量 12cm 时添加 N 前后各测头的衣内水汽压变化图

由图 7-28 可知，潜汗条件下，松量为 12cm 时，给完全不透湿的男式背心款服装内层添加高吸水性树脂材料制成的服装后，4 个部位的水汽压均有升高的趋势，其中尤以腰侧和腹部的水汽压值上升幅度更大。

（2）松量为 16cm 时，在潜汗状态下，添加内层材料 N 前后，4 个测头的衣内水汽压变化见图 7-29。

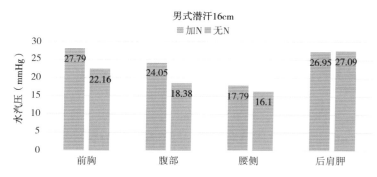

图 7-29　松量 16cm 时添加 N 前后各测头的衣内水汽压变化图

由图 7-29 可知，潜汗条件下，松量为 16cm 时，添加高吸水性树脂材料制成的男式内层服装后，前胸、腹部和腰侧的水汽压均有升高，且腹部和前胸水汽压的升高幅度较大。后肩胛水汽压波动不明显。

2. 显汗条件下衣内水汽压的变化（添加内层材料 N）

（1）松量为 12cm 时，在显汗状态下，添加内层材料 N 前后，4 个测头的衣内水汽压变化见图 7-30。

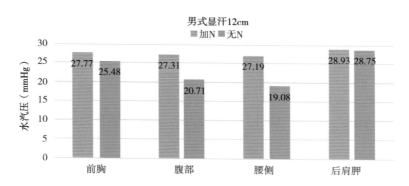

图 7-30　松量 12cm 时添加 N 前后各测头的衣内水汽压变化图

由图 7-30 可知，显汗条件下，松量为 12cm 时，给完全不透湿的男式背心款服装内层添加高吸水性树脂材料制成的服装后，4 个部位的水汽压均有升高的趋势，其中尤以腹部和腰侧的水汽压上升幅度更大。

（2）松量为 16cm 时，在显汗状态下，添加内层材料 N 前后，4 个测头的衣内水汽压变化见图 7-31。

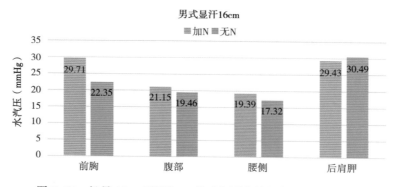

图 7-31　松量 16cm 时添加 N 前后各测头的衣内水汽压变化图

由图 7-31 可知，显汗条件下，松量为 16cm 时，添加高吸水性树脂材料制成的男式内层服装后，前胸、腹部和腰侧的水汽压均有不同程度升高，且前胸水汽压上升更为明显。

3. 潜汗条件下衣内水汽压的变化（添加内层材料 M）

（1）松量为 12cm 时，在潜汗状态下，添加内层材料 M 前后，4 个测头的衣内水汽压变化见图 7-32。

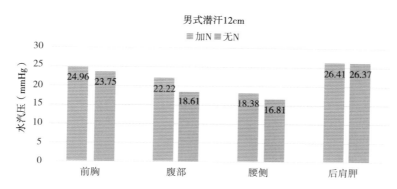

图 7-32 松量 12cm 时添加 M 前后各测头的衣内水汽压变化图

由图 7-32 可知，潜汗条件下，松量为 12cm 时，给完全不透湿的男式背心款服装内层添加棉/丙材料制成的针织服装后，腹部水汽压略有增大，其他 3 个部位的水汽压变化不明显。

（2）松量为 16cm 时，在潜汗状态下，添加内层材料 M 前后，4 个测头的衣内水汽压变化见图 7-33。

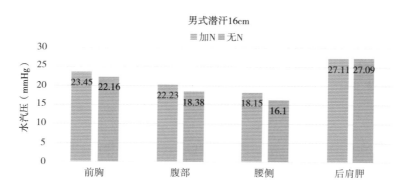

图 7-33 松量 16cm 时添加 M 前后各测头的衣内水汽压变化图

由图 7-33 可知，潜汗条件下，松量为 16cm 时，添加棉/丙材料制成的男式内层针织服装后，前胸、腰侧和腹部的水汽压均有小幅升高，这和女式假人的衣内水汽压值略有不同，前胸和后肩胛水汽压大小相近，相对于腹部和腰侧水汽压，女式假人更低，女式假人由于胸部的凸起使得前侧衣内空间更大，服装不会太贴合腹部，水汽流通扩散效果相对更好，后肩胛波动均不明显。

4. 显汗条件下衣内水汽压的变化（添加内层材料 M）

（1）松量为 12cm 时，在显汗状态下，添加内层材料 M 前后，4 个测头的衣内水汽压变化见图 7-34。

由图 7-34 可知，显汗条件下，松量为 12cm 时，给完全不透湿的背心款服装内层添加棉/丙材料制成的男式针织服装后，前胸部位的水汽压值变化不明显，其中尤以腹部和腰侧的水

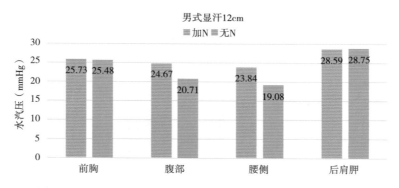

图7-34　松量12cm时添加M前后各测头的衣内水汽压变化图

汽压上升幅度更大。

（2）松量为16cm时，在显汗状态下，添加内层材料M前后，4个测头的衣内水汽压变化见图7-35。

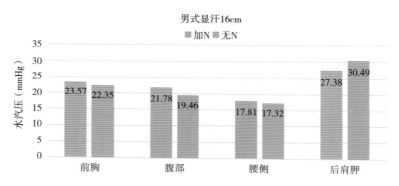

图7-35　松量16cm时添加M前后各测头的衣内水汽压变化图

由图7-35可知，显汗条件下，松量为16cm时，给完全不透湿的背心款服装内层添加棉/丙材料制成的男式针织服装后，前胸和腰侧水汽压无明显波动，腹部水汽压略有升高，后肩胛水汽压有轻微降低。

三、本节小结

1. 内层添加高吸水性树脂材料

（1）男式出汗假人模型实验结果：在静止状态下，给完全不透湿背心款服装内置吸湿材料高吸水性树脂，衣内温度上升，衣内水汽压整体有升高的趋势。在松量为16cm时，潜汗和显汗状态下的后肩胛水汽压较不添加高吸水性树脂材料有轻微降低，这是由于高吸水性树脂的支撑作用使得此处的水汽更容易通过领口开口部位与后背部产生对流，便于水汽的散失。

（2）女式出汗假人模型实验结果：在静止状态下，给完全不透湿背心款服装内置吸湿材料高吸水性树脂，衣内温度上升，各部位水汽压均有升高的趋势。潜汗状态下，女式假人各部位水汽压上升幅度较男式大。

（3）在松量分别为 12cm 和 16cm 时，加入高吸水性树脂材料的衣内水汽压整体升高，主要原因是高吸水性树脂内层材料的吸水能力较强但是吸湿能力较弱，而背心款式服装因内层材料的加入层数增加，衣内空间变小，水汽蓄积不易扩散，故衣内水汽压不减反增。

2. 内层添加棉/丙针织材料

（1）男式出汗假人模型实验结果：在静止状态下，给完全不透湿背心款服装内置有吸湿能力的棉/丙针织材料，衣内温度上升，前胸、腹部和腰侧水汽压有略升高的趋势。后肩胛水汽压波动不明显。

（2）女式出汗假人模型实验结果：在静止状态下，给完全不透湿背心款服装内置有吸湿能力的棉/丙针织材料，前胸和腰侧水汽压有略升高的趋势。腹部水汽压在潜汗和显汗状态下较不添加棉/丙材料有轻微降低。后肩胛水汽压添加棉/丙材料前后波动不明显，相对加入高吸水性树脂材料变化更平稳。

（3）棉/丙内层材料具备一定的吸湿能力，相比高吸水性树脂内层材料而言效果会稍好。

（4）总体而言，加入内层吸湿材料对降低完全不透湿背心款服装衣内湿度无积极影响。棉/丙针织材料较高吸水性树脂材料而言负面影响小一些，4 个部位的水汽压变化幅度更小。

第四节 相变材料对衣内温湿度的影响

本节基于相变材料的自主控温原理，通过实验分析皮肤表面温度和衣内温湿度值的变化和人体的主观感受分析热湿舒适性的变化，设计制作降温背心，并采用假人实验和人体穿着实验进行评价。

一、实验部分

警用防弹背心的腰侧可以自由调节进而控制松量，以满足大多数人的尺寸需求。当防弹背心较紧身合体时，放松量可控制在 4cm；分别于防弹背心（正、反面）内层与人体间设置 4 个高度为 2.2cm 的柱状支撑块时，围度放松量为 14cm。警用防弹背心款式见图 7-36。

本实验应用的相变材料为固液相变材料，材料物质在固态与液态转换之间释放能量，起到调温和维持穿着人员热舒适的作用；该相变材料采用封装袋的形式保存，可保证相态变化时材料的完整。使用过程中，于防弹背心夹层放置相变材料封装袋（正、反面夹层均安置），尽可能较大面积地接触人体，发挥最

图 7-36 警用防弹背心款式图

大效果，提供给人体皮肤较舒适的温度范围。

（一）实验设备及材料

1. 实验仪器

多通道生理参数测试仪、便携式温湿度记录仪和男式暖体假人模型。

2. 实验服装

适用于南方地区的警用防弹背心，见图7-36。

（二）实验步骤

1. 假人实验

（1）安置测头。将便携式温湿度记录仪的测头置于假人躯干的前胸、腹部、腰侧和后肩胛4个部位，编号同第三节。温湿度数据采集记录的时间间隔为1min。

（2）假人模型预热3h，确保假人表面温度稳定，接近人体平均皮肤温度。再附上外挂式的警用防弹背心，待数据稳定后（20min左右），记录4个测头在防弹背心较贴身（松量约为4cm）及加入柱状支撑块（松量约为14cm）两种情况下的衣内温度，重复以上添加相变材料后的实验步骤。实验重复6次，求平均值。

2. 人体穿着实验

（1）实验者条件。实验者身体健康，保持良好精神状态，实验前至少1h不得进行剧烈运动。人体尺寸与模型尺寸接近。实验者基本信息见表7-2。

表7-2　实验者基本信息

编号	年龄（岁）	身高（cm）	体重（kg）	胸围（cm）	腰围（cm）
1	24	157	45	82	63
2	25	163	53	86	64
3	25	173	68	90	80
4	26	178	72	94	84
5	26	176	71	92	82

（2）受试者平静30min待其生理机能稳定。实验在环境相对恒定的地下实验室（环境温度23.5±0.5℃，相对湿度55%±2%，风速<0.1m/s）和室外夏日自然环境中进行，测试过程根据实验环境及运动状态分为两个阶段：①室内，静止；②室外，以3km/h的速度行走，风速1m/s。

（3）室内实验测试受试者贴身穿着防弹背心（松量分别为4cm和14cm）时的服装衣内温度、衣内水汽压以及平均皮肤温度；室外实验测试服装衣内温度及衣内水汽压。比较加入相变材料后衣内温湿度及相关生理参数的差异。注意测量衣内温度和湿度变化的同时，将便携式温湿度记录仪的传感器紧贴于受试者身体躯干被防弹服覆盖着的皮肤上，数据采集记录的时间间隔为1min。测试时间约为1h。实验重复6人次。

（4）主观感觉评价。主观感觉评价包括4项感觉指标：闷感评价（畅快、不透气、较憋

闷、憋闷、非常闷），黏感评价（清爽、有黏感、黏体、黏感明显、非常黏），热感评价（无
热感、温暖、稍热、热、非常热）和湿感评价（干燥、有湿感、潮湿、汗湿、滴汗）。采用
五级感觉等级加以评分，"1"表示无感觉，"5"表示感觉最强烈，"1~5"之间按感觉强度
递增，主观感觉评价等级见图7-37。填写主观感觉评价表前告知受试者实验目的，并使其了
解主观感觉等级的划分标准。实验重复6人次。

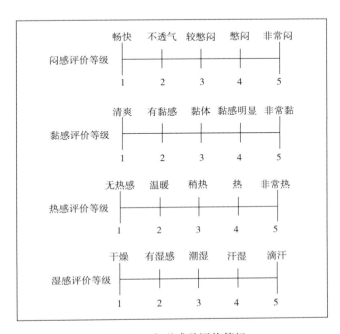

图7-37　主观感觉评价等级

二、实验结果与讨论

（一）假人实验结果

松量为4cm时，给防弹背心内置相变材料后，各测头的衣内温度变化数据见表7-3。

表7-3　松量4cm加入相变材料后衣内温度变化情况

测头编号	1号	2号	3号	4号
衣内温度（℃）（无相变材料）	30.7±0.08	30.4±0.10	23.9±0.04	31.4±0.05
衣内温度（℃）（加相变材料）	30.2±0.11	30.0±0.06	23.9±0.02	31.0±0.03
变化范围	-0.69~-0.31	-0.56~-0.24	±0.06	-0.48~-0.32

由表7-3可知，松量为4cm、服装较为贴身时，加入相变材料后，1、2、4号测头的衣
内温度均有不同程度下降；3号测头温度上下浮动不明显，是由于3号测头位于腰侧的位置，
暴露在空气中，测量的是环境温度，不受相变材料的温度调控。

由表7-4可知，松量为14cm、服装和人体之间有一定空隙时，加入相变材料后，1、2、

4 号测头的衣内温度均有不同程度下降，是由于在相变过程中会逐渐吸收人体散失的热量，因此加入相变材料后，衣内温度明显降低。

表7-4　松量14cm加入相变材料后衣内温度变化情况

测头编号	1 号	2 号	3 号	4 号
衣内温度（℃）（无相变材料）	29.7±0.12	28.4±0.07	23.9±0.02	30.1±0.04
衣内温度（℃）（加相变材料）	29.1±0.08	28.1±0.05	23.9±0.03	29.6±0.03
变化范围	-0.80~-0.40	-0.42~-0.18	±0.05	-0.57~-0.43

（二）人体穿着实验结果

1. 室内实验结果分析

在室内环境条件下，松量为4cm时，人体穿着实验衣内温湿度、平均皮肤温度数据见表7-5。

表7-5　室内环境松量4cm时人体穿着实验参数情况

防弹背心	测头位置	衣身正中
无相变材料	衣内温度（℃）	31.7±0.05
	衣内水汽压（mmHg）	22.69±0.06
	平均皮肤温度（℃）	31.613±0.27
加相变材料	衣内温度（℃）	31.1±0.03
	衣内水汽压（mmHg）	23.49±0.14
	平均皮肤温度（℃）	30.779±0.31

由表7-5可知，室内静止条件下，松量为4cm时，经 t 检验得到，在防弹背心夹层置入相变材料前后的衣内温度有显著性差异（$p<0.01$），且加入相变材料后衣内温度有所降低；置入相变材料前后的平均皮肤温度有显著性差异（$p<0.05$），且有明显的降温效果。防弹背心夹层加入相变材料后，衣内相对湿度及衣内实际水汽压均无显著性差异（$p>0.05$），说明置入相变材料的方法对衣内水汽压的降低无明显作用。受试者在实验室环境下处于相对比较安静状态时，人体的代谢产热量比较低（约58W/m²），出汗量不多，加入相变材料后衣内湿度增加，是由于相变材料较厚重，衣内空间变小，且防弹背心透湿性较差，实验过程中人体新陈代谢产生的水汽易蓄积。

在该实验条件下，受试者主观感觉评价数据见表7-6。

表7-6　室内环境松量4cm时人体主观感觉评价表

防弹背心（无相变材料）			
热感	闷感	湿感	黏感
1.87±0.17	2.85±0.15	1.52±0.02	1.68±0.18

续表

防弹背心（加相变材料）			
热感	闷感	湿感	黏感
1.00±0.01	3.05±0.15	2.12±0.22	2.12±0.22

由主观分析评价可知，室内静止条件下，松量为 4cm 时，经 t 检验，置入相变材料前后热感有显著差异（$p<0.01$），且加入相变材料后基本无热感；对于闷感、湿感和黏感，加入相变材料后比不加高，且前后差异显著（$p<0.05$），这是由于置入相变材料会一定程度增加人体的负荷，且水汽不易扩散。

在室内环境条件下，松量为 14cm 时，人体穿着实验衣内温湿度、平均皮肤温度数据见表7-7。

表 7-7 室内环境松量 14cm 时人体穿着实验参数情况

防弹背心	测头位置	衣身正中
无相变材料	衣内温度（℃）	31.3±0.04
	衣内水汽压（mmHg）	21.80±0.13
	平均皮肤温度（℃）	31.494±0.24
加相变材料	衣内温度（℃）	30.1±0.05
	衣内水汽压（mmHg）	20.84±0.17
	平均皮肤温度（℃）	31.281±0.18

由表7-7可知，室内静止条件下，松量为 14cm 时，经 t 检验得到，在防弹背心夹层置入相变材料前后的衣内温度有显著性差异（$p<0.01$），且有明显的降温效果。置入相变材料前后平均皮肤温度有显著差异（$p<0.01$），且加入相变材料后平均皮肤温度有所降低，相较于松量为 4cm 时平均皮肤温度下降幅度不明显，这是由于相变材料不紧贴人体，降温效果被削弱，降低人体皮肤表面温度的作用相对而言无法充分发挥。

在该实验条件下，受试者主观感觉评价数据见表7-8。

表 7-8 室内环境松量 14cm 时人体主观感觉评价表

防弹背心（无相变材料）			
热感	闷感	湿感	黏感
1.00±0.01	1.00±0.01	1.00±0.01	1.00±0.01
防弹背心（加相变材料）			
热感	闷感	湿感	黏感
1.00±0.01	1.25±0.05	1.00±0.01	1.00±0.01

由主观感觉数据分析可知，室内静止条件下，松量为 14cm 时，经 t 检验，置入相变材料

前后热感、湿感和黏感无显著差异，且置入相变材料前后均感觉凉爽透气；对于闷感，置入相变材料后对闷感几乎没有影响。

2. 室外实验结果分析

在室外环境条件下，松量为4cm时，人体穿着实验衣内温湿度数据见表7-9。

表7-9　室外环境松量4cm时人体穿着实验参数情况

防弹背心	测头位置	衣身正中
无相变材料	衣内温度（℃）	33.5±0.15
	衣内水汽压（mmHg）	22.84±0.07
加相变材料	衣内温度（℃）	32.4±0.13
	衣内水汽压（mmHg）	25.68±0.11

由表7-9可知，室外走动条件下，松量为4cm时，经t检验得到，在防弹背心夹层置入相变材料前后的衣内温度有显著性差异（$p<0.01$），且加入相变材料后衣内温度明显降低。

在该实验条件下，人体主观感觉评价数据见表7-10。

表7-10　室外环境松量4cm时人体主观感觉评价表

防弹背心（无相变材料）			
热感	闷感	湿感	黏感
3.32±0.08	3.45±0.15	3.15±0.15	2.86±0.14
防弹背心（加相变材料）			
热感	闷感	湿感	黏感
1.50±0.10	3.81±0.09	3.79±0.21	3.56±0.16

由主观分析评价可知，室外走动情况下，松量为4cm时，经t检验，置入相变材料前后热感有显著性差异（$p<0.01$），且加入相变材料后热感明显降低；对于湿感和黏感，加入相变材料后比不加高，且前后差异显著（$p<0.05$），是由于行走过程中新陈代谢率较高，实验过程中衣内微气候相对于外界环境而言温度更高且更为潮湿；当松量比较小、衣内空间较小时，相变材料的加入会阻碍人体的蒸发散热散湿，人体会更感受到潮湿和黏体。

在室外环境条件下，松量为14cm时，人体穿着实验衣内温湿度数据见表7-11。

表7-11　室外环境松量14cm时人体穿着实验参数情况

防弹背心	测头位置	衣身正中
无相变材料	衣内温度（℃）	31.1±0.12
	衣内水汽压（mmHg）	19.7±0.11
有相变材料	衣内温度（℃）	31.0±0.08
	衣内水汽压（mmHg）	21.9±0.05

由表 7-11 可知，室外走动条件下，松量为 14cm 时，经 t 检验得到，置入相变材料前后衣内温度有显著性差异（$p<0.01$），且加入相变材料后温度有所降低。

在该实验条件下，主观感觉评价数据见表 7-12。

表 7-12 室外环境松量 14cm 时人体主观感觉评价表

防弹背心（无相变材料）			
热感	闷感	湿感	黏感
2.57±0.13	1.55±0.05	2.13±0.17	1.73±0.17
防弹背心（加相变材料）			
热感	闷感	湿感	黏感
2.55±0.05	1.83±0.17	2.45±0.15	2.28±0.12

由主观感觉评价可知，室内静止条件下，松量为 14cm 时，经 t 检验，置入相变材料前后热感有显著性差异（$p<0.05$），加入相变材料后热感有小幅降低；对于湿感和黏感，加入相变材料后比不加高，且前后差异显著（$p<0.05$）。

三、本节小结

（1）降温背心的设计完全符合人的体形，相变材料作为冷却源安装于背心内层，使用简单，冷量散发均匀。可自由随身携带，基本不影响移动或运动。

（2）相变材料可以积极调控衣内温度，有效降低皮肤表面温度，起到延长穿着者的热舒适性的作用，但相变材料对衣内湿度无直接影响。

（3）围度放松量为 4cm 时，即相变材料贴合人体时降温效果更为明显，人体的热舒适性较好，但是由于相变材料较厚重，衣内空间变小，且防弹背心透湿性较差，实验过程中人体皮肤表面产生的水汽易蓄积，主观感觉更为沉闷黏腻，在运动状态下此种感觉更为强烈。

（4）围度放松量为 14cm 时，即相变材料和人体之间存在适当空隙时，相变材料的降温效果相对不显著，但是仍保留降温效果，衣内温度和皮肤表面温度均有降低，同时人体不同状态下产生的水汽更易扩散，人体整体主观感觉更为干爽舒适。因此，松量为 14cm 时加入相变材料后，各参数变化和主观感觉相对更为理想，人体穿着更为舒适。

（5）考虑服装的重量因素，建议在使用相变材料时，尽量选取热熔值较大且重量轻的相变材料。

第五节 衣内通风对衣内温湿度的影响

除了选择服装材料、改变衣下空间大小两种方式调节服装热湿感觉外，外置冷却设备也是一种合理的方式。本节通过在防弹背心内部设计通风装置来改善衣内温湿度。考虑到通风会受到人体姿势、运动状态以及环境风速等因素的影响，故设计模拟工作状态的人体穿着实验，测量通风前后以及不同通风量条件下受试者主要生理参数变化，同时以问卷的方式收集受试者的主观感觉等级数据。

一、实验部分

（一）通风装置

通风管采用内径为 1.1cm（确保衣内空隙接近 2.23cm，保证围度松量约为 14cm）的塑料软管，输入的空气通过沿全身配置的管道上的气孔输出到身体表面，孔隙密集且均匀分布。该管道可连接到提供不同通风量的动力设备，穿着者可得到连续冷气流，带走人体表面的热量，促进身体汗液的自然蒸发冷却，达到给人体降温降湿的效果。

该通风系统附带在独立的完全不透气的防水防风迷彩材料上，该材料被裁制成和防弹背心正面及反面相同的形状，通过强磁隐形暗扣将该通风装置附在防弹背心内层上（防弹背心正反面均安置），这样的设计保证了此装置的可拆卸性，可根据需要考虑是否应用此附加冷却装置。

该款警用防弹背心的动力设备采用锂电池（7.4V，3200mA·h）供电，通风量通过变换电机功率调控，进而调节制冷效果。工作时间长达 4~5h，工作环境温度范围为 20~40℃，可拆卸清洗、轻便、易于穿戴。通风管道排列情况如图 7-38 所示。

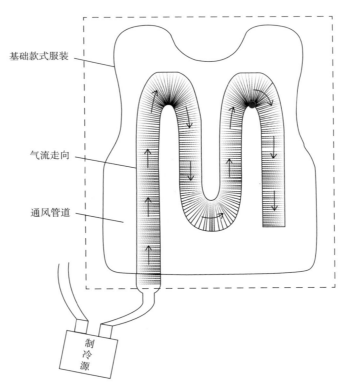

图 7-38　通风服工作原理图

（二）实验设备及材料

（1）实验仪器：便携式温湿度记录仪。

（2）实验服装：置入通风管道后的警用防弹背心。

（三）实验步骤

（1）实验者条件。实验者身体健康，保持良好精神状态，实验前至少 1h 不得进行剧烈运动。受试者人体尺寸基本信息见表 7-13。

表 7-13　实验者基本信息

编号	年龄（岁）	身高（cm）	体重（kg）	胸围（cm）	腰围（cm）
1	24	157	45	82	63
2	25	163	53	86	64
3	25	173	68	90	80
4	26	178	72	94	84
5	26	176	71	92	82

（2）受试者安静 30min 待其生理机能稳定。实验在室外夏日自然环境 [环境温度（29.5±0.5）℃，相对湿度 55%±2%] 进行，测试过程根据运动状态分为两个阶段：①静止；②以 3km/h 的速度行走，风速 1m/s。

（3）风量通过电压调控，电压分别设置在 0V、3.5V、4.5V、5.5V、6.5V，对应电机功率分别为 0W、1.4W、2.2W、3.0W、3.9W。分别测试无通风及电功率控制的不同风量时受试者服装衣内温度及衣内水汽压，数据采集记录时间间隔为 1min，记录时间约为 1h。实验重复 6 人次。

（4）各阶段结束后询问受试者主观感受，主观感觉评价等级见图 7-37。

二、实验结果与讨论

（一）静止状态下实验结果分析

受试者在静止状态下，衣内温湿度数据见表 7-14。

表 7-14　静止状态下衣内温湿度数据

电机功率	0W	1.4W	2.2W	3.0W	3.9W
衣内温度（℃）	31.1±0.12	30.9±0.10	30.6±0.07	30.2±0.09	29.9±0.11
衣内水汽压（mmHg）	21.9±0.18	21.4±0.12	20.8±0.09	20.5±0.23	20.1±0.20

由表 7-14 可知，静止状态下，经 t 检验可知，在电压为 3.5V、电机功率为 1.4W 时，防弹背心通风前后的衣内温度有显著性差异（$p < 0.01$），同时衣内湿度有显著性差异（$p < 0.05$），且衣内温湿度均有所降低。

在静止状态下，防弹背心衣内温度随电机功率变化见图 7-39。由图 7-39 可知，静止状态下，衣内温度随着电机功率的增大呈现先下降后略平缓的趋势。随着通风换气量的逐渐增大，"风箱效应"越发明显，服装衣内空气与外界环境之间存在的气流交换更充分，也因此加速了对流散热和蒸发散热，导致衣内温度明显降低，由于受到人体自身生理机制的调控作用，温度降低到一定值后趋于平稳不再变化。

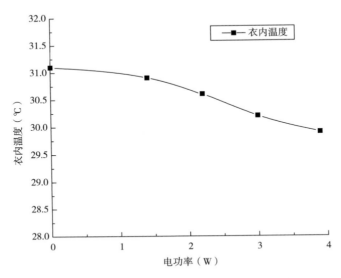

图 7-39　静止状态下衣内温度随电机功率变化曲线

在静止状态下，防弹背心衣内水汽压随电机功率变化见图 7-40。由图 7-40 可知，静止状态下，受试者衣内水汽压随着电机功率的增大整体呈下降趋势。通风换气量越大，服装衣内空气与外界之间的强迫对流越明显，促进衣内水汽的扩散。

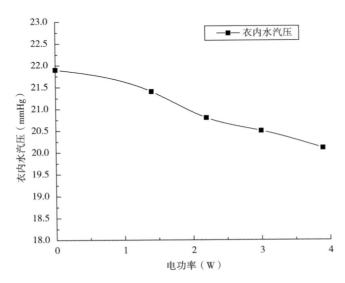

图 7-40　静止状态下衣内水汽压随电机功率变化曲线

在该实验条件下，受试者主观感觉评价数据见表 7-15。

表 7-15 静止状态下人体主观感觉评价表

电机功率	0W	1.4W	2.2W	3.0W	3.9W
热感	2.85±0.15	2.25±0.15	1.75±0.05	1.15±0.05	1.00±0.01
闷感	2.28±0.02	2.05±0.05	1.68±0.12	1.24±0.16	1.00±0.01
湿感	2.05±0.05	1.86±0.14	1.45±0.15	1.28±0.02	1.00±0.01
黏感	2.27±0.13	1.75±0.15	1.38±0.10	1.25±0.05	1.00±0.01

在静止状态下，受试者热感随电机功率变化曲线见图 7-41。

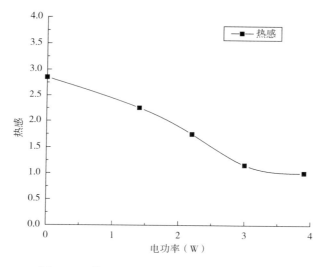

图 7-41 静止状态下热感随电机功率变化曲线

由图 7-41 可知，静止状态下，随着电机功率的增大，受试者热感在明显下降后随之平稳变化。说明通风量越大，衣内空气流动越显著，可以有效传递人体产生的热量，散失到外界环境中，热感逐渐降低。电机功率为 2.2W 时，人体热舒适性达到平衡，既不冷也不热。随着电功率的进一步加大，人体会逐渐感觉凉意，电机功率为 3.9W 时，人体冷感较明显，不再感觉热舒适，这是由于衣内空间与外界环境之间气流交换过大，散热量大于产热量。

在静止状态下，受试者闷感随电机功率变化曲线见图 7-42。

由图 7-42 可知，在静止状态下，受试者闷感随着电机功率的增大平缓降低。随着通风量的增大，服装通风性能越好，服装衣下与外界环境之间的空气交换为人体生理机能创造良好条件，闷感逐渐消失。当电机功率≥2.2W 时，受试者闷感较低，感觉比较舒适。

在静止状态下，受试者湿感随电机功率变化曲线见图 7-43。

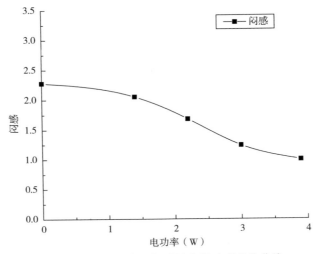

图 7-42　静止状态下闷感随电机功率变化曲线

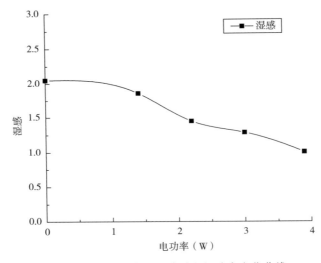

图 7-43　静止状态下湿感随电机功率变化曲线

由图 7-43 可知，在静止状态下，受试者湿感随着电机功率的增大整体呈下降趋势。电机功率在 1.4~2.2W 范围时湿感下降幅度较大，2.2~3.0W 范围内略有降低，电机功率在 3.9W 时湿感降到最低。表明服装通风量越大，受试者湿感越小，感觉越发干爽。

在静止状态下，受试者黏感随电机功率变化曲线见图 7-44。

由图 7-44 可知，在静止状态下，电机功率越大，受试者黏感越不明显。这主要是由于衣内空气的流动带走衣内水汽，服装通风后黏衣现象有很大改善。

综上所述，在静止状态下，当电机功率为 1.4W 时，热感有明显降低，但还是处于人体略热的状况；当电机功率为 2.2W 时人体处于温暖的舒适区，闷感、湿感和黏感均不明显；当电机功率为 3.0W 时，随着时间的推移，受试者凉感逐渐明显，不适合长期处于此通风环境中；当电机功率为 3.9W 时，人体产生冷意，不再感觉舒适。

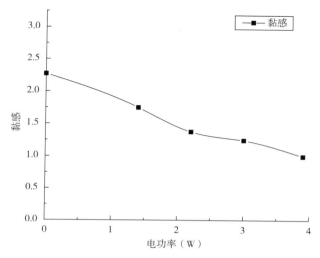

图 7-44　静止状态下黏感随电机功率变化曲线

（二）行走状态下实验结果分析

受试者在行走状态下，衣内温湿度数据见表 7-16。

表 7-16　行走状态下衣内温湿度参数情况

电机功率	0W	1.4W	2.2W	3.0W	3.9W
衣内温度/℃	31.5±0.11	31.2±0.08	30.9±0.06	30.5±0.12	30.2±0.03
衣内水汽压/mmHg	24.1±0.13	23.4±0.16	22.9±0.14	22.5±0.19	21.6±0.21

由表 7-16 可知，在行走状态下，经 t 检验可知，在电压为 3.5V、电机功率为 1.4W 时，防弹背心通风前后的衣内温度和湿度有显著性差异（$p<0.05$），且衣内温湿度均有所降低。

行走状态下，受试者衣内温度随电机功率变化曲线见图 7-45。

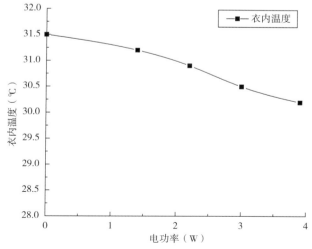

图 7-45　行走状态下衣内温度随电机功率变化曲线

由图 7-45 可知，在行走状态下，受试者衣内温度随着电机功率的变化与无风静态时的变化趋势相似，先下降后略见平缓。表明服装通气效果越明显，人体感觉越凉爽。

行走状态下，受试者衣内水汽压随电机功率变化曲线见图 7-46。

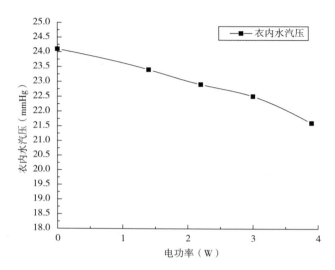

图 7-46　行走状态下衣内水汽压随电机功率变化曲线

由图 7-46 可知，受试者行走状态下，衣内水汽压随着电机功率的增大整体呈下降趋势。在人体行走或环境风速作用下，衣内湿度较静止时下降幅度更明显。运动和风速可以显著增加服装通风，通过加速衣内及环境的气体交换带走更多的水汽，显著降低衣内湿度。

在该实验条件下，受试者主观感觉评价数据见表 7-17。

表 7-17　行走状态下人体主观感觉评价表

电机功率	0W	1.4W	2.2W	3.0W	3.9W
热感	3.35±0.15	2.88±0.12	2.25±0.15	1.56±0.14	1.00±0.01
闷感	2.90±0.05	2.53±0.07	1.91±0.09	1.24±0.16	1.00±0.01
湿感	2.63±0.17	2.20±0.05	1.62±0.18	1.38±0.05	1.00±0.01
黏感	2.86±0.14	2.25±0.15	1.59±0.11	1.36±0.14	1.00±0.01

在行走状态下，受试者热感随电机功率变化曲线见图 7-47。

由图 7-47 可知，在行走状态下，受试者热感感觉等级较静止时更高。随着通风量的增大，受试者热感逐渐不明显。电机功率为 2.2W 时，受试者感觉稍热，电机功率为 3.0W 时，受试者感觉略凉，电机功率>3.0W 时，受试者产生冷感。说明电机功率在 2.2~3.0W 范围内时，进入衣内微空间的气流量可使人体产生的显热和潜热抵消，受试者处于较温暖的舒适区。

在行走状态下，受试者闷感随电机功率变化曲线见图 7-48。

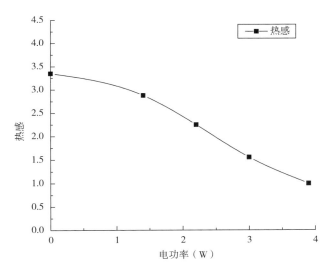

图 7-47　行走状态下热感随电机功率变化曲线

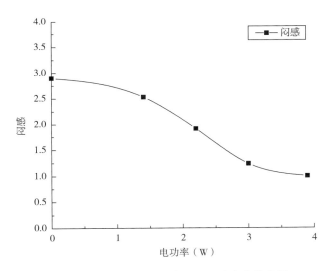

图 7-48　行走状态下闷感随电机功率变化曲线

由图 7-48 可知，在行走状态下，随着电机功率的增大，受试者闷感逐渐降低至平稳变化。即随着通风量的增大，闷感逐渐消失。当电机功率在 2.2~3.0W 范围内时，闷感下降幅度较大，电机功率>3.0W 时，闷感变化较平缓。

在行走状态下，受试者湿感随电机功率变化曲线见图 7-49。

由图 7-49 可知，在行走状态下，受试者湿感等级较静止时更高。在步行时，由于风速的存在使衣内与外界环境间的气流交换越发充分，人体产生的水蒸气被及时带走。当电机功率在 2.2~3.0W 范围内时，受试者湿感不明显，人体更为舒适。

在行走状态下，受试者黏感随电机功率变化曲线见图 7-50。

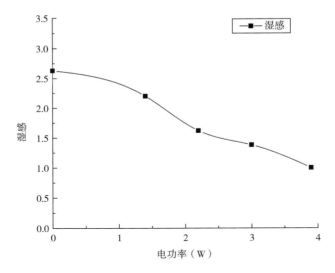

图 7-49　行走状态下湿感随电机功率变化曲线

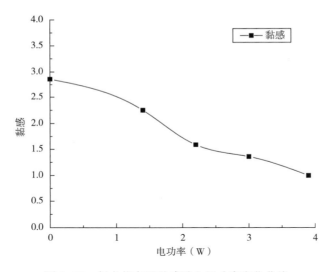

图 7-50　行走状态下黏感随电机功率变化曲线

由图 7-50 可知，在行走状态下，受试者黏感随着电机功率的增大呈下降趋势。当电机功率在 2.2~3.0W 范围内时，受试者黏感不明显，人体黏衣现象明显改善。

综上所述，在行走状态下，当电机功率为 2.2W 时，人体处于略热的状况；当电机功率在 2.2~3.0W 范围内时人体处于较温暖的舒适区，闷感大幅降低，湿感和黏感均不明显；当电机功率>3.0W 时，受试者凉感和冷感逐渐浮现。

三、本节小结

（1）本节研究结果表明，该款通风防弹背心的优点有：穿脱方便、可长时间使用、体积小无负荷、不妨碍人体正常活动；附加通风装置后，人体体表产生的热量和汗液因蒸发和对流及时被带到外界环境中，确保了穿着者衣内微气候（温度、湿度）的相对平衡，感觉更舒适。

（2）不同运动状态下，通风后的衣内温湿度及主观感觉有所不同。静止状态下，当电机功率为 2.2W 时人体主观感觉更为舒适；行走状态下，当电机功率在 2.2~3.0W 范围内时人体主观感觉更为舒适。

🌐 本章总结

本章研究对象为适用于南方湿热环境下的警用防弹背心（平时值勤穿着），研究分析了松量、服装内层材料、相变材料及附加通风装置对背心款式服装内部微气候的影响，确定理想的实验方案，最终为改善防弹背心的热湿舒适性及穿着者的耐受极限提供一定的参考。总结如下：

（1）松量实验：研究发现男式假人围度放松量范围为 12~16cm，平均衣下孔隙量在1.91~2.55cm 时，可以维持较低的衣内水汽压，女士款围度松量为 12cm 是理想值；

（2）内层材料实验：研究发现两种内层吸湿材料的吸湿能力有限，且吸湿趋于饱和时吸湿效果会明显降低，对降低衣内湿度无积极影响；

（3）相变材料实验：研究发现内置相变材料可降低皮肤表面温度和衣内温度，在显汗状态下效果更显著，对降低衣内湿度无积极影响。当松量为 14cm 时（服装与人体存在一定空隙时）加入相变材料后，舒适性相对更为理想；

（4）通风实验：附加通风装置后，人体热蓄积现象明显改善，舒适性有所提高。不同运动状态下，通风后的衣内温湿度及主观感觉有所不同。静止状态下，当电机功率为 2.2W 时人体主观感觉更为舒适；行走状态下，当电机功率在 2.2~3.0W 范围内时人体主观感觉更为舒适。

综上所述，围度放松量设置在 14cm，内置相变材料或附加通风装置是改进防弹背心热湿舒适性的理想方案。

◆ 本章参考文献 ◆

［1］徐丽慧，葛凤燕，蔡再生. 功能性防护纺织品研究进展［J］. 染整技术，2011，33（1）：6-10.

［2］Hes L, Boguslawska-Baczek M. Analysis and Experimental Determination of Effective Water Vapor Permeability of Wet Woven Fabrics［J］. Journal of Textile & Apparel Technology & Management, 2014, Vol. 8 Issue 4, p1-8. 8p.

［3］陆丽娅，张辉. 防护服舒适性的改进研究进展［J］. 北京服装学院学报（自然科学版），2014，3.

［4］张昭华. 防护服热湿舒适性的研究进展［J］. 中国个体防护装备，2008（5）：22-26.

［5］百度百科. 防护服［OL］. Retrieved September 25, 2016 from http：//Baike. baidu. com /link? url =

BoO9nDF6aBXxSZwivUqCdT7a7MDawsWoGkXA52E72pwY－f＿dix5－TvLBnF3RleFWbNEQHCWFK5frvgl0Vh HFcDbyMSeVfgAc－RCe9ZSjw60MquzYUG5xywze9PIw3Cb0.

［6］ 阎迪，郝爱萍. 功能性防护服及新材料应用［J］. 棉纺织技术，2012，40（2）：65-68.

［7］ Zwolinska, Magdalen, Bogdan, Anna, Delczyk-Olejniczak, Bogumila, Robak, Dorota. Bulletproof Vest Thermal Insulation Properties vs. User Thermal Comfort［J］. Fibres & Textiles in Eastern Europe, 2013, Vol. 21 Issue 5, p105-111, 7p.

［8］ Y. Li. Computer-Aided Clothing Ergonomic Design for Thermal Comfort［J］. Safety：journal for the safety in the work organisation and living environment, 2011, Vol. 53 Issue 1, p29-41, 13p.

［9］ 黄雅婷. 军用防护服的基本要求［J］. 印染，2014（13）：51-53.

［10］ MENSING T. Fire fighters protective clothing piece has insulation layer, which is formed from textured yarn, by which air pockets improving insulation properties of insulation layer are realized［P］. 德国专利，DE102012003636, 2013. 8.

［11］ Fu-Juan LIU, Ping Wang, Yan Zhang, Hong-Yan Liu, Ji-Huan He. Fractional Model for Insulation Clothings Withcocoon-Like Porous Structure［J］. Thermal Science, 2016, Vol. 20 Issue 3, p779-784. 6p.

［12］ Hirota M, Miyazaki K. Composite material used for ejection-proof water vapor protective clothing［P］. 日本专利，JP2008253625, 2010, 4.

［13］ Antonin Havelka, Zdenek Kus. The physiological properties of smart textiles and moisture transport through clothing fabric［C］. FAN Jintu, Developments in International Thermal Manikin and Modeling Meeting, Hong Kong：The Hong Kong Polytechnic University, 2006：355-362.

［14］ Howard G S, Armand V C, Carole W. Protections of fiber and fabric uses and the factors contributing to military clothing comfort and satisfaction［J］. Textile Research Journal, 2005, 75（3）：223-232.

［15］ 周永凯，田永娟. 服装款式特征与服装热阻的关系［J］. 北京服装学院学报（自然科学版），2007，27（3）：31-37.

［16］ Kim I Y, Lee C , Li Peng, et al. Investigation of air gaps entrapped in protective clothing systems［J］. Fire and Materials, 2002（26）：121 -126.

［17］ Song, G. W. Clothing air gap layers and thermal protective performance in single layer garment［J］. Journal of industrial textiles, 2007, 36, 193-205. doi：10. 1177/1528083707069506.

［18］ Chitrphiromsrip, Kuznetsova V. Modeling heat and moisture transport in firefighter protective clothing during flash fire exposure［J］. Heat and Mass Transfer, 2005, 41（3）：206-215.

［19］ Keiser, Corinne, Becker, Cordula, Rossi, Rene M. Moisture Transport and Absorption in Multilayer Protective Clothing Fabrics［J］. Textile Research Journal, Jul 2008, Vol. 78 Issue 7, p604-613. 10p.

［20］ O Atalay, WR Kennon, MD Husain. Textile-Based Weft Knitted Strain Sensors：Effect of Fabric Parameters on Sensor Properties［J］. Sensors, 2013, 13（8）：11114-11127.

［21］ PA Sirvydas, P Kerpauskas. The Role of the Textile Layer in the Garment Package in Suppressing Transient Heat Exchange Processes［J］. Fibres & Textiles in Eastern Europe, 2006, 14（2）：55-58.

［22］ Akin Esref. Three layer fabric for nuclear, biology and chemical protective clothing：Turkey, 0717419. 6［P］. 2009. 9. 7.

［23］ Bouskill L M, HAVENITH G, KUKLANE K, et al. Relationship between clothing ventialation and thermal insulation［J］. AIHA Journal, 2002, 63（3）：262-268.

［24］ Holmer I. Protective clothing in hot environments ［J］. Industrial Health，2006，44：404-413.

［25］ Vereenw. Breathable，vented，flame-resistant shirt：U. S. Patent 8，011，020 ［P］. 2011，6.

［26］ 朱晨瑜. 基于服装舒适度模型的警用防弹背心舒适度分析 ［J］. 中国个体防护装备，2016（1）：35-40.

［27］ Mullet K K. Thermal insulation of three garment sleeve structures ［C］. Fan Jintu. Developments in International Thermal Manikin and Modeling Meeting，Hong Kong：The Hong Kong Polytechnic University，2006：375 -380.

［28］ Huck J，Maganaga O，Kim Y. Protective overalls：evaluation of garment design and fit ［J］. International Journal of Clothing Science and Technology，1997，9（1）：45 -61.

［29］ Karlsson I C M，Rosenblad E F S. Evaluating functional clothing in climatic chamber tests versus field tests：a comparison of quantitative and qualitative methods in product development ［J］. Ergonomics，1998，41（10）：1399-1420.

［30］ Lang Thomas，Nesbakken，Ragnhild，Farevik，Hilde，Holb，Kristine，Reitan，Jarl，Yavuz，Yunus，Marvik，Ronald. Cooling vest for improving surgeons' thermal comfort：A multidisciplinary design project，Minimally Invasive Therapy & Allied Technologies ［J］. Feb2009，Vol，18 Issue 1，p1-10. 10p. 3.

［31］ Mokhtari Yazdi，Motahareh，Sheikhzadeh，Mohammad. Personal cooling garments：a review ［J］. Journal of the Textile Institute；2014，Vol. 105 Issue 12，p1231-1250，20p.

［32］ Hadid A，Yanovich R，Erlich T，et al. Effect of a personal ambient ventilation system on physiological strain during heat stress wearing a ballistic vest ［J］. European Journal of Applied Physiology，2008，104（2）：311-319.

［33］ Zhengkun Qi，Dongmei Huang1，Song He，Hui Yang，Yin Hu，Liming Li，Heping Zhang. Thermal Protective Performance of Aerogel Embedded Firefighter's Protective Clothing ［J］. Journal of Engineered Fabrics & Fibers（JEFF）. 2013，Vol. 8 Issue 2，p134-139. 6p.

［34］ Koscheyev V，Leon G，Aitor C，et al. Comparison of shortened and standard liquid cooling garments to provide physiologicaland subject comfort during EVA ［J］. SAE International，2004，113（1）：557-563.

［35］ Jones E A，Using B W. Phase change materials in clothing ［J］. Textile Research Journal，2001，71（6）：495-502.

［36］ Gao C，Kuklane K，Holmer I. Cooling vests with phase change materials：the effects of melting temperature on heat strain alleviation in an extremely hot environment ［J］. European Journal of Applied Physiology，2011，111（6）：1207-1216.

［37］ Teunissen L P，Wang L C，Chou S N，et al. Evaluation of two cooling systems under a firefighter coverall ［J］. Applied Ergonomics，2014，45（6）：1433-1438.

［38］ 唐久英，张辉，周永凯. 防弹衣的研究概况 ［J］. 中国个体防护装备，2005（5）：24-27.

［39］ Wickwire J，et al. Physiological and comfort effects of commercial" wicking" clothing under a bulletproof vest ［J］. Inter-national Journal of Industrial Ergonom-ics，2007，37：643-651.

［40］ Kunz，Eva，Chen，Xiaogang. Analysis of 3D woven structure as a device for improving thermal comfort of ballistic vests ［J］. International Journal of Clothing Science & Technology，2005，Vol. 17 Issue 3-4，p215-224.

［41］ 黄献聪. 防弹衣发展评话 ［J］. 中国个体防护装备，2002（5）：33-35.

［42］ Lee，K. C，Tai，H. C，Chen，H. C. Comfortability of the Bulletproof Vest：Quantitative Analysis by Heart Rate

Variability [J]. Fibres & Textiles in Eastern Europe, Dec2008, Vol. 16 Issue 6, p39-43.

[43] Nawaz N, Troynikov O, Watson C. Thermal comfort properties of knitted fabrics suitable for skin layer of protectiveclothing worn in extreme hot conditions [C]. Advanced Materials Research, 2011, 331: 184-189.

[44] 龚小舟, 李保军, 郭依伦. 间隔织物对防弹衣热舒适性能改善的研究 [J]. 服饰导刊, 2013, 4.

[45] 尹思源, 翟世瑾, 张昭华. 服装热湿舒适性评价方法研究 [J]. 国际纺织导报, 2014, 42 (9): 70-72.

第八章　智能服装

　　智能服装是一种特殊的、进阶的功能性服装。服装的本质是一种工具，它提升了人的能力，拓展了人的适应和触及范围，推动了人类文明的进步与发展。随着科技的迅猛发展、信息互联技术的不断飞跃，服装不可避免地与电子、信息、高新技术材料等交融，形成"高科技时尚服装"，进而推动服装传统功能升级，使服装成为现代科技进步的载体、时代的标志。

　　智能服装的研究是一个涉及艺术学、社会学、心理学、信息科学等的交叉学科课题，它的兴起和快速发展，激发了服装企业包括消费者在内对服装市场需求变化的思考。从在军事领域、医疗领域的应用到在生活娱乐领域的扩展，服装服饰以智能、环保、科幻、知识、创造、发现、享受、快捷为应用取向，运用创新性的思维模式和高科技手段，为人类丰富多彩的生产生活提供强大的辅助作用。

　　智能服装需要在保证安全性、防护性的前提下，借由技术力量实现更强大的功能，并且不能忽略服装的美学性和情感交互性。要求设计师具备扎实的人类工效学知识，强大的交叉学科研究能力，充分了解用户的需求和心理，设计出易于理解、便于使用、令人愉悦、能有效解决人—服装—环境问题的智能服装。如何将科技巧妙地融入服装，体现服装的艺术美和科技美，始终是一个值得深入探索的研究课题。

　　智能服装究竟是什么样的服装，虽然目前大家对它的认识和定义并没有完全严格统一。在某种意义上，智能服装是可穿戴技术的一个分支，可穿戴技术强调的是可以穿着或佩戴在人体上。最初的所谓智能服装是与便携式计算机相结合出现的，而随着电子科技、高性能材料与潮流时尚融合发展，才出现了偏向于可穿戴的电子服装。有一些类型的可穿戴技术产品被称为智能服装，它是以服装作为技术的载体，有别于服饰配件类产品。但有一点是大家公认的，之所以被称为"智能"服装，必须具有三大要素，即感知、响应和反馈。智能服装是服装工程、纺织工程、电子信息科学、材料科学、人类工效学、人体科学、人类科学等相关学科相结合的产物，简单地说，智能服装就是服装与智能科技相结合的产物。但由于技术发展的限制，目前大多数产品还只是初级阶段。

第一节　智能服装分类

　　这些年，人们对智能可穿戴服装的功能与舒适性的需求日渐提升。一些发达国家对智能服装的研究已取得了突破性的成就，并在各自的国家乃至全世界占据着一定市场。但是不同国家对于智能服装研发都有自己独特的见解和研究方向，导致了智能穿戴技术在全球范围内还未建立固定的标准和知识体系。

中国在智能穿戴领域上的研发日渐成熟，市场对于智能可穿戴设备、智能服装的需求很大。然而，我国可穿戴技术较发达国家而言处于落后地位，还有很多技术上的难题有待解决，尤其是对柔性智能纺织产品的研究还不够成熟，目前国内的柔性智能服装基本停留在各大高校与企业的研发中，市场缺乏成熟的智能服装产品。目前的智能服装按其基本功能可大致分为以下四类。

一、保障型智能服装

保障型智能服装主要是通过安装传感器监测人体的生理指标、人体的姿态、位置等，为特定需求的人群提供帮助，并可以通过电子网络技术向更远端求助，以避免各种意外的发生。通过各种传感器、处理器等来记录、掌控人体特征信息，如心电信息、肌电信息、姿态信息、方位信息等。

1996 年，George Tech Research 公司和 Sensa Tex 公司受到美国海军的资助研发了一种"智能医护衬衫"[1]，可以准确无误地实时监测使用者的各项生理指标，如心率、呼吸、体温等。研究者利用编织方式将光导纤维和导电纤维织入织物制成衬衫，并将置于人体特定部位的传感器与光导纤维和导电纤维相连，将从中获取的数据传送到一个信用卡大小的特定接收器中，将该接收器设置于腰间，它能及时储存信息，然后发送到手机、计算机或置于手腕的监测器上，以便监测使用者的重要生理特征和生理变化并及时发出示警。如果使用者受伤，受伤部位的光导纤维的信号会中断，中断信息和一些重要的生命指标将会自动发送到医疗中心，医生能够根据具体实际情况及时进行救援。因为光导纤维和导电纤维必须保持连续状态不能中断的特殊性，所以传统的生产制作方式无法达到其要求，需用无缝制作方式，这是研发过程中关键的步骤。2019 年吴梦研发的 3~6 周岁小童蓝牙呼吸监测警报服装[2]，能够实时监测儿童游泳过程中的呼吸频率并传输显示至手机客户端，一旦发现儿童呼吸频率异常（减速或停止）时，立即在手机端显示，并发出警报。2019 年沈雷、桑盼盼研发的防走失老年智能服装[3]基于 NFC 技术，将 NFC 芯片嵌入服装，可将老人位置信息迅速发送至紧急联系人手机，实现快速报警，有效防止老人走失。2021 年，练金华等人设计的儿童防走失防辐射可拆卸夜光多功能衣，也是通过相关定位软硬件配合来实现防止儿童走失的功能。何粒群[4]利用惯性传感器感知人体状态，获取人体行为数据，建立基于 BP 神经网络的跌倒检测与预警模型。利用跌倒检测模块检测人体跌倒行为的发生，利用跌倒预警模块来检测人体异常步态的发生，构建的模型通过灵敏度和特异度两个指标来评价，评价结果为两项指标的数值均在98% 左右，表明跌倒检测和预警模型具有可行性。最后以服装为载体，将跌倒检测及预警模块与服装整合，研究出一款面向老年人跌倒检测与预警的智能服装。

二、保健型智能服装

人们的医疗观念和医学模式发生了较大变化，从治疗为中心转变为以预防、保健为中心，从医院为中心转变为以家庭、病人为中心。目前虽然出现许多家用医疗监护设备，但不能进行长时间的实时监测。由于服装与人们生活密切相关，所以研究人员希望通过日常服装实现对人体健康的实时监测。将健康监护系统模块全部或部分嵌入服装中，以便实时、自动、长期监测身体状况、保存信息和传输数据至医疗监控中心，当出现数据异常时，系统会发出警告告知用户、医生或亲人，其实现了人体无创监测、诊断与治疗。当前开发的医用和保健性服装的品种包括各种医疗及护理用服装、磁疗服装、远红外类促进微循环的服装、维生素服装、护肤服装、香味服装、可产生负离子保健服装、各种抗菌防臭服装、防微波及防辐射服装、止痒内衣、防冻疮鞋袜、高弹防静脉曲张袜、运动员防护及康复用品、光降解防污自洁类服装等。

德国 Fraunhofer IZM 开发的"T 恤衫[5]"，包括心电模块、三个接触心电电极、可充电电池和纹状导线之间的相互连接。通过小型化柔性电极和传导性纱线两者相互电连接，内附的传感器可以对用户的生理参数进行实时测量。其将传导电路放进织物花纹中作为电连接功能，加入电连接可以监测心电信号，达到对身体自由活动情况、肌电信号和血氧饱和度等参数的监测。

中国美术学院葛雪丽[6]针对儿童自闭症开发了一款辅助治疗的服装。其借鉴了中医推拿及芳香疗法，在服装上给父母提供了大致穴位定位和按摩顺序提示，帮助父母自行为孩子进行推拿治疗，保证推拿位置准确，避免了操作不当带来的负面影响。服装还配置了有治疗效果的香囊，并给出配方，以便家长在自闭症漫长的治疗过程中，帮助孩子凝神静气。自闭症的成因复杂，治疗周期很长，需要父母投入较多的精力和财力，这样一款服装能够减少治疗方面的开支，也能增进孩子与父母之间的情感交流，对患儿的康复有较佳作用。

广州大学的曾仲文[7]通过温湿度传感器监控 40~60 岁女性生理数据，分析热潮现象、汗液含量等，帮助更年期女性进行健康管理，了解身体状态，平稳度过自然生理期，提高生活质量。同时降低了医疗成本，并为疾病的及早发现和治疗提供了指导。

大连工业大学陈一然[8]在服装上提供了紧急供氧袋和吸氧通道，通过增加人体的氧气摄入量，实现氧气保健。富氧有助于人们保持清醒的头脑、增强记忆力、促进血液循环、预防癌症、动脉硬化等问题。

三、适应型智能服装

伴随社会进步、科技变革，人类生产生活场景越发复杂多样，人们对于服装具有更多场合、场景的适应能力要求更高，甚至要求服装能够具备一定的视觉、物理等方面的变形，以满足丰富且迅速的需求变化。

可变色服装被广泛地应用在军事和娱乐等领域。这类服装是由可变色纤维制作的，变色纤维是一种具有特殊组成或结构的，在受到光、热、水分或辐射等外界刺激后可逆，能自动改变颜色的纤维。变色纤维主要包括光敏变色纤维和热敏变色纤维两种。用变色纤维做成的服装在不同温度、光线下可以呈现出色彩的变化，例如士兵穿着的可变色服装，在不同的地方会变成与环境相近的颜色，不易被敌方发现，达到隐蔽自己的目的。变色纤维也适用于制作舞台服装、童装等。

可调温服装，让服装能在更广的范围内保持人体的热舒适。一般依赖于可调温的纺织材料或结构，将某些特殊物质用染整加工的方法结合到织物上，使普通织物具有智能特性，再做成服装，或通过服装结构或形态的变化来调整整体的服装热阻、空气对流状态等。调温纤维的研发方面，像日本三菱公司的 Hermocatch、钟纺公司的 Ceramino、尤尼吉卡公司的 Thermotron 等属于太阳能蓄热纤维。电加热服通过将金属或碳基加热材料嵌入服装，配合电池实现产热调控温度的作用。Doganay[9]等运用浸渍干燥法制备新纳米线（AgNWs）涂层棉织物。在 1~6V 电压下，可将织物表面加热至 30~120℃。

Wang[10]等将两种具有较低和较高临界溶解温度的聚合物涂敷在预处理的棉织物的两侧，开发了可根据温度变化自适应地调节透湿性和液态水传递功能的纺织品。在高温时水分可从疏水的内侧输送到亲水的外侧，快速蒸发起到使人体降温的功能。在低温时，发生逆转变，织物内侧亲水，外侧疏水，约束水分和热量的散失，从而维持服装与人体之间的微气候的温暖。

Yoo[11]等将 NiTi 形状记忆合金（SMA）弹簧置于防寒服的内部保暖层与外层材料之间，该弹簧可根据感应到的温度做出响应。弹簧在温暖条件下为扁平状态，当温度较低时弹簧会弹起 10mm 或 15mm 的高度，在服装层之间形成一定的空气层。经测试，弹簧弹起后防寒服的隔热性能得到提高，并且在一定范围内，弹簧弹起的越高隔热性能提高效果越好。

四、情感交互型智能服装

智能服装为服装增添了"触觉""嗅觉""听觉""视觉"等感官，也给予了它们"发声""表达"的方式，使服装与人之间产生了更深入、更密切的交互关系。交互设计，又称互动设计，交互过程是一个输入和输出的过程，人通过人机界面向计算机输入指令，计算机经过处理后把输出结果反馈给用户。人和计算机之间的输入和输出的形式是多种多样的，因此交互的形式也是多样化的。交互式服装可以理解为可以"交流"的服装。服装通过传感器收集信息和数据，再反馈给用户。以自然语言交互为主，通过语音识别来实现操作。

情感响应式服装是一种根据人情绪、状态等变化而变化的服装形式。有的服装可以根据人的情感变化而改变透明度；有的服装嵌入的"眼神追踪器"探测到有人在注视时，便会发光和动起来；有的服装内层嵌入的可以捕捉情绪的生物传感器，能识别生理信号，察觉穿着者的情绪改变，并通过外层嵌入的 LED 灯把所感知的情绪变化在外层投影出不同的色彩。情感响应式服装可以用于辅助治疗抑郁症和自闭症，一定程度上减缓穿着者的焦虑与压力，帮助人们更好地认知情绪，了解自己。

第二节 智能服装的设计与实现

目前的智能服装的设计与研发主要表现在服装材料的高科技化、服装与电子元件、传感器融合、服装中人机智能交互等方面。针对智能服装设计，我们可以将很多技术方面的功能与服装相结合，但并非所有的结合都是合理的。比如我们将一个柔性计算器安装在 T 恤衫上，这就不是一个好的结合，因为计算器与 T 恤衫各自单独可以很好地发挥作用，两者的结合反而会影响功能的发挥。穿着者在服装上使用计算器并不比使用单独的计算器更方便。而有些技术方面的功能与服装结合却可以提升其使用功能。比如一件可以监测心电功能的文胸，就是服装与心电技术的结合，它为需要长时间实时监测心电信息的人员提供了比在胸部安装电极更为方便有效的方法。因此智能服装的设计中，绝不能为设计而设计，不能是功能的简单罗列，各功能之间不能互相影响和限制，而应该是 1+1>2，相互辅助，最大程度地发挥功能作用。智能服装在设计的时候应该满足下列条件。

（1）服装能够起到预期的智能作用，并且功能性达到预期的标准，不能相互干扰。

（2）服装穿着在身体上，能够满足、保障人体健康标准，并且穿着舒适。

（3）服装的生产加工过程中，满足裁剪、缝纫等要求，并且后期服装的洗涤、保养方便。

（4）智能服装的材料要尽可能绿色环保，对环境的污染要最小化。

因此，安全舒适、多功能集成化、轻量化、时尚化、个性化、低成本、绿色环保是智能服装的设计发展方向。

智能服装能够作为更强大、便捷的工具为人类文明的进步提供强有力的保障，极大地扩展了人的能力。让服装有触觉、味觉、嗅觉，使服装活起来，服装进入"感知时代"。智能服装的设计与实现需要多学科前沿技术的支撑，目前实现服装的智能化主要是通过两大方式。一是采用智能材料，通过对服装材料进行改良，使其具备普通材料不具备的功能。如形状记忆材料、相变材料、变色材料和刺激—反应材料等。二是将信息通信技术和微电子技术等以电子计算机和芯片等形式嵌入人们日常穿着的服装中，如应用导电材料、柔性传感器、无线通信技术和电源等。智能服装的实现主要依赖以下两个方面。

一、智能材料应用

在服装应用方面，智能材料按照形状大体可以分为智能纤维和非纤维状智能材料两类。在此，智能纤维又有光子纤维和形状记忆纤维、蓄热纤维、相变纤维等。

（一）光子纤维和形状记忆纤维

光子纤维又称为变色纤维。通过合理的编织，可以将它做成变色面料，将其进行处理后，用不同的光照射，或施加不同的拉力，或接触不同的温度时，可显示出不同的颜色。形状记忆材料（SMM）是具有形状记忆效应的智能纺织材料，在受到热、机械、磁或电等外界刺激时能够恢复初始形状。防寒服设计中可用的形状记忆材料有形状记忆合金（SMA）和形状记忆聚合物（SMP）。形状记忆合金（SMA）是将两种或更多种金属混合在一起的金属化合物。Yoo 等[11]将 NiTi 形状记忆合金（SMA）弹簧置于防寒服系统的外层和保暖层之间，可智能地感应低温并做出响应。形状记忆聚合物（SMP）主要是指热敏型形状记忆聚氨酯（TSPU），是具有自响应调湿功能的智能调湿材料。将 TSPU 薄膜与织物压制成复合织物，在低温下可保持身体温暖。同时，它在高温下有更好的透气性，能保持身体舒适。

（二）蓄热纤维和相变纤维

蓄热材料根据人体需要自动响应提供人体所需热量，其中太阳能蓄热材料、相变蓄热材料是较为适合用于防寒的智能材料。太阳能蓄热材料通过吸收太阳辐射的近红外线，并反射人体自身产生的远红外线，达到蓄热保温的效果。可将第四族过渡金属碳化物微粒包埋在纤维或纱线中，或在纤维纺丝时加入类碳化物微粒等方法制备太阳能蓄热纤维。例如日本三菱公司开发的 Thermocatch、钟纺公司的 Ceramino、尤尼吉卡公司的 Thermotron 等都属于太阳能蓄热纤维。其缺点在于，太阳能转化率低，对光源依赖性强，生产成本高等。

相变蓄热是指材料能在预设条件下进行固态液态的相互转化，并在转化过程中吸热或放热，从而达到温度调节的功能。其主要制备方法有两种：一是中空纤维中填充相变材料或将相变材料加入纺丝液制备相变纤维，再经织造形成相变织物；二是通过直接浸轧、涂覆、表面改性等后整理方式制备相变调温织物。

（三）电加热材料

电加热材料通过将电能转化为热能，提供或维持人体所需的热量。电加热材料主要分为金属加热材料和碳基加热材料等，将其制备成电加热元件，配合加热系统，通电后即可加热且控制性很强。金属加热材料是最早应用于电加热防寒服的电加热材料。金属加热材料有金属丝、金属涂层纱线等。例如，Doganay[9]等运用浸渍干燥法制备的新纳米线（AgNWs）涂层棉织物，在 1~6V 的电压下，可将织物表面加热至 30~120℃。碳基加热材料主要指碳纤维、碳纳米管、石墨烯等材料。例如，赵露[12]等开发的石墨烯材料应用于女性保暖内衣等。其优点在于升温快、功效高、成本低，缺点在于碳纤维织物具有纤维丝易断裂、温度分布不均等问题。电加热防寒服在服用性能上仍存在一些问题：电加热元件的防水防湿要求与服装的透气透湿需求之间的矛盾，电源的体积与质量过大制约了服装的穿着舒适与便携性能，电源的电容量不足限制了加热时长等。随着柔性电子技术的发展，由柔性电池、柔性电路、柔性电子元件构成的高度集成的柔性化电加热防寒服将成为电加热防寒服开发的热点。

（四）柔性可穿戴智能服装材料[13][14]

柔性可穿戴设备的发展大致经历了刚性、柔性化、智能化三个阶段，信息精准化是未来的发展方向。可穿戴设备的柔性化和智能化需要柔性基底为依托。目前，主要利用纤维、纱线、织物、聚合物薄膜和导电涂层等柔性材料来制备柔性可穿戴电子设备。对于智能服装材料而言，除应具备柔性、信号传输性外，还必须满足可机洗的要求。由于需要信号传输，近年来人们越来越重视导电纤维的研发。智能纺织品所用的导电纤维主要分为直接导电和经后处理得到的导电纤维两种。一种是直接导电的纤维，包括通过拉丝、切削获得的金属纤维和利用导电高分子材料直接纺丝形成的导电纤维。其中金属纤维手感较差，需要与普通纤维混纺加工导电纺织品。另一种是通过后处理得到的导电纤维，如喷涂导电涂层、纤维表面吸附导电物质、掺杂碳黑、金属化合物与成纤物质混合纺丝获得导电纤维。导电纤维的研制极大地推动了可穿戴设备与服装面料的融合，但导电纤维在使用的过程中需要考虑其力学性能、手感、耐水洗性能等。

二、可穿戴计算技术

可穿戴计算技术是 20 世纪 60 年代由美国麻省理工学院媒体实验室提出的创新技术，利用该技术可以把多媒体、传感器和无线通信等技术嵌入人们的服装中，并且可以支持手势和眼动操作等多种交互方式。可穿戴计算技术主要探索和创造可以直接穿在人身上或者是整合进用户的服装或服饰配件的设备的技术。

（一）智能服装数据和信息处理平台

1. 智能服装信息计算平台——可穿戴计算

可穿戴计算是智能服装信息的计算平台，它是一个独特新颖的计算模式。它在计算概念上弱化了机器的概念，强调了通过可穿戴形式提供的计算模式，这与传统的计算模式不同。在可穿戴计算模式中，以提高人的能力与辅助人的目的为主，弱化"传统计算"为主要任务的模式。在智能服装中，可穿戴计算的载体是服装，可穿戴计算为智能服装提供信息处理的计算平台。

2. 智能服装的信息感知和通信平台——无线传感器网络

无线传感器网络是智能服装的信息感知和通信平台，是计算、通信与传感器三大社会信息支柱相结合的产物。具有数据采集、信息处理和传送功能的一组传感器节点通过无线介质连接构成了无线传感器网络。在无线传感器网络覆盖区域里，通过传感器节点的协同工作完成采集和处理数据与信息。无线传感器网络是信息感知和采集技术的飞跃发展。通过无线传感器网络，智能服装大大提高了人类对自身和外界环境的感知能力。

3. 智能服装的决策平台——多传感器信息融合

多传感器信息融合是生物系中存在的普遍的、基本的一种功能。这一功能在人类表现中是通过人体各个器官（眼睛、耳朵、鼻子、四肢）把事物和环境的信息结合起来，根据人类实践的经验和对前人知识的积累，了解、判断内部和外部的环境获悉正在接触的事物。多传感器信息融合技术的基本原理就是模仿人类的这种基本功能，像人脑一样通过利用各个器官综合处理信息，多传感器信息融合技术是通过多个传感器互相配合与辅助，合理支配和使用获得所测目标的数据和信息，根据多个传感器获得的数据和信息进行对比、计算优化后，对目标物体有了更多更精确地了解和判断。它的最终目标是利用多传感器共同联合操控的优势来提高多个传感器系统的有效性。多传感器信息融合是为智能服装提供处理多源传感器信息的手段和方法，是智能服装的决策平台。

（二）智能服装系统

智能服装系统分为硬件系统、通信网络系统和软件系统。

1. 硬件系统

智能服装通过嵌入处理单元、传感器、人机交互设备和电源系统构成智能服装的硬件系统。随着科技的迅速发展，电子系统越来越微型化，硬件系统的处理单元则以微型硅芯片形式出现。传感器的种类也越来越多样化，但是主要分类一般分为生物传感器、运动传感器和环境传感器。人机交互设备（Human Computer Interface，HCI）越来越成熟化。

2. 通信网络系统

智能服装的通信网络系统分类：

（1）无线体域网（Wireless Body Area Network，WBAN）：嵌入智能发展的无线体域网是无线传感器网络的应用形式之一。应用领域广泛，例如，人体健康监护和环境监控等。

（2）有线编织网络：是电子纺织的重要组成部分。

3. 软件系统

软件系统主要包括分布式处理、数据管理、上下文感知等。

（三）智能服装体系结构设计

智能服装通过嵌入传感器、微控制器、处理计算单元、网络传输、输出单元，达到信息感知、获取、传输、处理、显示等功能。要实现资源共享、可配置、可伸缩、即插即用、自适应、高可靠性和低功耗的目标，必然需要设计一个统一的体系结构。

1. 体系结构

智能服装体系结构分：硬件层、驱动层、服务层、应用层四个层面，其中服务层是系统核心层，应用所需各种信息感知、计算处理、网络通信和输入/输出服务。

2. 系统功能

智能服装系统功能主要包括以下四个方面：

（1）信息的传感与检测：人体生理信号检测，人体姿态信号检测、人体周围环境信息检测；

（2）信息处理：信息处理分前台和后台两个方面，前台系统负责特征提取和在线诊断，后台系统负责数据特征提取、运动心电信号处理整合、信息融合决策；

（3）网络传输：远程通信功能、无线体域传感器网络、GPS4 ZigBee 组成的 Ad Hoc 传输网络；

（4）信息决策：健康监护、亚健康的智能评估、情绪判断、心电监护及疾病诊断、人体运动风险评估、人体姿态的监测。

智能服装能够作为更强大、便捷的工具为人类文明的进步提供强有力的保障，极大地扩展了人的能力。其优点在于覆盖面大、承载量大、没有附加负担。通常认为智能服装的关键技术包括传感器技术、微型计算机技术、无线通信技术、信息处理技术、基于采集信息的决策技术以及人机交互技术。未来的智能服装还会更加注重时尚，将可穿戴技术与时尚元素有机融合，使智能服装具有智能功能的同时，又符合时尚的要求，从而更好地满足用户的功能和审美需求。

◆ 本章参考文献 ◆

［1］丁笑君，邹奉元，刘伶俐. 智能服装的应用及研发进展［J］. 现代纺织技术，2006（2）：51-53.

［2］吴梦. 3-6 岁小童泳衣蓝牙呼吸监测报警系统研发［D］. 西安：西安工程大学，2019.

［3］沈雷，桑盼盼. 防走失老年智能服装的设计开发［J］. 针织工业，2019（8）：61-64.

［4］何粒群. 面向老年人跌倒检测与预警的智能服装研究［D］. 苏州：苏州大学，2019.

［5］滕晓菲，张元亭. 移动医疗：穿戴式医疗仪器的发展趋势［J］. 中国医疗器械杂志，2006（05）：330-340.

［6］Gabriela Cardenas（葛雪丽）. 儿童自闭症功能性服饰系统探究［D］. 杭州：中国美术学院，2016.

［7］曾仲文. 更年期女性内分泌监控的智能服装创新研究［D］. 广州：广州大学，2017.

［8］陈一然. 关于缺氧情况下紧急供氧服装的应用设计研究［D］. 大连：大连工业大学，2015.

［9］Doga Doganay，Sahin Coskun，Sevim Polat Genlik，et al. Silver nanowire decorated heatable textiles［J］. Nanotechnology，2016，27（12）：435201.

［10］Wang Yuanfeng，Liang Xin，Zhu He，et al. Reversible Water Transportation Diode：Temperature-Adaptive Smart Janus Textile for Moisture/Thermal Management［J］. Advanced functional materials，2020，30（6）：1907851. 1-1907851. 9.

［11］S. Yoo，J. Yeo，S. Hwang，et al. Application of a NiTi alloy two-way shape memory helical coil for a versatile insulating jacket［J］. Material Science & Engineering，2008，481-482（3）：662-667.

［12］赵露，黎林玉，罗蕊，等. 石墨烯材料应用于女性保暖内衣的探究［J］. 福建茶叶，2019，41（5）：1.

［13］陈云博，朱翔宇，李祥，等. 相变调温纺织品制备方法的研究进展［J］. 纺织学报，2021，42（1）：167-174. DOI：10. 13475/j. fzxb. 20191002508.

［14］孙若宸，许黛芳，黎梓璇. 智能服装的应用途径和发展问题及其未来趋势展望［J］. 染整技术，2020，42（3）：13-17.